JN093685

C#フレームワーク

ASP.NET Core入門
.NET 7 対応

掌田　津耶乃・著

秀和システム

■本書で使われるサンプルコード・プロジェクトは、次のURLでダウンロードできます。

http://www.shuwasystem.co.jp/support/7980html/6901.html

■本書に掲載しているコードやコマンドが紙幅に収まらない場合は、見かけの上で改行しています（⏎で表しています）が実際に改行するとエラーになるので、1行に続けて記述して下さい。

■サンプルコードの中の《List》のような表記は、《 》内にそのクラスのインスタンスが入ることを示しています。

■本書について

macOS、Windows に対応しています。

■注意

1. 本書は著者が独自に調査した結果を出版したものです。
2. 本書は内容に万全を期して作成しましたが、万一誤り、記載漏れなどお気づきの点がありましたら、出版元まで書面にてご連絡ください。
3. 本書の内容に関して運用した結果の影響については、上記にかかわらず責任を負いかねますのであらかじめご了承ください。
4. 本書およびソフトウェアの内容に関しては、将来予告なしに変更されることがあります。
5. 本書の一部または全部を出版元から文書による許諾を得ずに複製することは禁じられています。

■商標

1. Microsoft、Windows は、Microsoft Corp. の米国およびその他の国における登録商標または商標です。
2. macOS は、Apple Inc. の登録商標です。
3. その他記載されている会社名、商品名は各社の商標または登録商標です。

はじめに

ASP.NET + C# による新しい Web 開発を体験しよう

　C#は、プログラミング言語の中でも、利用者数などさまざまなランキングで常に上位に位置する人気の言語です。アプリケーションの開発においては以前から広く使われていますし、ここ数年はUnityによる3Dゲーム開発の基本言語としても重用されています。

　では、「Webアプリケーション開発」についてはどうでしょうか。「そんなフレームワーク、C#にあったかな？」と思ったかも知れません。Webアプリ開発の世界では、どんな言語にも高度なフレームワークが多数そろっています。Java、PHP、Python、Ruby、JavaScript、およそどんな言語でも2つや3つのフレームワークぐらいぱっと思い浮かぶのではないでしょうか。

　それなのに、こんなにメジャーな言語であるC#には、Web開発のためのフレームワークがない？いいえ、そんなことはありません。ちゃんと用意されています、C#の開発元であるMicrosoft純正の強力なフレームワークが。それは「ASP.NET」です。

　「.NET」と聞いて「ああ、Windows用のフレームワークのことか」と思った人もいることでしょう。しかし、その認識は全く正しくありません。.NETがWindows専用だったのは、もう遠い昔の話です。「.NET Core」と呼ばれるマルチプラットフォーム用.NETへの移行が進み、現在ではあらゆるプラットフォームで動作する、おそらくもっとも広く普及しているフレームワークの一つとなっているのです。

　この.NETによる「Web開発」のために用意されているのが「ASP.NET」です。

　本書は、2019年11月に出版された「C#フレームワーク ASP.NET Core 3入門」の改訂版です。最新のLTS版である.NET 6と、2022年11月にリリースされたばかりの.NET 7をベースに、主なWebアプリケーション開発の基本について解説をしています。

　ASP.NETでは、Webアプリ開発用に複数のアーキテクチャが用意されています。従来からある「MVC」に加え、ASP.NETの基本となっている「Razorページ」、そしてフロントエンドとバックエンドを統合したリアクティブWeb開発のための「Blazor」、この3つのアーキテクチャについて基礎から説明しています。またEntity Frameworkによるデータベースアクセス、Web APIとReactによるフロントエンドとの連携、ユーザー認証の使い方などについてもページを割いています。

　本書で、「C# + .NET」というWeb開発のあり方がどのようなものかぜひ体験して下さい。それは、C#以外のどんな言語のフレームワークとも違う、全く新しいWeb開発のあり方をあなたに見せてくれるはずです。

掌田津耶乃

目 次

Chapter **5** Entity Frameworkによるデータベースアクセス

Chapter 6　データベースを使いこなす　　299

Chapter **7　その他の機能** **371**

Chapter 1

ASP.NET Coreの
環境構築

ASP.NET Coreは、Windows、macOS、Linuxなどさまざまな環境で本格Webアプリケーションを構築できるフレームワークです。まずは開発に必要なソフトウェアを準備し、Webアプリケーション作成の基本から学んでいきましょう。

1.1 ASP.NET Coreをセットアップする

ASP.NETとCore

　Webアプリケーションの開発は、今やフレームワーク抜きに考えられなくなっています。JavaにPHP、Ruby、Python、JavaScript……サーバー開発で用いられる言語は数多く存在し、それぞれに多数のフレームワークが開発されています。Webの開発は、開発言語を決めたら次に「**どのフレームワークを使って行うか**」を選定するのが仕事だといっていいでしょう。

　しかし、中には例外もあります。それが「**C#**」です。C#でサーバー開発を行う場合、利用できるフレームワークはほとんどありません。C#は、Microsoftが.NET frameworkの開発を念頭に作られた言語です。Webアプリケーションの開発も、.NET関連のフレームワークとして整備されています。C#では、必要なライブラリやフレームワークは「**.NETで済ませる**」のが基本と考えてよいでしょう。

　この.NET関連の技術で、Webアプリケーション開発を行う場合に利用されるのが「**ASP.NET**」です。これは.NET FrameworkのWeb技術として広く浸透しているものですね。「**C#でWeb開発＝ASP.NET**」というイメージが既に出来上がっているのではないでしょうか。

　この.NET FrameworkとASP.NETは、2019年、劇的な変化を迎えます。「**.NET Core**」という新しいフレームワークをリリースし、従来の.NETから.NET Coreへの移行を開始したのです。

.NET Core とは？

　この.NET Coreとは一体何なのか？ それは、「**マルチプラットフォームに対応した新しい.NET Framework**」です。

　.NET Frameworkは、基本的に「**Windows専用**」のフレームワークでした。形としてはマルチプラットフォームに対応するような設計になっていましたが、実際にはWindows用しかリリースされておらず、他のプラットフォームでは使えませんでした。

　.NET Coreは、Windows, macOS, Linuxといったメジャーなプラットフォームすべてで動作することを考えて.NET Frameworkを再設計したものです。いえ、PCだけでなく、AndroidやiOSといったモバイルプラットフォームのアプリ開発などまで.NET Coreは考えています。つまり、「**.NET Coreさえあれば、メジャーなプラットフォームのプログラムがすべて作れる**」ことを目指しているのです。

.NET = .NET Core

　この.NET Coreの登場に伴い、従来の.NET Frameworkはメンテナンスモードに移行して新たなメジャーリリースはされなくなりました。そして.NET Coreは、リリース後、着実にアップデートし、更に2021年のver. 6からは「**Core**」の文字が取れ、「**.NET 6**」と名称が変更されています。2022年現在の最新バージョンであるver. 7も「**.NET 7**」であり、もうCoreを付ける必要はなくなったのです。なぜなら、「**Coreでない.NETは、ない**」の

ですから。

（※ただし、Core以前の.NETと区別するため、本書では現在の.NETについても便宜的に.NET Coreと表記することにします）

ASP.NET も Core の時代

ASP.NETは、ASP（Active Server Page）の.NET版といったものです。ASPは、Microsoftのサーバー開発における中心的な技術で、それを.NET対応にしたものがASP.NETです。まぁ、現在は.NET対応になる前のASPを利用することはまずありませんから、ASPといえば「**ASP.NETのことだ**」と考えていいでしょう。

このASP.NETも、現在は.NET Coreベースに移行しています。対応プラットフォームはWindowsだけでなく、LinuxとmacOSにも広がり、マルチプラットフォームな環境となりました。

現在も従来の.NET Frameworkはメンテナンスされており、（Coreではない）ASP.NETも利用可能です。ただし、これから先メジャーなリリースはありませんから、これは「**既にASP.NETで開発しているプロジェクトのメンテナンスのため**」にあると考えるべきでしょう。これから新たに開発をするなら、基本的にASP.NET Coreをベースにするべき、と考えてください。

図1-1：ASP.NETとASP.NET Coreの違い。従来のASP.NETは、.NET Frameworkの上に構築されていた。ASP.NET Coreは、.NET Coreの上に構築されている。

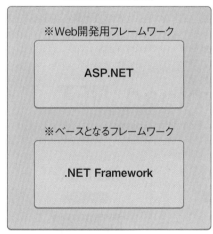
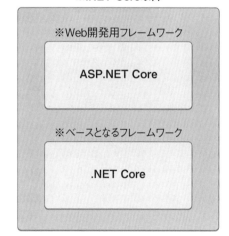

.NET Core のバージョンについて

.NET Coreは、だいたい毎年秋にメジャーリリースをしています。2022年11月にver. 7がリリースされ、ver. 6とver. 7が利用されています。

「**ver. 7が出たなら、ver. 6はもう使わないだろう**」と思うかも知れませんが、実はそうではありません。.NET Coreには、通常のリリースとLTS（Long Term Support、長期サポート）リリースというものがあるのです。基本的な考え方として、「**奇数バージョンは通常リリース、偶数バージョンがLTSに移行するリリース**」となっています。

　　2022年にリリースされるver. 7は、来年のver. 8のリリースまでメンテナンスされ、以後はそのままver. 8に移行する形になります。これに対し、ver. 6は、2024年までメンテナンスが継続される予定です。

　　従って、選択肢は2つあります。昨年リリースされたver. 6を2024年まで使い続けるか、最新のver. 7を使い、1年後にver. 8が出たらそれに移行するか、です。

　　LTSではないといっても、次のメジャーリリースまで1年ありますから、学習目的で.NETを導入するなら最新の.NET Core 7を利用すればいいでしょう。「**ただ学習目的ではなく、そのまま製品開発に入りリリースする予定だ**」というならLTSである.NET Core 6を選択するのも1つの考え方です。

（※なお、本書執筆時点ではまだ正式リリース前であったため、一部は.NET 7の開発版をベースに執筆しています。正式リリース後、.NET 7正式版で内容確認を行っています）

.NET Coreのインストール

　　では、ベースとなる技術「**.NET Core**」をインストールしましょう。これは、Microsoftのウェブサイトにて公開されています。以下にアクセスしてください。

●.NET Core ダウンロードページ

https://dotnet.microsoft.com/download

図1-2：.NET Coreのダウンロードページ。

このページにはいくつかのダウンロード用の表示があります（2022年11月の時点では「**.NET 7.0**」「**.NET 6.0**」の2つが用意されています）。その中から「**.NET SDK ……**」と表示されたボタンをクリックし、ソフトウェアをダウンロードしてください。これでインストーラがダウンロードされます。

Windows 版のインストール

ダウンロードされたインストーラを使って.NET Coreをインストールします。まずはWindows版です。インストーラを起動すると、画面に「**インストール**」というボタンが表示されるので、これをクリックしてください。後はそのままインストール作業が行われます。

図1-3：Windowsのインストール。「インストール」ボタンをクリックするだけだ。

macOS 版のインストール

macOS版も専用のインストーラがダウンロードされます。こちらはWindowsとは若干手順が異なります。

1. インストーラを起動

インストーラを起動すると、「**ようこそ**」画面と呼ばれる表示が現れます。これはそのまま次に進みます。

図1-4：「ようこそ」画面が現れる。

▓ 2. 使用する容量

インストールの容量説明が現れます。そのまま「**インストール**」ボタンでインストールを開始します。

図1-5：使用する容量が表示される。そのまま「インストール」ボタンでインストールする。

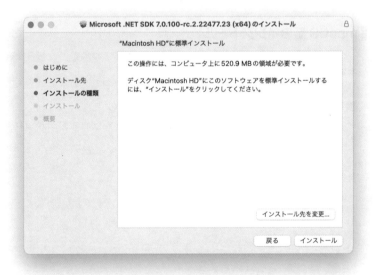

■3. インストール先の変更

複数のハードディスクがある場合は、「**インストール先を変更...**」ボタンをクリックすると、インストールするハードディスクを選択する画面が現れます。これはオプションの機能なので、特に変更する必要がなければ設定する必要はありません。

図1-6：インストール先を変更できる。

Visual Studio Communityについて

ASP.NET CoreによるWebアプリケーション開発を行うには、そのための開発環境が必要です。基本は、Microsoftが提供する「**Visual Studio**」でしょう。これは無償版から有料のものまでいくつかのエディションが用意されています。ここでは「**Visual Studio Community**」という無償版を使うことにします。

Visual Studioは、以下のアドレスにて公開されています。

● Visual Studio Communityのダウンロード
　https://visualstudio.microsoft.com/ja/free-developer-offers/

図1-7：Visual Studio Communityのダウンロードページ。

ここにある「**Visual Studio Community**」という表示の「**ダウンロード**」をクリックすると、インストーラがダウンロードできます。

Windows 版のインストール

インストーラを起動すると、Visual Studio Installerというウィンドウが現れます。上部には「**インストール済み**」と「**使用可能**」という2つのリンクがあり、デフォルトでは「**インストール済み**」が選択されています。ここで、既にインストールされているVisual Studio関連のソフトウェアが一覧表示されます（使ったことがないなら、ここには何も表示されません）。

図1-8：Visual Studio Installerが起動する。インストールされているVisual Studioがあれば「インストール済み」に表示される。

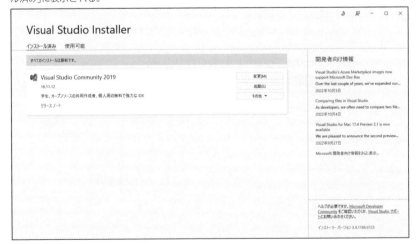

では「**使用可能**」リンクをクリックし、表示を切り替えてください。ここに、現時点で利用可能なVisual Studio関連ソフトウェアが一覧表示されます。

この中から「**Visual Studio Community 2022**」という項目を探してください。これが.NET Core 6/7の開発に利用する開発ツールです。.NET 6/7を利用する場合、2022のv.17.4というバージョン以降のものを使う必要があります。この項目の「**Install**」ボタンをクリックし、インストールしましょう。

同じVisual Studio 2022という名前のものが他にも2つ（EnterpriseとProfessional）用意されています。これらは有償版になります。間違えないようにしましょう。

■ 図1-9：「使用可能」をクリックし、「Visual Studio Community 2022」をインストールする。

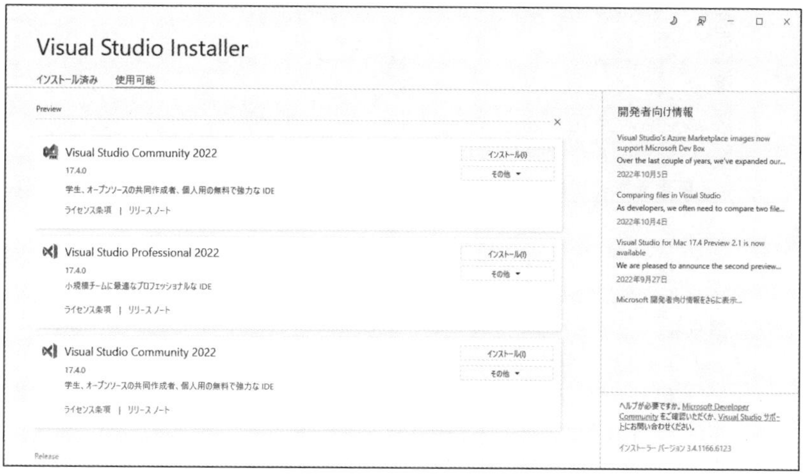

ウィンドウ内にパネルが開かれます。ここでインストールする内容を設定します。開かれた直後は、上部にある「**ワークロード**」という項目が選択された状態になっています。

「**ワークロード**」は、インストールする内容を選択するところです。以下の項目についてチェックをONにしておきましょう。この他にも、デスクトップ（PC用アプリ）やスマートフォンのアプリ開発の項目などが用意されているので、必要に応じてONにしておきます。

ASP.NETとWeb開発	Webアプリケーション開発の基本となるものです。これは必須です。
Azureの開発	これは、Azureを利用しているユーザーはONにしておくとよいでしょう。

図1-10：「ワークロード」の設定。「ASP.NETとWeb開発」は必須。

上部には、「**ワークロード**」の他にもいくつかのリンクがあります。「**個別のコンポー
ネント**」は、インストールするコンポーネントを手動で設定するためのもので、これは
慣れない内は使わないでください。誤ってインストールするコンポーネントを変更して
しまうと正常に動作しなくなる可能性があります。

「**言語パック**」はソフトウェアに追加する言語表示のためのもので、日本語環境では「**日
本語**」の言語パックがデフォルトで選択されています。それ以外の言語を使いたい人は、
ここで言語パックを選択しておくとよいでしょう。

「**インストールの場所**」は、ソフトウェアをインストールする場所を設定するものです。
通常はデフォルトのままで変更する必要はありませんが、インストール場所を変えたい
場合はここでパスを変更してください。

図1-11：「言語パック」と「インストールの場所」の表示。ここでインストールする場所を変更できる。

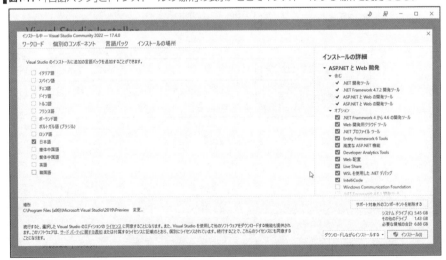

これらの設定を一通り行い、右下の「**インストール**」ボタンをクリックするとインストールが実行されます。しばらく待っているとインストールが完了し、Visual Studioが使える状態になります。

macOS 版のインストール

macOSの場合、インストーラを起動すると、アプリケーションを開いてもいいか警告する表示が現れます。これは、アプリストア以外からダウンロードした場合に現れます。そのまま「**開く**」ボタンでインストーラを起動してください。

図1-12：警告が現れたら「開く」ボタンを選ぶ。

■1.インストール状況のチェック

インストーラが起動すると、ハードディスク内に既に.NET環境があるかどうかを検索します。これにはしばらくかかります。

図1-13：Visual Studioのインストール状況をチェックする。

■2.内容を選択してインストール

チェックが終わると、「**何をインストールしますか**」という表示が現れます。ここでインストールする項目を選択します。「**.NET**」はデフォルトでチェックがONになっています。それ以外の項目は、必要に応じてON/OFFしてください。基本的にデフォルトのままで問題ありません。

チェックしたら、「**インストール**」ボタンをクリックすると、インストールを開始します。

図1-14：「.NET」のみチェックをONにしておく。

■3.インストール完了

インストールがすべて完了すると、「**インストール完了**」という表示が現れます。そのまま「**完了**」ボタンでインストーラを終了してください。なおインストール実行中に表示される「**完了時にVisual Studioを開く**」というチェックがONになっていると、自動的にVisual Studioが起動されます。

図1-15：インストールが終わったら「完了」ボタンで終了する。

Visual Studio Codeについて

　同じVisual Studioという名前でも、Visual Studio Communityとは全く違う「**Visual Studio Code**」というアプリケーションも広く使われています。こちらは、「**Visual Studioのエディタ部分を切り離したアプリ**」といったもので、Webの開発に特化した作りになっています。

　このVisual Studio Codeは、フォルダを開いてその中にあるテキストファイルを編集する、といったもので、ASP.NETのアプリケーション開発のような複雑な作業には対応していませんでした。が、現在はASP.NET Coreの開発を行えるようにする機能拡張が用意されたこともあり、Visual Studio CodeでASP.NET Coreの基本的な開発が行えるようになっています。

　ライトな開発用にVisual Studio Codeを使ってみたい、と思っていた人は、これでそのままASP.NET Coreの開発を試してみても面白いでしょう。

　ただし！ Visual Studio Codeに機能拡張を追加しても、Visual Studio Communityにあるすべての機能が再現されるわけではありません。追加される機能拡張は、.NET Coreに用意されているコンソールプログラムと連携して機能を呼び出すためのものであり、Visual Studio Communityにあるきめ細かな機能（必要なファイルやコードを生成する機能など）の多くはVisual Studio Codeには用意されていません。そうした部分は、基本的に手作業で必要なファイルやコードを作っていく必要があるでしょう。機能拡張は「**Visual Studio Codeに、.NET Core開発のための必要最小限の機能を追加する**」という程度に考えてください。

▌Visual Studio Code のダウンロード

　このVisual Studio Codeは、以下のサイトで公開されています。ここからソフトウェアを入手できます。

● Visual Studio CodeのWebサイト
　https://code.visualstudio.com/

図1-16：Visual Studioのサイト。「Download for XXX」（XXXはプラットフォーム名）ボタンをクリックすればプログラムがダウンロードされる。

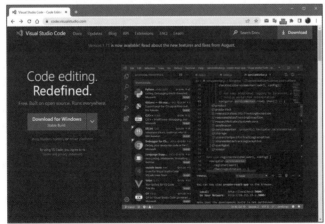

　ここにある「**Download for XXX**」(XXXはプラットフォーム名)ボタンをクリックすると、Visual Studio Codeのダウンロードを開始します。
　Windowsの場合、このボタンでは現在Windowsを使っている利用者にのみインストールをする「**ユーザーインストーラ**」がダウンロードされます。もし、全利用者で使えるようにしたい場合は、以下のURLにアクセスしてください。

　　https://code.visualstudio.com/download

　アクセスするとダウンロードのための表示が現れます。ここからWindowsのシステムインストーラ(全ユーザーが利用可能)をダウンロードすることもできます。

図1-17：Visual Studio Codeのダウンロードページ。

Windows 版のインストール

　Windows版では、専用のインストーラがダウンロードされます。これを起動してインストールを行います。

1. 使用許諾契約書の同意
　最初に、ソフトウェアの使用許諾契約書が現れます。「**同意する**」を選んで次に進みます。

図1-18：使用許諾契約に同意する。

2. インストール先の指定

インストールする場所を設定します。特に理由がなければデフォルトのままにしてお
きましょう。

図1-19：インストール先を設定する。

3. プログラムグループの指定

「**スタート**」ボタンに作成するショートカット（プログラムグループ）の設定です。これ
も特に理由がなければデフォルトのままにしておきます。

図1-20：プログラムグループを設定する。

4. 追加タスクの選択

　インストール作業以外に行う処理を選びます。デフォルトでは、「**PATHへの追加**」だけONになっています。これもデフォルトのままで問題ありません。デスクトップへのショートカット作成など、「**あったほうが便利**」というものがあればONにしておきましょう。

図1-21：実行する追加タスクを選択する。

5. インストール準備完了

　インストールの内容が表示されます。そのまま「**インストール**」ボタンをクリックすれば、インストールを実行します。後は待っていればインストールが完了します。

図1-22：インストール内容を確認し、「インストール」ボタンをクリックする。

macOS 版の場合

macOSの場合は、面倒なインストール作業は必要ありません。ダウンロードしたZipファイルを展開すると、Visual Studio Codeのアプリケーションが保存されます。これをそのまま「**アプリケーション**」フォルダにコピーするだけです。

Visual Studio Codeの設定

インストールが完了したら、Visual Studio Codeを起動しましょう（デフォルトでは、インストール後、自動的に起動します）。このVisual Studio Codeは、初期状態では英語表記になっています。日本語表記にするためには、日本語化の機能拡張をインストールする必要があります。

図1-23：起動したVisual Studio Code。英語表記になっている。

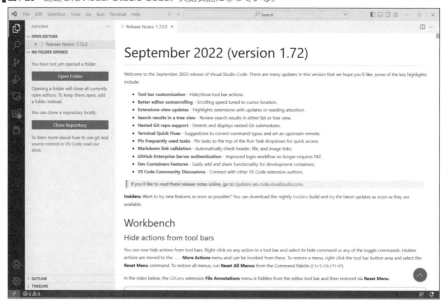

　起動すると、ウィンドウの右下に「**表示を日本語にするには～**」と表示されたアラートが現れます。これは、日本語化のための機能拡張をインストールするか確認するものです。ここにある「**インストールして再起動**」ボタンをクリックしてください。機能拡張がインストールされ、自動的にVisual Studio Codeが再起動します。そして次に起動したときには表示が日本語になっています。

図1-24：アラートが表示されたら「インストールして再起動」ボタンをクリックする。

C# 機能拡張のインストール

　続いて、Visual Studio CodeでC#を利用するための機能拡張をインストールします。先ほどと同じ機能拡張のリストにあるフィールドで「**C#**」とタイプしてください。そして、「**C#**」という項目が見つかったらそれを選択しましょう。これが、「**C# for Visual Studio**」という機能拡張です。

　これで、Visual Studio Codeで開発を行う準備が整いました。

図1-25：C#の機能拡張を検索しインストールする。

Column Visual Studio Codeのテーマについて

　本書のVisual Studio Codeの図を見て、「**自分の起動画面と表示が違う**」と感じた人もいるかも知れません。それは、Visual Studio Codeのテーマが違うためでしょう。

　「**ファイル**」メニュー（macOSの場合はアプリケーションメニュー）から「**ユーザー設定**」メニュー内の「**配色テーマ**」メニュー項目を選ぶと、使用可能なテーマがポップアップ表示されます。そこから使いたいテーマを選べばウィンドウの表示スタイルが変更されます。

1.2 プロジェクトの作成

プロジェクトについて

　では、ASP.NET Coreの開発をどのように行うのか、実際に作業しながら説明をしていきましょう。

　ASP.NET Coreで開発を行うには、まずVisual Studioで「**プロジェクト**」と呼ばれるものを作成します。プロジェクトというのは、アプリケーションの開発に必要となる各種リソース（必要なファイル類や利用するライブラリ、各種の設定情報など）をまとめて管理するためのものです。フォルダ内に多数のファイルやフォルダが作成され、それらを編集しながら開発を進めていきます。

　このプロジェクトは、利用している開発ツールによって作成手順が異なります。ここでは「**空のプロジェクト**」を作成して、作り方を整理していきます。

Column　ソリューションについて

　プロジェクトとは別に、「**ソリューション**」と呼ばれるものもVisual Studioでは登場します。これも、プロジェクトと同様にたくさんのファイルやフォルダを作成し管理します。

　このソリューションというのは何か？　これは、「**複数のプロジェクトをまとめて管理するためのもの**」です。

　開発によっては、複数のプロジェクトを作成し、それぞれのプログラムを連携させて処理を行うようなこともあります。このような場合、複数のプロジェクトをまとめて管理するための仕組みが必要になります。そのために用意されたのがソリューションです。

　本書でもReactを利用した開発のところで2つのプロジェクトを作りますが、これはあくまで例外であり、一般的なASP.NET CoreのWebアプリ開発で複数プロジェクトが必要となることはあまりないでしょう。ですからソリューションというのは「**プロジェクトを作ると自動的に作られる入れ物**」程度に考えてください。

▌Visual Studio Community for Windows で作成

　では、空のWebアプリケーションプロジェクトを作成してみましょう。まずは、Visual Studio Community for Windowsからです。

■1. スタートウィンドウ

　Visual Studio Communityを起動すると、まず編集するプロジェクトを選ぶパネルのようなウィンドウが現れます。左側には、それまで作成したプロジェクトのリストが表示され、右側には各種作業のための項目が並びます。これは、「**スタートウィンドウ**」と呼ばれるものです。プロジェクトを開いたり新たに作成したりする際には、これを利用します。

　新しくプロジェクトを作成する場合は、右側に並ぶ項目から「**新しいプロジェクトの作成**」をクリックして選びます。

▌**図1-26**：スタートウィンドウ。「新しいプロジェクトの作成」ボタンをクリックする。

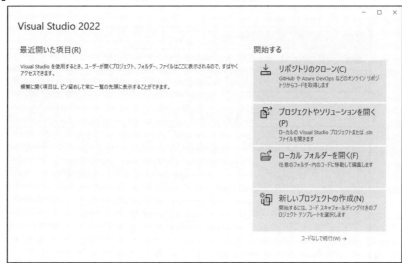

■2. プロジェクト・テンプレートの選択

　パネルの表示が変わり、作成するプロジェクトのテンプレートがリスト表示されます。ここで、作りたいプログラムを選択します。
　ASP.NET CoreによるWebアプリケーションの作成は、「**ASP.NET Core（空）**」という項目を選択して次に進みます。これは、コンテンツを何も持たない空のプロジェクトです。

▌**図1-27**：「ASP.NET Core Webアプリ」を選択する。

■3. 新しいプロジェクトの構成

　作成するプロジェクトに関する設定を入力していきます。今回は以下のように設定しておきましょう。その他の項目は、デフォルトのままにしておいてください。

　入力したら、「**作成**」ボタンをクリックします。

プロジェクト名	「SampleEmptyApp」としておきます。
場所	デフォルトのままにしておきます。
ソリューション名	プロジェクトと同じく「SampleEmptyApp」とします。

図1-28：プロジェクトの名前と場所を指定する。

■4. 追加情報

　作成するアプリケーションに関する追加情報を設定します。「**フレームワーク**」では、使用する.NETのバージョンを選択します。ここでは「**.NET 6.**」か「**.NET 7.x**」を選んでおきます。

　更にその下にある「**HTTPS用の構成**」は、ONのままにしておきます。「**Dockerを有効にする**」は今回はOFFのままでいいでしょう。

　項目を選択したら、「**作成**」ボタンをクリックすると、表示されていたパネルが消え、プロジェクトがVisual Studio Communityで開かれます。

図1-29：使用するフレームワークを選択する。

Visual Studio Community for Mac で作成

　続いて、macOSでのプロジェクト作成です。macOSの場合、Windowsとはプロジェクト作成の表示が若干異なります。

1. プロジェクトの選択

　起動すると、まず編集するプロジェクトを選ぶためのパネル状のウィンドウ（スタートウィンドウ）が現れます。ここで「**新規**」項目をクリックします。

図1-30：「新規」の項目をクリックする。

■2. プロジェクトのテンプレート選択

　作成するプロジェクトのテンプレートが一覧表示されます。Webアプリケーションを作成する場合、左側のリストから「**Webとコンソール**」内の「**アプリ**」を選択し、右側に現れるリストから「**ASP.NET Core**」の下にある「**空**」を選択して次に進みます。この「**空**」が、空の.NET CoreによるWebアプリケーションプロジェクトのテンプレートになります。

図1-31：テンプレートからASP.NET Coreの「空」を選ぶ。

■3. フレームワーク選択

　ターゲットフレームワークの選択画面になります。「**対象のフレームワーク**」から使用する.NETのバージョンを選んでください。

図1-32：使用する.NETフレームワークのバージョンを選ぶ。

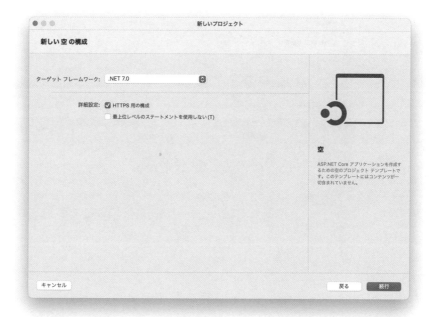

■4. プロジェクトの構成

　プロジェクトとソリューションの名前、保存場所等を以下のように設定します。その他の項目はデフォルトのままにしておきます。

プロジェクト名	「SampleEmptyApp」としておきます。
ソリューション名	プロジェクトと同じ「SampleEmptyApp」とします。
場所	デフォルトのままにしておきます。

　以上を入力して「**作成**」ボタンを押せば、プロジェクトが作成されVisual Studio Communityで開かれます。

図1-33：名前と保存場所を指定する。

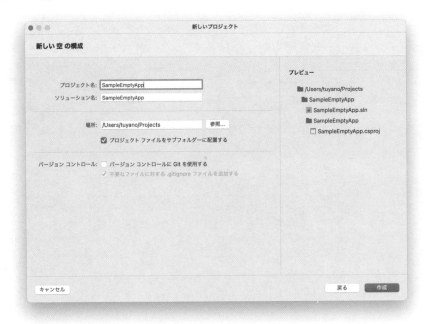

Visual Studio Code/ コマンド入力で作成

Visual Studio Codeでプロジェクトを作成する場合、用意されている「**ターミナル**」というウィンドウを使って作業します。これは、コマンドの入力を行うためのもので、コマンドによりプロジェクトを作成していきます。

このコマンドは、Visual Studio Code特有のものではなく、普通にコマンドプロンプトやmacOSのターミナルで実行できるものです。従って、Visual Studio Codeを使わず他のツールやエディタで開発をしたい、という場合も、このコマンドを利用すればプロジェクトを作成できます。

では、Visual Studio Codeの「**表示**」メニューから「**ターミナル**」を選んでください。これでウィンドウの下部にターミナルが現れます。

図1-34：「ターミナル」メニューで、ターミナルのウィンドウを開く。

開いたら、コマンドを実行します。.NET Coreのプロジェクト作成は、「**dotnet new**」コマンドを使います。これは以下のように実行します。

```
dotnet new プロジェクトの種類 -o プロジェクト名
```

プロジェクトの種類は、作成するプロジェクトのテンプレートごとにつけられている名前を使って指定します。ここでは「**空のプロジェクト**」を作成します。これは「**web**」と種類を指定します。-oというオプションは出力先を指定するもので、作成するプロジェクトの名前を指定します。

では、以下のようにコマンドを実行してみましょう。

```
dotnet new web -o SampleEmptyApp
```

これで、ターミナルのカレントディレクトリに「**SampleEmptyApp**」というフォルダを作成し、そこにプロジェクトのファイル類をコピーします。作られた「**SampleEmptyApp**」フォルダをVisual Studio Codeのウィンドウにドラッグ＆ドロップすれば、フォルダが開かれ編集できるようになります。

■**図1-35**：dotnet newでプロジェクトを作成する。

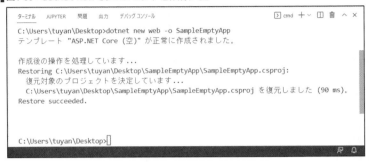

プロジェクトの構成

　では、再びVisual Studio 2022 Communityに戻りましょう。

　プロジェクトが開かれると、初期状態ではプロジェクトの概要が表示されます。Visual Studio Communityのウィンドウは、いくつもの小さなウィンドウが組み合わせられたようになっています。これらは、Windows版では「**ウィンドウ**」（macOS版では「**パッド**」）と呼ばれています。

■**図1-36**：Visual Studio Communityのウィンドウ。小さな区画がいくつも組み合わせられている。

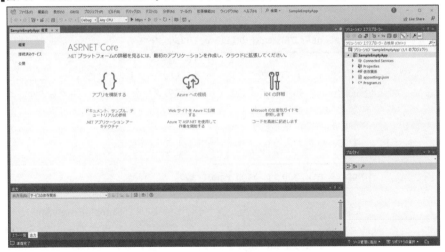

　ウィンドウの中には、プロジェクト内のファイルやフォルダ類を階層的に表示している小さなエリアが見えるでしょう（Windowsでは右側に、macOSでは左側にあります）。

　これは、「**ソリューションエクスプローラー**」と呼ばれるものです。ここに、編集中のプロジェクトの内容が整理され表示されます。ここから使いたいファイルをダブルクリックして開くと、そのファイルを編集するエディタ画面が現れるようになっています。

図1-37：ソリューションエクスプローラー。ここからファイルを開いて編集する。

ウィンドウは入れ替えできる

　これらのウィンドウは、タイトルバーの部分をドラッグすることで配置場所を入れ替えることができます。ドラッグ中は、ウィンドウ内に配置できる場所が四角いエリアとして表示されるので、それを見ながらドロップする場所を決めるとよいでしょう。

　また、表示されていないウィンドウ類は、「**表示**」メニューの「**ウィンドウ**」（Windows版）または「**パッド**」（macOS版）というメニューにまとめられています。ここから使いたいウィンドウを選べば、それが開かれます。

　現時点では、ソリューションエクスプローラー以外は特に使いませんが、Visual Studio Communityには多くの機能が用意されていますので、必要に応じてこれらウィンドウ／パッド類を使っていくことになるでしょう。

図1-38：Visual Studio Communityのウィンドウの配置を変更したところ。使いやすいようにレイアウトできる。

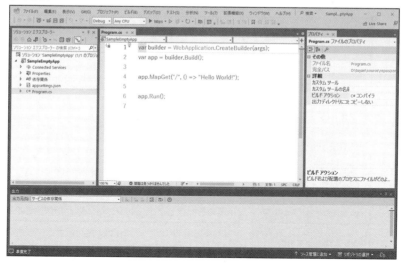

Visual Studio Code も基本は同じ

　Visual Studio Codeを利用している場合も、プロジェクトの基本的な扱い方は同じです。Visual Studio Codeではウィンドウの左側に「**エクスプローラー**」と呼ばれる階層リスト表示の部分があります。ここで、開いているフォルダ内のファイル／フォルダ類を階層的に表示します。ここから編集したいファイルを選択すれば、エディタでファイルが開かれます。

図1-39：Visual Studio Codeの画面。左側にエクスプローラーがあり、ここからファイルを開く。

プロジェクトに用意されているもの

　では、作成されたプロジェクトにどのようなものが用意されているのか見てみましょう。プロジェクト内には以下のようなものが標準で用意されています（なお、.NET Coreや開発ツールのアップデート等により用意されるファイル類が変わる場合もあります）。

● 関連情報

Connected Services	Visual Studio Communityで表示されます。接続サービスに関する設定項目を表示します。
依存関係	Visual Studio Communityで表示されます。プロジェクトと依存関係にあるライブラリやSDKの情報などがまとめられています。

● フォルダ

「bin」フォルダ	Visual Studio Communityでは表示されません。プロジェクトで使うコマンドプログラム類がまとめてあります。
「obj」フォルダ	これもVisual Studio Communityでは表示されません。プロジェクトの生成物が保存されるところです。
「properties」フォルダ	設定情報を記述したJSONファイルなどが保管されます。
「.vscode」フォルダ	これはVisual Studio Codeで開発を行うと生成されます。Visual Studio Codeの設定などが記録されるところです。

●ファイル

SampleEmptyApp.csproj	Visual Studio Communityが作成するプロジェクトファイルです。
SampleEmptyApp.sln	Visual Studio Communityが作成するソリューションファイルです。dotnet newで作成した場合は用意されません。
appsettings.json	アプリケーションの設定情報を記述したJSONファイルです。
appsettings.Development.json	アプリケーションの開発版の設定を記述したJSONファイルです。
Program.cs	プロジェクトのメインプログラムです。これが最初に実行されます。

　Visual Studio Communityで開発する場合に注意したいのは、「**ソリューションエクスプローラーに表示される内容と、実際のプロジェクトの内容は同じではない**」という点でしょう。ソリューションエクスプローラーは、プロジェクト（およびソリューション）の開発がしやすいように、内容を整理して表示します。このため、特に使わないフォルダ類は表示されませんし、「**依存関係**」のように本来フォルダ内にはない項目も追加表示されます。

プロジェクトを実行する

　では、実際にプロジェクトを実行してみましょう。Visual Studio Communityを利用している場合は「**デバッグ**」メニューから、Visual Studio Codeの場合は「**実行**」メニューから、以下のいずれかの項目を選んで実行します。

デバッグ開始	デバッグモードでプロジェクトを実行します。
デバッグなしで開始	デバッグモードでなく、通常のモードで実行します。

　これでWebブラウザが開かれ、https://localhost:ポート番号/にアクセスして「**Hello World!**」というテキストが表示されます。これが、空のプロジェクトに用意されているWebアプリケーションの表示です。
　デバッグモードで実行中は、ツールバーの部分に操作のアイコンが表示され、そこでステップ実行したり終了したりできます。
　（なお、使用されるポート番号は、状況によって変わります。Visual Studio Community利用の場合は実行時に自動的にWebブラウザが開かれるので、当面、ポート番号を意識することはないでしょう）

図1-40：https://localhost:ポート番号/にアクセスし、Hello World!」と表示される。

dotnet コマンドでの実行

コマンドプロンプトあるいはターミナルからdotnetコマンドで作業する場合は、プロジェクトのフォルダ内にカレントディレクトリを移動後、以下のように実行します。

```
dotnet run
```

図1-41：dotnet runコマンドでASP.NETの開発用サーバーでアプリを起動する。

これでASP.NETに用意されている開発用サーバーが起動し、その上でWebアプリケーションが実行されます。dotnetコマンドを使っている場合は、Webブラウザは自動では起動しません。出力部分に公開アドレスがその後に表示されるので、Webブラウザでそのアドレスにアクセスして表示を確認してください。

なお、dotnetコマンドを使う場合、デバッグモードと非デバッグモードの実行は「**-c**」オプションを使って切り替えることができます。

● デバッグモードで実行
```
dotnet run -c Debug
```

● 非デバッグモードで実行
```
dotnet run -c Release
```

終了の際は、Ctrlキー＋「**C**」キーで強制的に動作を中断してください。これでプログラムが終了します。

Column HTTPSの証明書について

ASP.NET CoreのWebアプリは標準でHTTPSアクセスが可能になっています。しかし、HTTPSを利用するためには信頼できる証明書を発行して貰う必要があります。

実は.NET Core SDK には、HTTPSの開発用の証明書が含まれています。 Webアプリの開発時には、HTTPSの証明書としてこの.NET Core SDKにある開発用の証明書がインストールされ使われます。このため、アプリを起動した際、証明書のインストールに関するダイアログ（インストールを許可するか、利用を許可するかなど）が現れることがあります。

このような表示が現れたら、証明書をインストールし、利用を許可してください。これによりHTTPSが開発段階から使えるようになります。

診断ツールについて

Visual Studio Communityでデバッグモードで実行すると、ウィンドウ内に「**診断ツール**」というウィンドウが自動的に表示されます。これは実行中のアプリケーションの状態を表示するもので、使用メモリやCPU、発生イベントなどの情報をリアルタイムに表示します。

まだ今の段階ではこれらの情報がどういうものかよくわからないかも知れません。ある程度、本格的に開発を行うようになってくれば、これらの意味もわかってくることでしょう。今のところは「**こういうツールが用意されている**」ということだけ覚えておきましょう。

図1-42：診断ツール。使用メモリやイベントなどの状況が表示される。

ブレークポイントの設定

デバッグモードで実行する場合、ソースコード内に「**ブレークポイント**」というものを設定しておくことができます。これは、デバッグに入るためのポイントです。プログラムの実行がブレークポイントの地点に到達すると、そこでプログラムが停止し、必要に

応じて1文ずつ実行していけるようになります。またそのときの変数の状態なども確認できます。

ブレークポイントの設定は、以下のように行います。

■Visual Studio Communityの場合

ソースコードを開いて設定したい行を選択し、「**デバッグ**」メニューから「**ブレークポイントの設定/解除**」を選ぶ。あるいは、エディタの行番号の左側をクリックする。

■Visual Studio Codeの場合

ソースコードを開いて設定したい行を選択し右クリックし、「**デバッグ**」メニューから「**ブレークポイントの切り替え**」を選ぶ。あるいは、エディタの行番号の左側をクリックする。

図1-43：Visual Studio Communityでブレークポイントで動作が停止した状態。下部左側に変数の内容などが表示される。

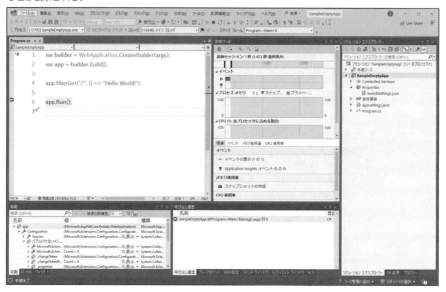

これで、選択した行にブレークポイントが設定されます。この状態で、デバッグモードで実行すると、ブレークポイントが設定されたところまで処理が進むと自動的に停止します。同時に、ウィンドウ内に変数の内容などをリスト表示したウィンドウが現れ、そのときのプログラムの状態を確認できます。

ツールバーにはデバッグ状態での処理を実行するアイコンが表示され、そこでステップ実行(1文ずつ実行すること)ができます。また、停止から復帰したり、処理を中断したりするのもツールバーから行えます。

図1-44：Visual Studio Community/Codeでツールバーに表示される、デバッグ操作用のアイコン類。

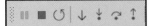

1.3 プロジェクトの基本を理解する

Program.csについて

　では、プロジェクト内に用意されているプログラムについて見ていきましょう。プロジェクトには、標準でC#ファイルが1つ用意されています。「**Program.cs**」というものです。これは、デフォルトで以下のように記述されています。

リスト1-1

```
var builder = WebApplication.CreateBuilder(args);
var app = builder.Build();

app.MapGet("/", () => "Hello World!");

app.Run();
```

　既にC#の経験があるなら、このコードを見て「**mainはどこだ？**」と不審に思うかも知れません。C#では、mainメソッドというエントリーポイント（プログラムを実行する際、最初に呼び出される部分）を持っています。C#のプログラムは、まずこのmainに起動時の処理を書く、というのが基本でした。それなのに、このProgram.csではmainメソッドがありません。

　これは、C# 9.0から追加された「**最上位レベルのステートメント**」と呼ばれる機能を使ったものです。現在のC#では、mainメソッドを用意する必要はありません。クラスやメソッドなどに含まれないところ（最上位レベル）にコードを書けば、それが自動的にmainメソッドの処理として扱われるようになっています。

WebApplication.CreateBuilder について

　ここでは、まず「**WebApplication**」というクラスのメソッドを呼び出しています。このクラスは、Webアプリケーションに必要な機能をまとめて提供するためのクラスです。ここで呼び出している「**CreateBuilder**」というメソッドは、引数にargs（デフォルトで用意される値）を元に「**WebApplicationBuilder**」というクラスのインスタンスを取得するためのものです。WebApplicationBuilderは、Webアプリケーションのオブジェクト

(WebApplication)を作成するためのビルダークラスです。

MapGet とは？

　その次にあるのは、取得したWebApplicatonが保管されている「**app**」変数からメソッドを呼び出してルーティングの設定を行うものです。今回は、以下のような文が書かれていました。

```
app.MapGet("/", () => "Hello World!");
```

　この「**MapGet**」というメソッドは、指定のアドレスにGETアクセスしたとき、指定の処理を実行するよう割り当てるものです。これは以下のように呼び出します。

```
《WebApplication》.MapGet( パス, 処理 );
```

　第1引数にパスを、第2引数には実行する処理をラムダ式で指定します。これにより、指定したパスにアクセスされると、用意した処理が実行されるようになります。デフォルトでは、以下のように記述されていました。

```
app.MapGet("/", () => "Hello World!");
```

　"/"はルートとなるパスですね。そして第2引数には、"Hello World!"というテキストを返すラムダ式が用意されています。ここで返されたテキストが、そのままアクセスしたクライアントへと送られます。
　つまり、この文により、「**"/"にアクセスすると"Hello World!"とテキストが出力される**」という処理が作成されていたのです。

アプリケーションの実行

　最後に、このWebアプリケーションを実行する処理が以下のように記述されています。

```
app.Run();
```

　WebApplicationの「**Run**」メソッドは、このWebアプリケーションを実行するものです。これによりWebアプリケーションが実行されて待ち受け状態となり、ユーザーはこのWebアプリケーションに割り当てられたアドレスにWebブラウザなどからアクセスしてWebページを表示できるようになります。
　Program.csで行っているのは、これですべてです。信じられないぐらい簡単ですね！

Column using文はどこにある？

.NET 6以降では、最上位レベルのステートメントによりmainを省略したシンプルなコードになっていることがわかりました。けれど、いくらなんでもシンプルすぎますよね？ 例えば、クラスを利用する際に必ず必要となるusing文はなぜないのでしょう？今のC#では、using文は必要ないのでしょうか？

いえ、もちろんusing文は必要です。実をいえば、ちゃんとあるのです。プロジェクトの「**obj**」フォルダ内にある「**Debug**」フォルダの中に「**プロジェクト名.GlobalUsings.g.cs**」というファイルが用意されており、ここに以下のような文が記述されています。

リスト1-2

```
// <auto-generated/>
global using global::Microsoft.AspNetCore.Builder;
global using global::Microsoft.AspNetCore.Hosting;
global using global::Microsoft.AspNetCore.Http;
global using global::Microsoft.AspNetCore.Routing;
global using global::Microsoft.Extensions.Configuration;
global using global::Microsoft.Extensions.DependencyInjection;
global using global::Microsoft.Extensions.Hosting;
global using global::Microsoft.Extensions.Logging;
global using global::System;
global using global::System.Collections.Generic;
global using global::System.IO;
global using global::System.Linq;
global using global::System.Net.Http;
global using global::System.Net.Http.Json;
global using global::System.Threading;
global using global::System.Threading.Tasks;
```

これは、C# 10よりサポートされている「**global usingディレクティブ**」と呼ばれるものです。これにより、指定した名前空間がプロジェクト内のすべての場所で利用可能になります。このコードが内部で読み込まれ実行されることで、他のソースコード内にusing文を記述する必要がなくなったのです。

なお、このファイルはASP.NETのシステムにより自動生成されるため、この中身を編集して利用することはできません。ここにない名前空間は、いつものように各ソースコードファイル内でusingしてください。

HTMLを表示する

以上のように、ASP.NET CoreのWebアプリケーションでは、MapGetの引数に用意した関数で、表示内容をreturnするだけでコンテンツを表示させることができます。ならば、HTMLのコードをreturnすれば、HTMLを使ったWebページも作れるのではないでしょうか？

実際に試してみましょう。app.MapGet文を以下のように書き換えてみてください。

リスト1-3

```
app.MapGet("/", (HttpContext context) =>
  {
      context.Response.ContentType = "text/html";
      return "<html>" +
      "<title>Hello</title>" +
      "</head>" +
      "<body>" +
      "<h1>Hello!</h1>" +
      "<p>This is sample page.</p>" +
      "</body>" +
      "</html>";
  }
);
```

図1-45：実行すると簡単なHTMLページが表示される。

　プロジェクトを実行すると、Webブラウザにごく簡単なHTMLページが表示されます。ここでは、WriteAsyncを使い、HTMLのコードを出力しています。が、それだけではなくて、いくつかのポイントがあります。

　まず、関数の定義を見てみましょう。今回は以下のようになっていますね。

```
(HttpContext context) => {……}
```

　引数には、「**HttpContext**」というクラスのインスタンスが渡されています。これは、HTTPアクセスに関する各種の情報や必要な機能をまとめたものです。引数にHttpContextを用意することで、アクセス時の情報や処理が行えるようになります。

```
context.Response.ContentType = "text/html";
```

　Contextには「**Response**」というプロパティがあり、ここに「**HttpResponse**」というクラスのインスタンスが保管されています。これはクライアントへのレスポンスに関する機能をまとめたものです。

　ここではResponseにある「**ContentType**」の値を設定しています。これは出力するコンテンツの種類を示すプロパティです。このContentTypeを"text/html"に変更することで、出力したテキストをHTMLのコードと認識するようになります。

　後は、HTMLのコードをテキストとして用意し、returnすれば、HTMLによるWebペー

ジを表示できます。

　このように、context.Responseを操作することで、クライアントに送信されるコンテンツの設定などを行うことができます。これにより、単純なテキストだけでなく、HTMLやXML、JSONなどのデータをコンテンツとして送れるようになります。

Column　ホットリロードについて

　ファイルの修正を行ったとき、どのように再実行していますか？実行中のアプリを終了し、再度実行していませんか？

　Visual Studioには「**ホットリロード**」という機能があります。アプリを実行中にファイルを編集した場合は、そのままツールバーにある「**ホットリロード**」アイコン（赤い炎のアイコンです）をクリックすれば、その場で実行中のアプリを最新の状態に更新してくれます。

ウェルカムページを表示する

　要求を処理するためのミドルウェアを組み込むメソッドは、Runだけしかないわけではありません。その他にもさまざまなメソッドが用意されています。

　一例として、「**UseWelcomePage**」というメソッドを使ってみましょう。これは「**ウェルカムページ**」と呼ばれるページを表示するミドルウェアを組み込むものです。最後のapp.Runの手前に、以下の文を記述してみましょう。

リスト1-4

```
app.UseWelcomePage();
```

図1-46：Webブラウザでアクセスすると、ウェルカムページが表示される。

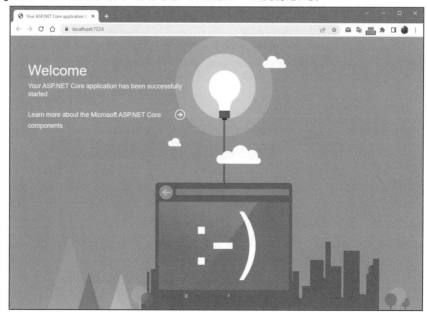

実行し、Webブラウザでアクセスすると、「**Welcome**」と表示されたカラフルなページが現れます。これがウェルカムページです。このページはASP.NET Coreに用意されているものです。実際のWebページを開発中、とりあえずダミーとしてページを表示させておきたい、というような場合に使えるでしょう。

このUseWelcomePageを使うと、どのアドレスにアクセスしてもすべてウェルカムページが表示されるようになります。正式なページが準備できるまでの「**仮のページ**」と考えておきましょう。

ファイルを読み込んで表示する

更に一歩踏み込んで、テキストではなく、テキストファイルを読み込んで表示する、というサンプルを考えてみましょう。

ASP.NET Coreは、.NET Coreの上に構築されています。この.NET Coreには、PCでプログラムを作成する上で必要となる機能が一通り用意されています。それらを利用することで、PCの機能を使ったプログラムも作成できます。

ごく簡単な例として、「**ファイルを読み込んで表示する**」というサンプルを作ってみましょう。app.MapGetで"/"に処理を割り当てていた文を以下のように書き換えてください(先ほど追記したapp.UseWelcomePageは削除しておきましょう)。

リスト1-5

```
app.MapGet("/", async (HttpContext context) =>
  {
    context.Response.ContentType = "text/plain";
    using (FileStream stream = File.Open(@"./Program.cs", FileMode.Open))
    {
      int num = (int)stream.Length;
      byte[] bytes = new byte[num];
      stream.Read(bytes, 0, num);
      string result = System.Text.Encoding.UTF8.GetString(bytes);
      await context.Response.WriteAsync(result);
    }
});
```

図1-47：Program.csの内容が表示される。

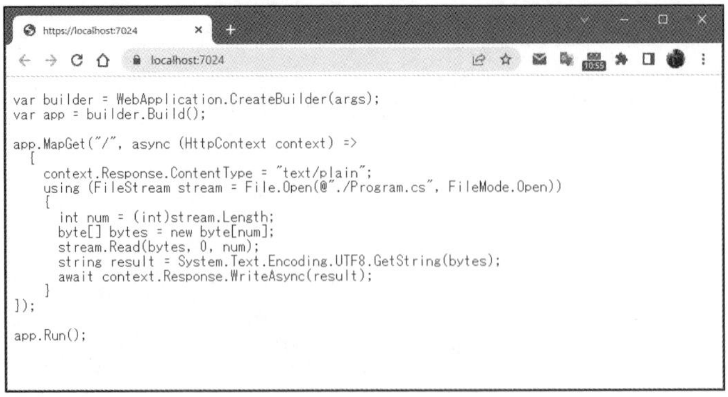

実行すると、WebブラウザにProgram.csのソースコードが表示されます。ここでは、Program.csファイルを読み込んで表示していたのです。

FileとFileStream

今回は、FileとFileStreamというクラスを使ってファイルの内容を読み込んでいます。これらは、ファイルアクセスの基本となるクラスですので、ここで基本的な使い方を覚えておくとよいでしょう。

では、MapGetの引数で行っている処理を順に説明していきましょう。

●関数の定義

```
async (HttpContext context) => {……}
```

最初に、引数に指定してある関数の定義をよく見てみましょう。冒頭に「**async**」がつけられているのがわかります。これは、ファイル関係の機能が非同期で実行されるためです。

●コンテンツタイプの設定

```
context.Response.ContentType = "text/plain";
```

関数では、まずHttpResponseのContentTypeを"text/plain"に変更します。これは、テキストが送られることを示すコンテンツタイプです。

●FileからFileStreamを得る

```
using (FileStream stream = File.Open(@"./Program.cs", FileMode.Open))
{
    ……streamの操作……
}
```

その後には、このような形で処理が記述されています。これは、FileStreamというクラスのインスタンスを取得し、それを利用して実行する処理を作成するものです。

ここでは「**using**」という文を使っていますが、これは引数に指定したオブジェクトを利用するためのものです。このusingの特徴は、構文を抜ける際にオブジェクトを自動的に開放する、という点です。ファイルのように、使用後にリソースを開放する必要があるオブジェクトなどは、usingを利用し、その中で処理を行うようにすると、必ずオブジェクトが専有するリソースが開放されます。

●FileStreamの取得

FileStreamは、Fileクラスの「**Open**」メソッドを使って取得することができます。これは以下のように記述します。

```
変数 = File.Open( ファイルパス , モード );
```

第1引数にはファイルのパスをテキストで指定します。第2引数はアクセスモードの指定で、これはFileModeというEnumで指定します。ここではFileMode.Openを指定しています。これはファイルがあればそれを開き、ない場合は例外を発生させます。

●ファイルサイズの取得

```
int num = (int)stream.Length;
```

FileStreamには「**Length**」というプロパティがあります。これはファイルサイズ(データのバイト数)を示すRead専用の値です。これを変数に取り出しておきます。

●byte配列の用意

```
byte[] bytes = new byte[num];
```

byte配列を作成します。要素数は、先ほど取り出したファイルサイズの値を指定します。これにより、ファイルサイズと同じ大きさのbyte配列が用意できました。

●ストリームからデータを読み込む

```
stream.Read(bytes, 0, num);
```

FileStreamからデータを読み込みます。第1引数にはbye配列、第2引数にはオフセット(読み込み開始位置)、第3引数には終了位置をそれぞれ指定します。ここでは開始位置をゼロ、終了位置をnumにして、ファイルの最初から最後までを読み込むようにしています。

このReadは、ストリームからデータを読み込み、第1引数のbyte配列に書き出します。これで、ファイルの内容がbyte配列に書き写された状態になります。

●byte配列からテキストを生成

```
string result = System.Text.Encoding.UTF8.GetString(bytes);
```

byte配列を元にテキストを生成するには、System.Text.Encodingクラスのプロパティを使います。ここでは、UTF8というプロパティを利用していますね。ここには、UTF-8のエンコードを扱うEncodingインスタンスが設定されています。

このUTF8から「**GetString**」メソッドを呼び出します。引数にはbyte配列を指定します。これで、そのbyte配列を元にstringが生成されます。

●テキストを書き出す

```
await context.Response.WriteAsync(result);
```

これまで、テキストはそのままreturnしていましたが、今回はResponseにある「**WriteAsync**」というメソッドを使ってみました。これはレスポンスにテキストを非同期で書き出すもので、これを利用してもクライアント側に送信するコンテンツを作成できます。

多数の値を書き出すような場合には、それらをすべて1つのテキストにまとめてreturn

するより、必要に応じて値を次々とWriteAsyncで書き出していったほうが出力を作りやすいでしょう。

Program.csだけでWebページは作れる？

いくつかのサンプルを作成して、なんとなく「**Program.csでのWebページの作成と表示**」がどういうものかわかってきたことと思います。とりあえず、テキストを用意してHttpResponseで出力すればなんとかなる、ということはわかったでしょう。

ただし、このProgram.csは「**空のプロジェクト**」にある、もっとも基本的なC#ファイルである、という点を忘れないでください。実際のプロジェクトでは、この他にも多数のファイルが作成されています。ここでの説明は、あくまで「**アプリケーションのもっとも基本的な部分の仕組み**」に過ぎません。実際のWebページ作成は、更に多くの機能を使って行うのが一般的です。

では、次章から、より本格的なWebアプリケーション開発のプロジェクトを作成し、説明していくことにしましょう。

Chapter 2

Razorページ
アプリケーションの作成

Razorページアプリケーションは、1つのページファイルと、それに対応する「ページモデル」と呼ばれるC#コードでページを構成します。この新しいタイプのアプリケーションの仕組みと、そこで用いられる「Razor」というビューの機能について説明しましょう。

2.1 Razorページアプリケーションの基本

Razorページアプリケーションとは？

ASP.NETでは、Webアプリケーションの基本的な仕組みがいくつか用意されています。仕組みが異なると、プロジェクトの構成もプログラムの作り方もすべて違っていますから、まずはどういう仕組みがあり、それぞれどう作っていくのかを理解していく必要があります。

用意されている仕組みを簡単に整理すると以下のようになるでしょう。

▎Razor ページ

ASP.NETのオリジナルな開発方式です。ページ単位での開発を重視したもので、「**Razorページ**」と呼ばれる特殊な形でWebページを作成します。

Razorページは、画面に表示されるテンプレートとバックエンドのコーディング部分がセットになったもので、MVCのようにプログラムと表示は分離しておらず、ページごとに両者をセットで作成します。

ページ単位で作られるため、たとえば複数ページでデータなどを共用して作業するようなやり方には向きません。逆に、1枚のページで何もかも済ませるようなタイプのWebアプリケーションでは、Razorページのほうがはるかに開発しやすいでしょう。

▎MVC モデル

アプリケーションの構成をModel-View-Controllerに分けて整理し開発するもので、従来のWebアプリケーション開発フレームワークでは広く使われている方式です。サーバー側で基本的な処理を行い、テンプレートを使ってWebページをレンダリングして出力する、という形でWebページを作ります。

処理を行うプログラム部分と、画面に表示されるテンプレート部分は完全に分離しており、必要に応じてプログラム部分から値をテンプレート側に渡して表示を完成させていきます。プログラム部分は「**コントローラー**」と呼ばれる部品として1つにまとめられており、このコントローラーからページに応じてテンプレートを読み込み表示を行います。

▎Blazor

Razorの「**ページのプログラムとテンプレートをまとめて作成する**」という方式を更に推し進めたものです。Blazorでは、1つのファイルの中に表示とコードを混在させ、両者を完全に融合する形で書くことができます。

「**完全に1つのファイルに融合している**」ということは、つまりバックエンドで実行される処理とフロントエンドの表示が一緒くたになっている、ということです。フロント＝バックを区別することなく1つのコードとして記述できる、それがBlazorの最大の特徴でしょう。

図2-1：MVCアプリケーションはコントローラーに複数のアクションがあり、それぞれにテンプレートを持つ。Razorアプリケーションは各ページにバックエンドの処理とテンプレートを持っている。Blazorは各ページのテンプレートと処理が1つのファイルに混在する。

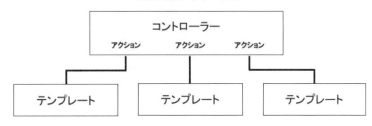

※MVCアプリケーション

※Razorアプリケーション

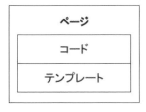
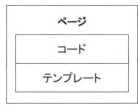

※Blazorアプリケーション

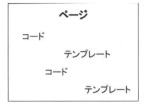

Razor は ASP.NET の基本

　3つも用意されていると、一体どれを使えばいいのかわからなくなってくるかも知れませんね。

　MVCは、従来からあるもっともスタンダードなWebアプリケーションフレームワークの方式であり、ASP.NETに限らず多くの言語や環境で使われている方式です。多くの開発者が慣れ親しんだ方式であり、以前からある開発スタイルをそのまま踏襲して開発したいときに選択されるものといえます。

　Blazorは、最近の「**リアクティブプログラミング**」を意識したものであり、ライバルとなるのはReactなどのフロントエンドフレームワークを使った開発でしょう。Webページで操作するとリアルタイムに変化するようなWebページの作成に用いられます。

　「**MVCやBlazorを使う必要がある**」という明確な考えがあるケース以外は、基本的にすべて「**Razorを利用する**」と考えましょう。Razorは、ASP.NETによるWebアプリケーション開発の基本となるものです。従って、Webアプリケーション開発を行うなら、まず

Razorから学ぶのがよいでしょう。

Razorページプロジェクトを作成する

では、ASP.NETの基本である「**Razorページ**」を使ったアプリケーション開発から説明をしていきましょう。Razorページアプリケーションは専用のプロジェクトテンプレートが用意されており、それを利用してプロジェクトを作成します。

では、実際にプロジェクトを作成してみましょう。環境ごとに手順をまとめておきます。

▌Visual Studio Community for Windows の場合

現在開いているソリューションを閉じましょう。「**ファイル**」メニューから「**ソリューションを閉じる**」を選んで下さい。そして以下の手順で作業をします。

■1. 新しいプロジェクトの作成

ソリューションが閉じられると、画面にスタートウィンドウが現れます。もし表示されない場合は、「**ファイル**」メニューから「**スタートウィンドウ**」を選んで下さい。現れたスタートウィンドウから、「**新しいプロジェクトの作成**」を選択します。

図2-2：「新しいプロジェクトの作成」を選ぶ。

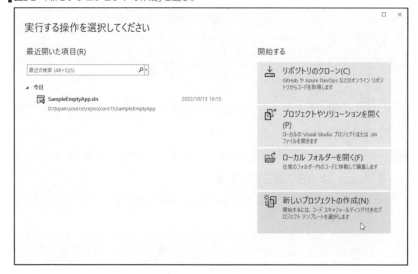

■2. プロジェクトテンプレートの選択

プロジェクトのテンプレートを選択する画面になります。表示されているテンプレートの一覧リストから「**ASP.NET Core Webアプリ**」を探して選択し、次に進みます。

図2-3：「ASP.NET Core Webアプリ」を選ぶ。

■3. 名前と保存場所の指定

　プロジェクト／ソリューション名と保存場所を指定します。名前は「**SampleRazorApp**」としておきましょう。プロジェクト名に入力するとソリューション名も自動設定されます。保存場所はデフォルトのままでOKです。入力後、「**作成**」ボタンをクリックします。

図2-4：プロジェクト名を「SampleRazorApp」と入力する。

■4. 追加情報

　その他の情報(使用フレームワーク、認証の種類など)を指定します。これらも基本的にはデフォルトのままにしておけばいいでしょう。「**作成**」ボタンをクリックすればプロ

ジェクトが作成されます。

■**図2-5**：追加の設定を選択する。

Visual Studio Community for Mac の場合

　現在開いているソリューションを閉じて下さい。「**ファイル**」メニューから「**ソリュー
ションを閉じる**」を選び、ソリューションが閉じられると、画面にスタートウィンドウ
が現れます（もし表示されない場合は、「**ウィンドウ**」メニューから「**スタートウィンドウ
を表示する**」を選んで下さい）。
　現れたスタートウィンドウから、「**新規**」を選択します。

■1. テンプレートの選択

　作成するプロジェクトのテンプレートを選ぶ画面になります。左側のリストから「**Web
とコンソール**」内にある「**アプリ**」を選んで下さい。右側にテンプレートのリストが表示
されるので、そこから「**Webアプリケーション**」を選び、次に進みます。

▌図2-6：「Webアプリケーション」テンプレートを選ぶ。

▉2. フレームワークの選択

　対象のフレームワークを選びます。ここで使用する.NETのバージョンを選びます。「**認証**」は「**認証なし**」にしておきます。

▌図2-7：.NETのバージョンを選ぶ。

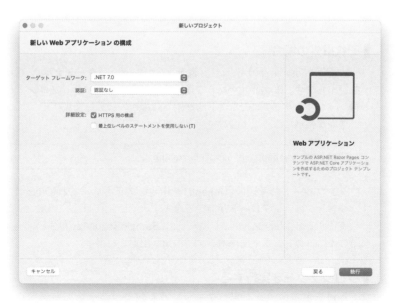

■3. 名前と保存場所の指定

　プロジェクト名、ソリューション名、場所などを入力する画面になります。プロジェクト名には「**SampleRazorApp**」と入力します（ソリューション名も同じ名前に自動設定されます）。保存場所やその他の設定項目はデフォルトのままにして「**作成**」ボタンを押します。

▌図2-8：プロジェクトの名前を「SampleRazorApp」とする。

▌それ以外の場合

　Visual Studio Codeの場合は、「**表示**」メニューから「**ターミナル**」を選んでターミナルを呼び出します。dotnetコマンドで作成する場合は、コマンドプロンプトなどを起動した後、cdコマンドでプロジェクトを配置する場所に移動します。
　準備が整ったら、以下のコマンドを実行して下さい。

```
dotnet new webapp -o SampleRazorApp
```

　テンプレートの種類は「**webapp**」を指定して下さい。これでRazorによるWebアプリケーションのテンプレートが指定できます。
　実行すると、カレントディレクトリに「**SampleRazorApp**」というフォルダが作成され、その中にプロジェクト関係のファイル類が出力されます。

▌プロジェクトを実行する

　作成できたら、さっそくプロジェクトを実行して動作を確認しておきましょう。

Visual Studio Communityの場合は、「**デバッグ**」または「**実行**」メニューから「**デバッグの開始**」を選んで実行しましょう。

dotnetコマンドを使っている場合は、カレントディレクトリをプロジェクトのフォルダ内に移動してから以下のように実行します。

```
dotnet run
```

実行すると、WebアプリケーションのトップページがWebブラウザで開かれます。ごくシンプルな画面ですが、上部にページの切り替えメニューがあり、下部にはフッターが表示されるなど、必要最低限の要素は押さえてあるのがわかります。

動作が確認できたら、Webブラウザのウィンドウを閉じればプロジェクトが終了します。

図2-9：実行されたプロジェクトのトップページ。

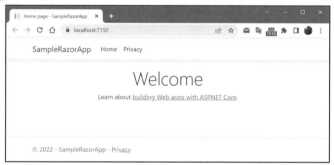

Razorページアプリケーションの構成

では、作成されたプロジェクトの内容を見てみましょう。Razorページアプリケーションは「**Webアプリケーション**」のプロジェクトですから、プロジェクトの基本部分はWebの表示に関するものです。

空のプロジェクトになく、Razorページアプリケーションのために新たに用意されているものとしては、以下のフォルダがあります。

「Pages」フォルダ	Razorページによるページ関連のファイルがまとめられています。
「wwwroot」フォルダ	アプリケーションで使うリソース類(JavaScriptファイル、CSSファイル、イメージファイルなど)がまとめられています。

基本的に、「**Pages**」フォルダ内にあるものの使い方がわかれば、Razorページの開発は行えるようになる、と考えていいでしょう。プロジェクトの構成はすっきりしてわかりやすいのがRazorアプリケーションの特徴です。

Program.cs について

プロジェクトの基本部分となるプログラムは、やはりProgram.csに記述されています。

このファイルを開くと、以下のように記述されていることがわかります。なお、コメント文は省略しています。

リスト2-1

```
var builder = WebApplication.CreateBuilder(args);

builder.Services.AddRazorPages();

var app = builder.Build();

if (!app.Environment.IsDevelopment())
{
 app.UseExceptionHandler("/Error");
 app.UseHsts();
}

app.UseHttpsRedirection();
app.UseStaticFiles();

app.UseRouting();

app.UseAuthorization();

app.MapRazorPages();

app.Run();
```

空のWebアプリケーションに比べると、見覚えのない文がいくつも追加されているのがわかります。ただし、ほとんどがappのメソッドを呼び出しているだけなので、決して難しくはありません。

コードの流れをチェック

では、記述されているコードがどんなことをやっているのか、順にチェックしていきましょう。

● WebApplicationBuilderの作成

```
var builder = WebApplication.CreateBuilder(args);
```

まず、WebApplicationのCreateBuilderメソッドで、WebApplicationBuilderインスタンスを作成します。これは既に説明しました。このインスタンスからWebApplicationインスタンスを作成するのでしたね。

●AddRazorPagesメソッド

```
builder.Services.AddRazorPages();
```

　AddRazorPagesは、Razorページ の た め の サ ー ビ ス を 組 み 込 む も の で す。WebApplicationBuilderの「**Services**」プロパティには、サービス関連をまとめて管理するServiceCollectionというコレクションクラスのインスタンスが設定されています。そこにあるAddRazorPagesを呼び出すことでRazorのためのサービスが追加されます。

●WebApplicationの作成

```
var app = builder.Build();
```

　WebApplicationBuilderの準備が整ったら、BuildメソッドでWebApplicaitonインスタンスを作成します。これも既に説明したものですね。

●開発時のエラー処理

```
if (!app.Environment.IsDevelopment())
{
  app.UseExceptionHandler("/Error");
  app.UseHsts();
}
```

　このif文は、開発時に処理を追加するためのものです。**app.Environment**はアプリケーションのWebホスティング環境に関する情報を管理する**IWebHostEnvironment**インスターフェースの実装オブジェクトが設定されています。その**IsDevelopment**により、開発中であるかどうかをチェックしています。
　IsDevelopmentの値がTrueである（開発中である）場合は、例外時の処理を行うためのメソッドを呼び出しています。

●リダイレクトのミドルウェアを追加

```
app.UseHttpsRedirection();
```

　appにあるメソッドを使い、必要な機能を追加していきます。ASP.NETでは、さまざまな機能が「**ミドルウェア**」と呼ばれる形で用意されています。ミドルウェアはプログラム本体に追加して機能を拡張していくためのものです。
　この**UseHttpsRedirection**は、リダイレクトのためのミドルウェアを追加するものです。

●静的ファイルの利用

```
app.UseStaticFiles();
```

　続いて「**UseStaticFiles**」メソッドで静的ファイルを利用するためのミドルウェアを追加します。これにより、「**wwwroot**」フォルダ内にある静的ファイル類にアクセス可能になります。

●ルーティングミドルウェアの追加

```
app.UseRouting();
```

　これは、EndpointRoutingMiddlewareというルーティングに関するミドルウェアを追加するものです。これにより、「**pages**」フォルダ内のファイルにファイル名のパスでアクセスできるようになります。

●認証機能の追加

```
app.UseAuthorization();
```

　これは、認証に関するミドルウェアを追加するものです。ただしこのプロジェクトでは認証機能は追加していないので、このメソッドの機能は特に使われません。

●Razorページの追加

```
app.MapRazorPages();
```

　Razorのページを利用するためのミドルウェアを追加します。これにより、「**pages**」フォルダ内にあるRazorページへのアクセスによりWebページが作られるようになります。

●アプリの実行

```
app.Run();
```

　最後に、Runメソッドを呼び出してアプリケーションを実行して作業終了です。これも既に利用していますからわかりますね。

最小ホスティングモデルについて

　このProgram.csに書かれているコードは、ASP.NET 6より採用されている「**最小ホスティングモデル**」と呼ばれるコーディングスタイルです。
　ASP.NETのコードは、実はもっと長く複雑なものでした。これをASP.NET 6から大幅に簡略化したコードに置き換えたのが、新たな最小ホスティングモデルのコードなのです。
　従って、それ以前のバージョンで作成されたアプリがあり、メンテナンスしていく必要があった場合には、全く違ったコードが記述されていることになります。このようなアプリをASP.NET 6/7に更新する場合、コードはどうすべきでしょうか。そのままにしたほうがいいのか、新しいコードに置き換えるべきなのか？
　答えは、「**どちらでもよい**」です。ASP.NET 6/7でも、旧来のコードはそのまま動作します。従って、.NETをアップデートしても、それまでのコードのままで全く問題ありません。もちろん、新しいコードに書き換えても問題なく動作します。
　アプリケーションによっては、Program.csやStartup.cs（旧コードで用意されるファイル）に独自の処理を追加するなどしてカスタマイズしていることも多いでしょう。そのような場合には、新しいコードに移行が難しいこともあります。「**無理に新しいコードに置き換えず、それまでのコードをそのまま使い続けてもいいんだ**」ということは知っ

ておきましょう。

「Pages」フォルダについて

では、Razorページアプリの中心部分である「**Pages**」フォルダを見てみましょう。ここにはどのようなファイルやフォルダがまとめられているのでしょうか。

●「Pages」フォルダの内容

「Shared」フォルダ	コントローラー類で共有されているファイル。レイアウトファイルやエラーページのファイルなどが保管される。
_ViewImports.cshtml	ヘルパーをインポートするもの
_ViewStart.cshtml	使用するレイアウトファイルを指定するもの
Errors.cshtml	エラー表示のためのページ
Index.cshtml	Webアプリのトップページ
Privacy.cshtml	プライバシーポリシーのページ

「**Shared**」フォルダは、複数のページなどで共有して使うものが保管されています。この中に、_Layout.cshtmlなどのレイアウト用テンプレートが用意されているのです。また、_View○○.cshtmlといったファイル類も全く同じものが用意されています。

Razorページ特有のものは、「**Erros.cshtml**」「**Index.cshtml**」「**Privacy.cshtml**」といったファイル類だけ、と考えていいでしょう。これらが、Razorページのページファイルになるのです。

ページファイルとページモデル

「**Pages**」フォルダ内に用意されているIndex.cshtmlに注目して下さい。Visual Studio Communityのソリューションエクスプローラーでこのファイルを見ると、ファイル名の左端に▽マークが表示されているのがわかるでしょう。これを展開すると、更にその中に「**Index.cshtml.cs**」というファイルが現れます。拡張子のみが異なる同名ファイルが複数あると、Visual Studio Communityではこのように代表するファイルのみが表示され、それ以外は内部に折りたたんで表示されます。

（※Visual Studio Community以外の環境で開発をしている場合は「Index.cshtml」と「Index.cshtml.cs」の両方が表示されているので、ファイルが2つあることはすぐにわかったことでしょう）

図2-10:Index.cshtmlの▽をクリックすると、更にその中に「Index.cshtml.cs」というファイルが現れる。

これらは「**Razorページ**」と呼ばれるもので、Razorページアプリケーションでページを構成する基本単位となるものです。Razorページアプリケーションでは、表示するページはすべてこのRazorページとして用意されます。

Razorでは、ページはすべて2つのファイルで構成されます。

ページファイル	cshtmlファイル。画面に表示される内容を記述したテンプレートファイル。
ページモデル	cshtml.csファイル。そのページで扱うデータ（値）や処理などをまとめて実装するC#のソースコードファイル。

Razorページによるページは、画面に表示されるテンプレート（ページファイル）と、バックエンドで動作するC#ソースコード（ページモデル）で構成されています。cshtml拡張子のファイルがテンプレートであり、cshtml.cs拡張子がそのページのバックエンドで動作するC#ソースコードです。

ページファイルの内容について

では、順に見ていきましょう。まずは、Razorページのページファイル（Index.cshtml）からです。これが、実際に画面に表示される内容になります。このファイルには初期状態で以下のようなものが記述されています。

リスト2-2

```
@page
@model IndexModel
@{
  ViewData["Title"] = "Home page";
}
```

```
<div class="text-center">
 <h1 class="display-4">Welcome</h1>
 <p>Learn about <a href="https://docs.microsoft.com/aspnet/core">
    building Web apps with ASP.NET Core</a>.</p>
</div>
```

　HTMLのタグが書かれていて、これで表示を作っているだろうということは想像がつきますが、それ以外にもコードが書かれていますね。このようにコードとHTMLのテンプレート部分から構成されているのがRazorのcshtmlファイルの特徴です。

@page について

　冒頭にある@pageは、これがRazorページであることを示すもっとも重要な要素です。この@pageは「**Razorディレクティブ**」と呼ばれるものの一つです。この@pageディレクティブは、このページがPazorページであることを示します。これがあることで、ASP.NET CoreのシステムはそのページをRazorページとして処理します。
　この@pageディレクティブは、テンプレートの最初に記述する必要があります。

@model について

　その次には、@modelという記述があります。これは、ページモデルを指定するためのディレクティブです。
　Razorページは、テンプレート部分(ページファイル)とバックエンドで動作するページモデルで構成されている、と説明しました。このページモデルを指定しているのが、@modelです。これは以下のように記述します。

●ページモデルの指定

```
@model モデルクラス
```

　これにより、指定のモデルクラスがページモデルとして設定されます。以後、設定されたモデルクラスのインスタンスは、テンプレート内で@Modelとして扱えるようになります。

ViewData について

　その後には、@によるコードブロックが記述されています。ここでは、以下のような文が実行されていますね。

```
@{
    ViewData["Title"] = "Home page";
}
```

　このコードブロックでは、{}内にコードが記述されます。ここでは「**ViewData**」というオブジェクトのTitleという項目にテキストを設定しています。
　この「**ViewData**」という値は、コード側からテンプレート側へ値を渡す場合に用いら

れるプロパティです。ここに必要な値を保管しておくと、その値をテンプレートで利用
できるようになります。Titleは、レイアウト用のテンプレートで<title>のタイトルとし
て使われている値で、これに設定された値がページのタイトルとして表示されます。

ページモデルの内容について

　続いて、Index.cshtmlのページモデルである「**Index.cshtml.cs**」の内容を見てみましょ
う。デフォルトでは以下のような内容が記述されています。

リスト2-3
```
using Microsoft.AspNetCore.Mvc;
using Microsoft.AspNetCore.Mvc.RazorPages;

namespace SampleRazorApp.Pages;

public class IndexModel : PageModel
{
 private readonly ILogger<IndexModel> _logger;

 public IndexModel(ILogger<IndexModel> logger)
 {
     _logger = logger;
 }

 public void OnGet()
 {
 }
}
```

　ページモデルは、アプリケーション名の名前空間にある「**Pages**」名前空間に配置され
ます。このクラスは「**PageModel**」というクラスを継承して作られています。クラス名は
「**アクションModel**」というように、アクション名の後にModelをつけた名前が一般に利
用されます。

　ILoggerのフィールドが1つあり、コンストラクタでインスタンスを設定していますね。
このILoggerは、ログ出力のための機能を提供するもので、デバッグ用に用意されてい
るものです。

▌OnGet について

　ここでは、OnGetというメソッドが1つだけ用意されています。これは引数も戻り値も
ない、ごくシンプルなメソッドですね。メソッドには何も処理らしいものはありません。
　このOnGetは、「**このページにGETアクセスしたときに呼び出される**」という役割があ
ります。アクセス時に何らかの処理を行いたい場合は、ここに記述すればいいのです。
　戻り値も何もないということは、レンダリングするテンプレートなどに関する記述も
ない、ということになります。Razorページアプリケーションでは、ページファイルとペー

ジモデルはセットで用意されます。これらは、特に設定や記述などをしなくとも、デフォルトで関連付けられています。

ですから、GETアクセスすれば、自動的に「**このページモデルに対応するページファイルをレンダリングして出力する**」という作業が行われるようになっています。このため、OnGetには何も処理を用意する必要がないのです。

名前空間の指定について

皆さんの中には、「**自分の環境とコードが違う？**」と思った人もいるかも知れません。たとえば、IndexModelクラスが以下のように書かれていた人もいるでしょう。

```
namespace SampleRazorApp.Pages {

    public class IndexModel : PageModel
    {
        ……略……
    }
}
```

これは、先ほど掲載したコードと実は全く同じものです。現在のC#では、名前空間の書き方をよりシンプルに行えるようになっています。

●従来の書き方

```
namespace 名前空間 {
    public class クラス {……}
}
```

●新しい書き方

```
namespace 名前空間;

public class クラス {……}
```

新しい書き方では、ページ全体を指定の名前空間に配置します。こちらのほうがコードの構造がわかりやすいため、本書ではこの書き方で記述しています。どちらの書き方でもコードの内容は同じですので、どちらでも使いやすいと思う書き方で記述して下さい。

Razorページの追加

これで、Razorページの基本的な内容についてはわかりました。最後に、「**新たにRazorページを作成する**」という手順について説明をしましょう。

Razorページアプリケーションは、1つのページの中で完結するプログラムを作るのに適しています。が、だからといって複数のページを作ってはいけないわけではありませ

ん。アプリケーション内にRazorページを追加していくこともできます。

Visual Studio Community for Windows の場合

ソリューションエクスプローラーから「**Pages**」フォルダを右クリックし、ポップアップして現れるメニューから「**追加**」内の「**Razorページ...**」を選びます。

図2-11：「Pages」を右クリックし、「Razorページ...」メニューを選ぶ。

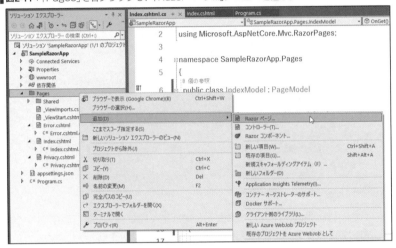

「**新規スキャフォールディングアイテムの追加**」というダイアログウィンドウが現れます。スキャフォールディングとは、たとえばデータベースフレームワークを利用するような場合にベースとなるコードを自動生成する機能です。今回は、「**Razorページ -空**」という項目を選びましょう。これは特にデータベース関係のキャフォールディング機能を使わず、ただのRazorページを作るときに選択するものです。

図2-12：新規スキャフォールディングアイテムでは「Razorページ -空」を選ぶ。

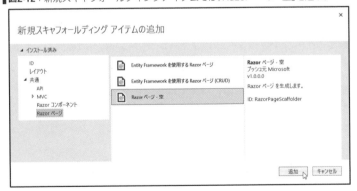

画面に「**新しい項目の追加**」というダイアログウィンドウが現れます。ここで、追加するページの種類を選びます。「**Razorページ -空**」という項目を選択し、下部の「**名前**」に「**Other**」と記入して「**追加**」ボタンをクリックして下さい。新しいRazorページが作成されます。

図2-13：Razorページのテンプレートを選んで追加する。

dotnet コマンド利用の場合

Visual Studio Codeあるいはdotnetコマンドを利用している場合は、コンソールでカレントディレクトリをプロジェクト内に移動し、以下のコマンドを実行します。

```
dotnet new page -n Other -o Pages -p:n SampleRazorApp.Pages
```

これで、「**Pages**」フォルダ内に「**Other.cshtml**」「**Other.cshtml.cs**」ファイルが生成されます。

Razorページの作成は、dotnet new pageコマンドを使って行えます。これにはいくつかのオプションを用意しておく必要があります。

● Razorページの生成

```
dotnet new page -n 名前 -o 場所 -p:n 名前空間
```

-nで、作成するページの名前を指定します。-oは作成場所で、これは通常、「**Pages**」を指定すればいいでしょう。また名前空間は「**アプリケーション名.Pages**」を指定しておきます。

Column **コマンド実行はプロジェクトのディレクトリで！**

dotnetコマンドを利用して開発をする場合、注意してほしいのは「**コマンドはすべてプロジェクトのディレクトリ内に移動して実行する**」という点です。これは「**SampleRazorApp**」フォルダではありません。「**SampleRazorApp**」フォルダ内にある「**SampleRazorApp**」フォルダです。

Visual Studioでは、「**ソリューション**」と呼ばれるフォルダの中に更にプロジェクトのフォルダが用意されます。ソリューション内でコマンドを実行してもうまく動きません。ソリューション内のプロジェクトのフォルダ内で実行して下さい。

空のRazorページ

Razorページの追加が完了すると、「**Pages**」フォルダ内に「**Other.cshtml**」「**Other.cshtml.cs**」という2つのファイルが作成されるはずです。この2つが、新たに作った「**Other**」ページのファイルです。

生成されるファイルは、デフォルトで用意されているindexページのものとは若干異なっています。Other.cshtmlは、以下のように空の状態になっているでしょう。

リスト2-4

```
@page
@model SampleRazorApp.Pages.otherModel
@{
}
```

ViewDataのタイトル設定もないですし、何もHTMLタグがありません。これではページの表示がよくわからないので、簡単なコンテンツを記述しておきましょう。

リスト2-5

```
@page
@model SampleRazorApp.Pages.OtherModel
@{
  ViewData["Title"] = "Other";
}

<h1>Other</h1>
<p>これは新たに追加したページです。</p>
```

/other でページを確認

ファイルができたら、プロジェクトを実行し、表示を確認しましょう。/Otherにアクセスすると、「**Other**」というタイトルの下にメッセージが表示されるシンプルなページが表示されます。シンプルとはいえ、ヘッダーやフッターもちゃんと表示されますし、ヘッダーのリンクでトップページなどに移動することもできます。

これでRazorページが作成され、ページ名のパスにアクセスすると表示されることが確認できました。Razorページアプリケーションでは、このようにしてページ単位で追加していくことができるのです。

図2-14：/Otherにアクセスすると、新たに追加したページが表示される。

2.2 Razorページの利用

ViewDataの利用

　では、実際にサンプルを挙げながらRazorページの使い方を見ていくことにしましょう。まずは、テンプレート側への値の受け渡しについてです。

　サンプルのRazorページでは、C#のコードからテンプレートに値を渡すのに「**ViewData**」という値を使っていましたね。このViewDataが、値の受け渡しの基本となります。このViewDataから使ってみましょう。

　まず、Index.cshtml.cs側のIndexModelクラス内にあるOnGetメソッドを以下のように修正します。

リスト2-6

```
public void OnGet()
{
    ViewData["message"] = "This is sample message!";
}
```

　これで、ViewDataに"message"という値が用意できました。これを表示するように、Index.cshtmlのHTMLタグ部分（<div> 〜 </div>部分）を修正しましょう。

リスト2-7

```
<div>
    <h1 class="display-4">Welcome</h1>
    <p class="h4">@ViewData["message"]</p>
</div>
```

　修正できたらアプリケーションを実行し、トップページにアクセスしてみましょう。Welcomeのタイトルの下に、OnGetで設定したメッセージが表示されるのがわかります。

図2-15：アクセスするとmessageの値が表示される。

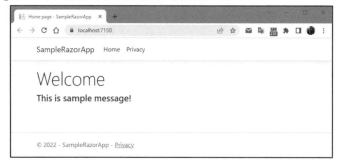

ViewData属性を使う

　このようにViewDataプロパティに値を設定すれば、簡単に値を渡すことができます。ただ、毎回このようにViewData["message"]とか書かないといけないとしたら、ViewDataを使うのも面倒に感じてくるでしょう。

　実は、ViewDataにはより便利な使い方をするための仕組みが用意されています。IndexModelクラスを以下のように書き換えてみましょう。なお、IndexModelクラスにはデフォルトでILoggerフィールドが用意されていましたが、特に使ってないため今回は省略してあります。

リスト2-8

```
public class IndexModel : PageModel
{
    [ViewData]
    public string Message { get; set; } = "sample message";

    public void OnGet()
    {
        Message = "これは新たに設定されたメッセージです!!";
    }
}
```

図2-16：アクセスすると、OnGetで設定された値が表示される。

　アクセスすると、「**これは新たに設定されたメッセージです!!**」とメッセージが表示されます。これは、OnGetメソッドに記述した文によるものです。が、見ればわかるように、ここではMessageに値を代入する処理しかしていません。

　なぜ、これでViewData["message"]の値が変更されるのか。その秘密が、Messageプロパティの前にある以下の属性です。

```
[ViewData]
```

　クラスのフィールドにこの属性を指定することで、その値は自動的にViewData内の値を示すものとして認識されるようになります。[ViewData]でMessageフィールドを定義すれば、その値はViewData["Message"]の値として扱われるようになるのです。

　この[ViewData]は、Razorページモデルに限らず、MVCでも使うことができます。コントローラーのプロパティに[ViewData]をつけることで、その値をViewDataに格納できるようになります。覚えておくと大変重宝する機能ですね！

モデルクラスの利用

　ViewDataを利用して簡単に値を渡せることがわかりましたが、実をいえばRazorページでは、ViewDataにこだわる必要はないのです。

　Razorページでは、バックエンドの処理はページモデルというクラスとして定義されています。このページモデルのインスタンスそのものが、まるごとページファイルの中で利用できるのです。

　実際にやってみましょう。IndexModelクラスを以下のように修正して下さい。

リスト2-9

```
public class IndexModel : PageModel
{
    public string Message { get; set; } = "sample message";

    public void OnGet()
    {
        Message = "これはMessageプロパティの値です。";
    }
}
```

　ここでは、Messageプロパティを用意し、OnGetでそれに値を設定しています。注目してほしいのは、「**Messageプロパティには[ViewData]がない**」という点です。これは、本当にただのクラスのプロパティなのです。

　では、ページファイル側を修正しましょう。Index.cshtmlの<div>タグ部分を以下のように書き換えて下さい。

リスト2-10

```
<div>
    <h1 class="display-4">Welcome</h1>
```

```
        <p class="h4">@Model.Message</p>
</div>
```

図2-17：Messageプロパティが表示される。

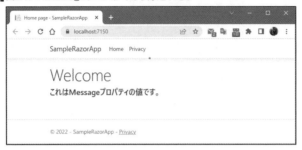

　アクセスすると、「**これはMessageプロパティの値です。**」とメッセージが表示されます。ページモデルのOnGetで設定したMessageプロパティがそのまま表示されていることがわかります。

@Model の利用

　では、その値はどのように表示されているのか？　見てみると、このように行っていることがわかります。

```
@Model.Message
```

　@Modelは、このページに設定されているページモデルを表すディレクティブです。この@Modelディレクティブで得られるページモデルは、ページファイルの冒頭にある以下の文で設定されています。

```
@model IndexModel
```

　これにより、@Modelとすれば、自動的にIndexModelインスタンスが参照されるようになります。その中にあるプロパティなどもそのまま取り出し利用することができる、というわけです。

ページモデルのメソッドを呼び出す

　ページモデルが使えるということは、ViewDataなどより高度なやり取りが行えるということです。単に値を表示するだけでなく、ページモデルに用意されたメソッドを呼び出すことも可能になります。
　実際に試してみましょう。IndexModelクラスを以下のように書き換えておきます。

リスト2-11

```
public class IndexModel : PageModel
{
```

```
    public string Message { get; set; } = "sample message";
    private string Name = "no-name";
    private string Mail = "no-mail";

    public void OnGet()
    {
        Message = "これはMessageプロパティの値です。";
    }

    public string getData()
    {
        return "[名前:" + Name + ", メール:" + Mail + "]";
    }
}
```

　ここではName, Mailといったフィールドを追加し、getDataメソッドでそれらの内容を返すようにしています。では、これらを利用するようにIndex.cshtmlのHTMLタグ部分を修正しましょう。

リスト2-12

```
<div>
    <h1 class="display-4">Welcome</h1>
    <p class="h4">@Model.Message</p>
    <p class="h5">@Model.getData()</p>
</div>
```

図2-18：getDataメソッドを呼び出し、ページモデルのデータを出力する。

　アクセスすると、getDataメソッドを呼び出してページモデルのnameとmailの値を出力しています。ここでは、@Model.getData()というようにメソッドを呼び出していますね。こんな具合に、ページモデルにあるメソッドを直接呼び出して表示させることもできるのです。

クエリー文字列でパラメータを渡す

　メソッドがテンプレート内に埋め込めるとなると、表示に関するある程度の部分をテンプレート側に任せることができるようになります。たとえば、引数を持つメソッドを埋め込んでおけば、ページモデル側では引数の値を設定するだけで望みの表示を行わせることができるようになります。実際にやってみましょう。

　まず、IndexModelクラスを以下のように修正して下さい。

リスト2-13

```
public class IndexModel : PageModel
{
    public string Message { get; set; } = "sample message";
    private string[][] data = new string[][] {
        new string[]{"Taro", "taro@yamada"},
        new string[]{"Hanako", "hanako@flower"},
        new string[]{"Sachiko", "sachiko@happy"}
    };

    [BindProperty(SupportsGet = true)]
    public int id { get; set;  }

    public void OnGet()
    {
        Message = "これはMessageプロパティの値です。";
    }

    public string getData(int id)
    {
        string[] target = data[id];
        return "[名前:" + target[0] + ", メール:" + target[1] + "]";
    }
}
```

　ここでは、dataフィールドに2次元配列のデータを格納しておき、getDataではインデックス番号を指定することでそのデータを出力するようにしてあります。

　idプロパティに見慣れない属性がありますが、これは後で説明します。先にページファイル側も修正してしまいましょう。

リスト2-14

```
<div>
    <h1 class="display-4">Welcome</h1>
    <p class="h4">@Model.Message</p>
    <p class="h5">@Model.getData(Model.id)</p>
</div>
```

図2-19：/?id=1にアクセスすると、インデックス番号1のデータが表示される。

　修正できたら、/?id=1というようにアドレスを指定してアクセスをしてみて下さい。すると、dataからインデックス番号1のデータを取り出して表示します。/?id=2とすればインデックス番号2のデータが表示されます。ダミーのデータは3つ用意しているので、idの値が0 ～ 2の範囲で値を取り出し表示できます。

　クエリーパラメータでidの値を渡すことで、自動的に表示されるデータが設定されることがわかるでしょう。

▌クエリーパラメータと BindProperty 属性

　ここでのポイントは、「**クエリーパラメータをページモデルにバインドする**」という処理部分でしょう。これは、IndexModelクラスにある、idプロパティで行っています。このプロパティは以下のような形で定義されていますね。

```
[BindProperty(SupportsGet = true)]
public int id { get; set;  }
```

　この「**BindProperty**」という属性は、クエリーパラメータの値をプロパティにバインドすることを示すものです。引数にあるSupportsGet = trueは、GETメソッドによるアクセスを許可することを示します。これにより、idプロパティは、そのままidという名前のクエリーパラメータの値が格納されるようになります。

　BindPropertyは、このようにクエリーパラメータとプロパティを簡単に関連付けることができます。注意したいのは、関連付けが可能なのは「**プロパティのみ**」という点です。フィールドにはバインドすることができません。たとえば、今の例も、{ get; set; }を削除すると動作しなくなります。

URLの一部として値を渡すには？

　更に一歩進めて、/?id=1ではなく、/1とすれば1の値がidプロパティに渡されるようにしてみましょう。これは、ページファイル（Index.cshtml）側で設定します。最初に書かれている@pageディレクティブを以下のように書き換えて下さい。

```
@page "{id?}"
```

図2-20：/2とアクセスすると、インデックス番号2のデータが表示されるようになった。

　これで、アドレス末尾の/記号の後に番号を記入すると、その番号がidプロパティに渡されるようになります。/2とすればインデックス番号2のデータが表示されるのです。

パスのテンプレートについて

　この@pageに指定された値は、パスのテンプレートです。このページにアクセスするアドレスの後に記述されるパスを解析するためのものなのです。

　ここでは、"{id?}"としていますので、/の後に記述された値がそのままidパラメータとして渡されるようになったのですね。たとえば、"{id?}/{name?}"と記述すると、/1/taroとアクセスすれば id=1&name=taro にアクセスしたのと同じ働きをするようになります。

　BindProperty属性と、@pageのパステンプレートの2つはセットで覚えておくとよいでしょう。

フォームの送信

　続いて、フォームの送信を行ってみましょう。まずは簡単なフォームを用意し、送信するサンプルを作ってみます。ここでは、IndexからOtherに送信する処理を作ってみましょう。

　まず、送信元となるIndexページからです。Index.cshtmlと、IndexModelクラスをそれぞれ以下のように修正します。

リスト2-15——Index.cshtml

```
@page
@model IndexModel
@{
    ViewData["Title"] = "Home page";
}

<div>
    <h1 class="display-4 mb-4">Welcome</h1>
    <p class="h4">@Model.Message</p>
    <form asp-page="Other">
```

```
            <input type="text" name="msg" class="form-control" />
            <input type="submit" class="btn btn-primary" />
        </form>
</div>
```

リスト2-16——IndexModelクラス

```
public class IndexModel : PageModel
{
    public string Message { get; set; } = "sample message";

    public void OnGet()
    {
        Message = "何か書いて下さい。";
    }
}
```

　ここでは、name="msg"という入力フィールドが1つあるシンプルなフォームを用意しています。<form>では、**asp-page="Other"**という属性を指定してあります。これはASP.NET Coreにある「**タグヘルパー**」と呼ばれる機能が提供する独自属性です。タグヘルパーは、HTMLタグに独自の属性などを追加してさまざまな機能を組み込めるようにしてくれるものです。Razorページの場合は、asp-pageで送信先のページを指定します。

送信されたフォームの処理

　では、フォームが送信される側のOtherページを用意しましょう。まず、Other.cshtml.csを開き、OtherModelクラスを修正しておきます。

リスト2-17

```
public class OtherModel : PageModel
{
    public string Message { get; set; }

    public void OnPost()
    {
        Message = "you typed: " + Request.Form["msg"];
    }
}
```

　ここでは、フォームがPOST送信されたときにそれを受け取り処理を行います。このOtherModelクラスに用意されているメソッドは、「**OnPost**」です。これが、POSTメソッドを受け取ったときの処理になります。

　ここでは、Request.Formから"msg"の値を取り出し、Messageに値を設定しています。「**Request**」は、クライアントからのリクエスト情報を管理するオブジェクトです。この中にある「**Form**」というプロパティに、フォーム送信された情報が保管されています。

このFormはオブジェクトになっており、IFormCollectionというインターフェイス（実装はFormCollectionクラス）のインスタンスとして値が保管されています。この中にフォームの各コントロールの値がname属性の名前でまとめられています。

つまり、Request.Form["msg"]というのは、クライアントから送信されたフォームのname="msg"のコントロールの値が保管されているところ、というわけです。

では、ページファイル側の修正を行いましょう。Other.cshtmlの内容を以下のように変更して下さい。

リスト2-18

```
@page
@model SampleRazorApp.Pages.OtherModel
@{
    ViewData["Title"] = "Other";
}


<div>
    <h1 class="display-4 mb-4">Other page</h1>
    <p class="h4">@Model.Message</p>
</div>
```

図2-21：フォームに記入し送信すると、送ったメッセージが表示される。

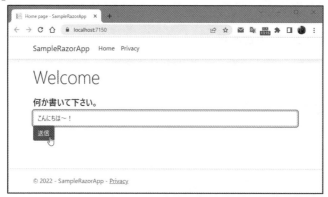

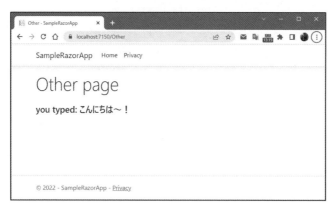

これで完成です。ここでは、@Model.MessageとしてMessageの値を表示するように
してあります。トップページにアクセスし、入力フィールドにテキストを書いて送信し
てみましょう。記入したメッセージが「**you typed:○○**」という形で表示されます。

フォームとページモデルを関連付ける

ここまでは、ごく当たり前のフォーム送信処理です。が、せいぜい<form asp-
page="Other">でフォームにページを設定しているくらいで、その他はRazorページを利
用している意味があまりないやり方をしています。もう少し、Razorページならではの
フォーム処理を行えるようにしたいですね。

フォームのコントロールでは、asp-forというものを使って値を関連付けることができ
ます。ページファイルでは、ページモデルを@Modelで関連付けて利用することができ
ます。ということは、ページモデルのプロパティをasp-forで関連付ければ、フォームと
ページモデルの連携がスムーズに行えるのではないでしょうか。

実際にやってみましょう。まず、ページファイルから作成します。Index.cshtmlを以
下のように修正して下さい。

リスト2-19

```
@page
@model IndexModel
@{
    ViewData["Title"] = "Home page";
}


<div>
    <h1 class="display-4 mb-4">Welcome</h1>
    <p class="h4">@Model.Message</p>
    <form asp-page="Index">
        <div class="form-group">
            <label asp-for="@Model.Name">Name</label>
            <input asp-for="@Model.Name" class="form-control" />
        </div>
        <div class="form-group">
            <label asp-for="@Model.Password">Password</label>
            <input asp-for="@Model.Password" class="form-control" />
        </div>
        <div class="form-group">
            <label asp-for="@Model.Mail">Mail</label>
            <input asp-for="@Model.Mail" class="form-control" />
        </div>
        <div class="form-group">
            <label asp-for="@Model.Tel">Tel</label>
            <input asp-for="@Model.Tel" class="form-control" />
        </div>
```

```
                    <input type="submit" class="btn btn-primary" />
    </form>
</div>
```

asp-for による関連付け

　ここでは、Name, Password, Mailという3つの入力フィールドを持つフォームを作成しました。ここで用意されているコントロールのタグがどうなっているか見てみましょう。

```
<input asp-for="@Model.Name" class="form-control" />
```

　@Modelを使い、ページモデルのNameプロパティに関連付けを行っています。同様に、Password、Mailといったプロパティにも関連付けを行っています。後は、ページモデル側で、これらのプロパティを用意すればいいわけです。

ページモデル側の用意

　では、ページモデル側の修正を行いましょう。IndexModelクラスを以下のように書き換えて下さい。なお、DataAnnotationsのusing文を追記するのも忘れないように。

リスト2-20

```
// using System.ComponentModel.DataAnnotations;　追記する

public class IndexModel : PageModel
{
    public string Message = "no message.";

    [DataType(DataType.Text)]
    public string Name { get; set; }

    [DataType(DataType.Password)]
    public string Password { get; set; }

    [DataType(DataType.EmailAddress)]
    public string Mail { get; set; }

    [DataType(DataType.PhoneNumber)]
    public string Tel { get; set; }

    public void OnGet()
    {
        Message = "入力して下さい。";
    }
```

```
    public void OnPost(string name, string password, string mail,
        string tel)
    {
        Message = "[Name: " + name + ", password:(" + password.Length
            + " chars), mail:" + mail + " <" + tel + ">]";
    }
}
```

図2-22：フォームに記入し送信するとその内容を整理して表示する。

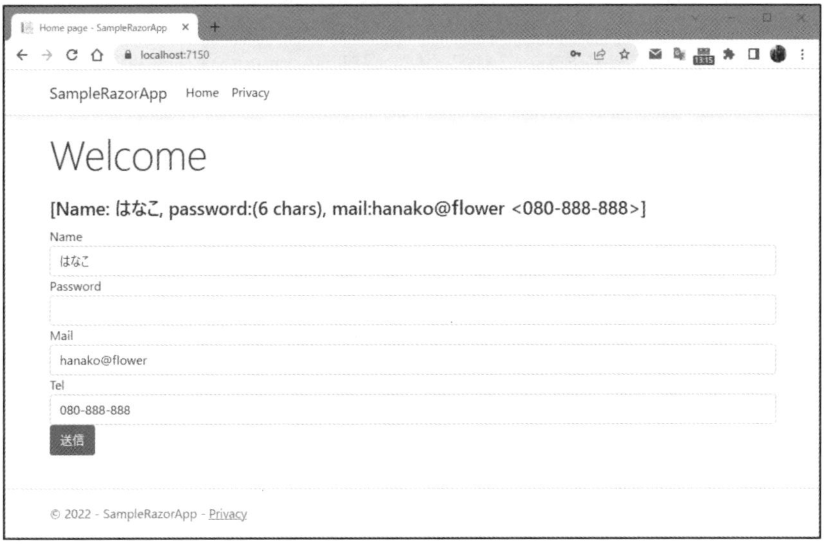

今回は、IndexページからそのままIndexページへと送信するようにしてありますので、Otherは使いません。修正ができたら、トップページにアクセスしてみましょう。4つの入力フィールドが表示されるので、それぞれ記入して送信すると、フォームの内容がメッセージにまとめられ表示されます。

DataType 属性について

では、ページモデルに用意した、フォーム用のプロパティを見てみましょう。それぞれ以下のような形で記述されています。

● <input type="text">に関連付ける項目

```
[DataType(DataType.Text)]
public string Name { get; set; }
```

● <input type="password">に関連付ける項目

```
[DataType(DataType.Password)]
public string Password { get; set; }
```

●<input type="email">に関連付ける項目

```
[DataType(DataType.EmailAddress)]
public string Mail { get; set; }
```

●<input type="phoneNumber">に関連付ける項目

```
[DataType(DataType.PhoneNumber)]
public string Tel { get; set; }
```

　それぞれのプロパティの前には、[DataType]という属性が記述されています。これは、そのプロパティに設定されるデータの種類(わかりやすくいえば、<input>タグのtypeの値)を示すものです。これにより、自動的に<input>タグのtypeが設定されるようになります。

　割り当てる値は、いずれも{ get; set; }で値の読み書き可能な形にしておきます。プロパティ名は、そのまま関連付けられたフォームコントロールのnameとidに使われます。また保管される値は、関連付けられたコントロールのvalueに設定され、送信後も値がフォームに保持されるようになります。

▌OnPost メソッドの引数について

　今回の例では、引数を使ってフォームの値を受け取るようにしてみました。OnPostメソッドは以下のようになっていますね。

```
public void OnPost(string name, string password, string mail, string tel)
```

　引数に、name, password, mail, telといった値が用意されています。これらにより、フォーム送信されたName, Password, Mail, Telのフォームコントロールの値が渡されます。OnPostでは、このように送信されたフォームの値をコントロールと同名の引数で受け取ることができます。

2.3 Htmlヘルパーによるフォームの作成

@Html.Editorによるフィールド生成

　フォームを作成する場合、ここまではHTMLのフォーム関連のタグの中にasp-forなどのタグヘルパーによる属性を追記していました。このやり方が、おそらくHTMLとC#のコードを連携するもっともわかりやすい方法でしょう。

　が、この他にもフォーム関連を作成する方法がASP.NET Coreには用意されています。それは、**Htmlヘルパー**と呼ばれるものを使ったやり方です。これは、フォームのさまざまなコントロールに関するものが用意されていますが、入力フィールド(<input>タグによるもの)に関していえば、以下のようなものがあります。

●指定の名前の入力フィールドを作る

```
@Html.Editor(名前, 属性 )
```

●指定のプロパティから入力フィールドを作る

```
@Html.EditorFor(model => model.プロパティ, 属性 )
```

●属性の値

```
new { htmlAttributes = new { ……辞書……} }
```

　@Html.Editorは、名前をテキストで指定して<input>を生成します。@Html.EditorForは、ページモデルのプロパティを指定して、その情報を元に<input>を生成します。ページモデルのプロパティには、DataTypeなどの属性を用意することができました。それらの情報を使って<input>が生成されるようになっているのです。

　Editorのほうは、テキストで名前を指定しますが、EditorForは第1引数にラムダ式を用意します。このラムダ式で、割り当てるプロパティを返すようにします。この「**ラムダ式を使って、割り当てるプロパティを指定する**」というやり方は独特ですので間違えないようにしましょう。

　これらは、属性の指定が独特の形になっているため注意が必要です。new {}内に「**htmlAttributes**」というキーを用意し、その値に属性を辞書としてまとめたものを指定します。これにより、辞書に用意されたキーの属性に値が設定されます。

@Html.TextBox について

　このEditorは、<input>でテキストなどを入力するタイプのフィールドを生成しますが、type="text"のものについては「**TextBox**」というメソッドも用意されています。

●<input type="text">を作る

```
@Html.TextBox(名前, 値, 属性 )
```

●指定のプロパティから<input type="text">を作る

```
@Html.TextBoxFor(model => model.プロパティ, 属性 )
```

●属性の値

```
new { ……辞書……}
```

　TextBoxは、作成するフィールドの名前と値を指定するだけで<input type="text">が生成されます。TextBoxForは、モデルのプロパティを指定することで、そのプロパティの属性や値を元にタグを生成します。これもEditorForと同様、ラムダ式を使って割り当てるプロパティを設定します。

　いずれも属性情報を引数に用意することができますが、この値は先ほどのEditor/EditorForの値とは異なっているので注意が必要です。TextBox/TextBoxForでは、属性名をキーとする辞書を値として設定します。Editor/EditorForのhtmlAttributesキーに設定する値の部分だけを用意すればいいのです。

@Htmlで入力フィールドを作る

　では、実際に@Htmlのメソッドを使って入力フィールドを作成してみましょう。ページモデルの部分はそのままでいいでしょう。ページファイル（Index.cshtml）のHTMLタグを記述した部分を以下のように書き換えて下さい。

リスト2-21

```
<div>
    <h1 class="display-4 mb-4">Welcome</h1>
    <p class="h4">@Model.Message</p>
    <form asp-page="Index">
        <div class="form-group">
            @Html.DisplayName("Name")
            @Html.Editor("Name", new { htmlAttributes =
                new { @class = "form-control" } })
        </div>
        <div class="form-group">
            @Html.DisplayNameFor(model => model.Password)
            @Html.EditorFor(model => model.Password,
                new { htmlAttributes = new { @class = "form-control" } })
        </div>
        <div class="form-group">
            @Html.DisplayName("Mail")
            @Html.TextBox("Mail", @Model.Mail,
                new { @class = "form-control" })
        </div>
        <div class="form-group">
            @Html.DisplayName("Tel")
            @Html.TextBoxFor(model=>model.Tel,
                new { @class = "form-control" })
        </div>
        <input type="submit" class="btn btn-primary" />
    </form>
</div>
```

　アクセスすると、先ほどと全く同じようにフォームが表示されます。もちろん送信すればフォームの内容が表示されます。またパスワード以外のフィールドは送信内容を保持したままになっているのがわかるでしょう。

テキストを出力する

　ここでは、フィールド名を表示するのに、@Html.DisplayNameというメソッドを使っています。こうしたテキストを出力するメソッドも@Htmlにはいくつか用意されています。まとめておきましょう。

● 名前を出力する

```
@Html.DisplayName( 名前 )
@Html.DisplayNameFor( model=>model.プロパティ )
```

● テキストを出力する

```
@Html.DisplayText( 名前 )
@Html.DisplayTextFor( model=>model.プロパティ )
```

どちらも似ていますが、DisplayNameForとDisplayTextForを比べるとその違いがよくわかるでしょう。DisplayNameForは、指定したプロパティの名前が出力されますが、DisplayTextForはそのプロパティに設定されているテキストが出力されます。つまり、「**入れ物の名前か、そこに入れてある値か**」の違いというわけです。

@Html による <input> タグの生成

では、@Htmlのメソッドを使ってどのように<input>タグを生成しているのか、ここで用意している4つの@Htmlメソッドの呼び出し部分を見てみましょう。

● Nameフィールド

```
@Html.Editor("Name", new { htmlAttributes = new { @class = "form-control" } })
```

● Passwordフィールド

```
@Html.EditorFor(model => model.Password,
 new { htmlAttributes = new { @class = "form-control" } })
```

● Mailフィールド

```
@Html.TextBox("Mail", @Model.Mail, new { @class = "form-control" })
```

● Telフィールド

```
@Html.TextBoxFor(model=>model.Tel, new { @class = "form-control" })
```

それぞれのメソッドの呼び出し方の違いがよくわかりますね。一番使い勝手がよいのは、@Html.EditorForでページモデルのプロパティを指定する方法でしょう。○○Forという、ページモデルのプロパティに関連付けるやり方は、name, idや設定する値などのことまで考える必要がありません。ただプロパティを指定するだけで関連付けが行え、細かな表示内容はページモデルのプロパティ側で設定できます。

その他のフォームコントロール用メソッド

<input type="text">以外のコントロールについても、@Htmlにはメソッドが用意されています。以下に基本的なメソッド類を整理しておきましょう。

●チェックボックス

```
@Html.CheckBox( 名前 , 状態 , 属性 )
@Html.CheckBoxFor(model=>model.プロパティ , 属性 )
```

●ラジオボタン

```
@Html.RadioButton( 名前 , 値 , 状態 , 属性 )
@Html.RadioButtonFor(model=>model.プロパティ, 値 , 属性 )
```

●ドロップダウンリスト

```
@Html.DropDownList( 名前 ,《SelectList》, 属性 )
@Html.DropDownListFor(model=>model.プロパティ ,《SelectList》, 属性 )
```

●リストボックス

```
@Html.ListBox( 名前 ,《MultiSelectList》, 属性 )
@Html.ListBoxFor(model=>model.プロパティ ,《SelectList》, 属性 )
```

　いずれも、名前や値をテキストで指定するタイプと、モデルのプロパティを参照するタイプ（名前の最後のForがつくもの）が用意されています。Forがつくタイプは、第1引数にラムダ式を用意してプロパティを設定します。

　この中で注意しておきたいのが、ラジオボタンです。これには「**値**」と「**状態**」がありますね。値は、そのラジオボタンに割り当てられるvalueで、状態は選択状態（checked）です。両者を間違えないようにしましょう。

　また、<select>に相当するものはドロップダウンリストとリストボックスが用意されています。前者は1行だけが表示されるメニュー方式のもので、後者は複数項目が表示されるリストになります。

チェックボックス、ラジオボタン、リストを作る

　では、これらの利用例を挙げておきましょう。ここでは、チェックボックス、2つのラジオボタン、ドロップダウンリスト、複数選択可能なリストボックスを表示するフォームを作ってみます。

　前回、Indexページを使ったので、今度はOtherページを使ってみましょう。まずは、ページモデルから作成します。Other.cshtml.csファイルを開いて、namespace文より下の部分を以下のように書き換えて下さい。

リスト2-22

```
public enum Gender
{
    male,
    female
}
public enum Platform
{
```

```
    Windows,
    macOS,
    Linux,
    ChromeOS,
    Android,
    iOS
}

public class OtherModel : PageModel
{
    public string? Message { get; set; }

    public bool check { get; set; }
    public Gender gender { get; set; }
    public Platform pc { get; set; }
    public Platform[] pc2 { get; set; }

    public void OnGet()
    {
        Message = "check & select it!";
    }

    public void OnPost(bool check, string gender, Platform pc,
            Platform[] pc2)
    {
        Message = "Result: " + check + "," + gender + "," + pc
            + ", " + pc2.Length;
    }
}
```

　まだテンプレートを修正していないので、この段階ではコードは動きません。テンプレート編集の前に、書いたコードの説明をしていきましょう。

enum の利用

　ここでは、GenderとPlatformという2つの**Enum**（列挙型）を用意しています。これらは何のためのものかというと、それぞれラジオボタンとリストの項目として扱うためのものなのです。
　ラジオボタンやリストは、あらかじめ用意されている複数の項目を表示し、そこから項目を選びます。こうしたものでは、配列などを利用することもできますが、Enumを使うこともできるのです。
　OtherModelクラスに用意してあるプロパティを見ると、以下のようになっていますね。

```
public bool check { get; set; }
```

```
public Gender gender { get; set; }
public Platform pc { get; set; }
public Platform[] pc2 { get; set; }
```

　チェックボックス用の値はboolですが、ラジオボタンとリストはそれぞれのEnumを
指定しています（pc2は複数項目選択可能なリストなのでEnumの配列になっています）。
このようにEnumを項目に指定する場合は、受け取る値もEnum値を指定します。

フォームを作成する

　では、ページファイルにフォームを用意しましょう。Other.cshtmlを開き、HTMLタ
グの部分（@{}のコードブロックより下の部分）を以下のように書き換えます。

リスト2-23

```
<div>
    <h1 class="display-4 mb-4">Other page</h1>
    <p class="h4 mb-4">@Model.Message</p>
    @using (Html.BeginForm())
    {
        <div class="form-group">
            <label class="form-label h5">
                @Html.CheckBox("check", true,
                    new { @class = "form-check-input" })
                @Html.DisplayName("Checkbox1")
            </label>
        </div>
        <div class="form-group">
            <label class="form-label h5">
                @Html.RadioButton("gender", Gender.male, true,
                    new { @class = "form-check-input" })
                @Html.DisplayName("male")
            </label>
        </div>
        <div class="form-group">
            <label class="form-label h5">
                @Html.RadioButton("gender", Gender.female, false,
                    new { @class = "form-check-input" })
                @Html.DisplayName("female")
            </label>
        </div>
        <div class="form-group">
            <label class="form-label h5">
                @Html.DisplayName("PC")
                @Html.DropDownList("pc",
```

```
                    new SelectList(Enum.GetValues(typeof(Platform))),
                    new { @class = "form-control" })
        </label>
    </div>
    <div class="form-group">
        <label class="form-label h5">
            @Html.DisplayName("PC2")
            @Html.ListBox("pc2",
                new MultiSelectList(Enum.GetValues
                    (typeof(Platform))),
                new { @class = "form-control", size = 5 })
        </label>
    </div>
    <div><input type="submit" /></div>
    }
</div>
```

図2-23：フォームを送信すると、入力した情報が表示される。

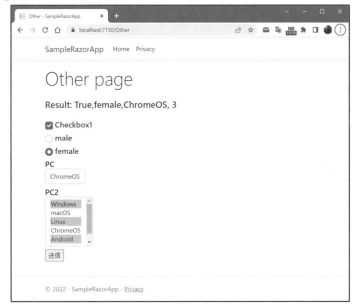

修正ができたら、/otherにアクセスしてフォームを使ってみましょう。送信すると、フォームの内容がメッセージにまとめて表示されます。

ここでは、チェックボックスは真偽値、ラジオボタンは選択した項目名、ドロップダウンリストは選択した項目名、リストボックスは選択した項目数を表示させています。リストボックスに関しては、複数の項目を選択したものが配列として渡されていることがわかればよいので項目数だけ表示させてあります。

まず、フォームの用意を行っている部分を見て下さい。

●フォームの生成

```
@using (Html.BeginForm())
{
    ……コントロール類……
}
```

こんな具合に記述されていることがわかりますね。@usingは、C#のusing文と同じような働きをするものと考えるとよいでしょう。C#では、外部リソースを扱うような場合、usingを使ってリソースを使用し、構文を抜けると自動的にリソース開放されるようにすることができました。

Razorには、@usingディレクティブというのもありましたね。名前空間を使えるようにするものでしたが、この@usingは働きが違います（こちらは「**@usingステートメント**」と呼ばれます）。同じ@usingですが働きが違うので間違えないようにしましょう。

コントロール生成をチェックする

では、フォームのコントロールを生成している部分を見てみましょう。ここでは4つの@Htmlのメソッドを使っています。

●チェックボックスの生成

```
@Html.CheckBox("check", true, new { @class = "form-check-input" })
```

チェックボックスはそう難しいことはないでしょう。名前を"check"とし、初期値をtrue(つまりONの状態)、属性にclassを指定しています。

●ラジオボタンの生成

```
@Html.RadioButton("gender", Gender.male, true, new { @class = "form-check-input" })
@Html.RadioButton("gender", Gender.female, false, new { @class = "form-check-input" })
```

ラジオボタンは2つ用意しています。これらは1つのグループとして動くようにしますから、同じ名前(ここでは"gender")を指定する必要があります。値(value)は、Genderの値からmaleとfemaleをそれぞれ設定しています。これで、これらのラジオボタンが選択されるとmaleまたはfemaleが値として送られるようになります。

●ドロップダウンリストの生成

```
@Html.DropDownList("pc", new SelectList(Enum.GetValues(typeof(Platform))),
    new { @class = "form-control" })
```

ドロップダウンリストは、表示項目をどのように用意するかがポイントです。ここでは、PlatformというEnumを用意していました。このEnumにあるすべての値をリストの

項目として登録をします。

これには、SelectListというクラスを使います。このクラスは以下のようにインスタンスを作成します。

●SelectListの作成

```
new SelectList( コレクション )
```

引数には、配列やリストなどのコレクションとして値をまとめたものを用意します。こうすることで、それらの値すべてを項目として用意した「**SelectList**」というクラスのインスタンスが作成されます。

ドロップダウンリストでは、このSelectListに「**SelectListItem**」というクラスのインスタンスをまとめて保管します。これは選択リストの項目を扱うための専用クラスで、以下のような形でインスタンスを作成します。

●SelectListItemインスタンス生成

```
new SelectListItem { Value = 値 , Text = 表示テキスト }
```

Valueには、その項目を選択したときの値、Textには項目として表示されるテキストをそれぞれ指定してやります。こうして作ったインスタンスをListにまとめ、asp-itemsに設定すれば、それを元に選択リストの項目が自動生成されるのです。

Enum について

なお、Enumの全値をコレクションとして取り出すには、Enum.GetValuesというメソッドを使います。これはEnumにあるすべての値を配列として取り出します。引数にはEnumのタイプを指定する必要があるので、typeof(《Enum》) というように引数を用意すればいいでしょう。

●リストボックスの生成

```
@Html.ListBox("pc2", new MultiSelectList(Enum.GetValues(typeof(Platform))),
    new { @class = "form-control", size = 5 })
```

リストボックスも、ドロップダウンリストと基本的には同じです。ここでは項目にSelectListではなく、MultiSelectListを指定しています。これは複数項目選択可能なリストのクラスです。使い方はSelectListとほぼ同じです。

リストボックスの場合、表示する項目数を設定する必要があるでしょう。これはsize属性として第3引数に用意しておけばいいでしょう。

ページモデルのプロパティとコントロールを連携する

一通りコントロールが作れるようになったら、ページモデルのプロパティと連携する方式(○○Forというメソッド)でもフォームを作ってみましょう。Other.cshtmlのHTMLタグ部分を以下のように書き換えて下さい。

リスト2-24

```
<div>
    <h1 class="display-4 mb-4">Other page</h1>
    <p class="h4 mb-4">@Model.Message</p>
    @using (Html.BeginForm())
    {
        <div class="form-group">
            <label class="form-label h5">
                @Html.CheckBoxFor(model => model.check,
                    new { @class = "form-check-input" })
                @Html.DisplayName("Checkbox1")
            </label>
        </div>
        <div class="form-group">
            <label class="form-check-label h5">
                @Html.RadioButtonFor(model => model.gender,
                    Gender.male, new { @class = "form-check-input" })
                @Html.DisplayName("male")
            </label>
        </div>
        <div class="form-group">
            <label class="form-check-label h5">
                @Html.RadioButtonFor(model => model.gender,
                    Gender.female, new { @class = "form-check-input" })
                @Html.DisplayName("female")
            </label>
        </div>
        <div class="form-group">
            <label class="form-label h5">
                @Html.DisplayName("PC")
                @Html.DropDownListFor(model => model.pc,
                    new SelectList(Enum.GetValues(typeof(Platform))),
                    new { @class = "form-control" })
            </label>
        </div>
        <div class="form-group">
            <label class="form-label h5">
                @Html.DisplayName("PC2")
                @Html.ListBoxFor(model => model.pc2,
                    new MultiSelectList(Enum.GetValues
                        (typeof(Platform))),
                    new { @class = "form-control", size = 5 })
            </label>
        </div>
```

```
            <div><input type="submit" /></div>
    }
</div>
```

@ Html メソッドをチェックする

先ほどと行っていることは全く同じです。呼び出しているメソッドが変わっているだけですが、引数も変更されるので違いをよく頭に入れておきましょう。

●チェックボックスの生成

```
@Html.CheckBoxFor(model => model.check, new { @class = "form-check-input" })
```

ページモデルのcheckプロパティにラムダ式でバインドしています。これは使い方も単純ですから説明の要はないでしょう。

●ラジオボタンの生成

```
@Html.RadioButtonFor(model => model.gender,
    Gender.male, new { @class = "form-check-input" })
@Html.RadioButtonFor(model => model.gender,
    Gender.female, new { @class = "form-check-input" })
```

2つのRadioButtonForが用意されています。どちらも、第1引数は同じgenderプロパティを返すラムダ式を設定しています。違いは第2引数の値で、Genderのmaleとfemaleをそれぞれ指定しています。これで、この2つのラジオボタンは同じグループとして機能するようになります。

●ドロップダウンリストの生成

```
@Html.DropDownListFor(model => model.pc,
    new SelectList(Enum.GetValues(typeof(Platform))),
    new { @class = "form-control" })
```

これも意外とわかりやすいですね。第1引数の値がpcプロパティを示すラムダ式を指定しているだけです。後はDropDownListと同じです。

●リストボックスの生成

```
@Html.ListBoxFor(model => model.pc2,
    new MultiSelectList(Enum.GetValues(typeof(Platform))),
    new { @class = "form-control", size = 5 })
```

こちらもやはり第1引数にpc2プロパティを示すラムダ式を指定しているだけです。どちらも比較的簡単です。ただし、注意しておきたいのは、割り当てるプロパティがどういうものか、です。

DropDownListForでは、Platform値のプロパティを指定していましたが、ListBoxFor

では、Platform値の配列のプロパティを指定しています。こちらは複数項目選択可能な
コントロールを生成するので、かならず「**配列のプロパティ**」を指定して下さい。

2.4 Razor構文

Razor構文について

　Razorページアプリケーションでは、Razorページを作成して開発を行います。このペー
ジファイルでは、Razorのさまざまなディレクティブなどが使われています。Razorが提
供するディレクティブなどのキーワードは多数のものが揃えられており、それらの構文
を一通りマスターすることがページファイル作成の決め手となります。

　これらのRazor構文は、実はRazor以外のところでも使われています。たとえば、この
次の章で説明する「**MVCアプリケーション**」のビューテンプレートでも使われているので
す。

　Razorは、ASP.NET CoreのWebアプリケーション開発を行うときの画面表示部分の基
本技術となっています。ですから、Razorページを使うかどうかに関わらず、Razorの構
文は一通り理解しておく必要があるでしょう。

　では、制御に関するRazor構文から順に説明しましょう。

●コードの実行

```
@コード
@{ コード }
```

　Razorでは、@の後にテキストを記述すると、そのテキストをC#のコードとして実行
します。1つの文だけならば直接記述できますし、複数の文を実行させたいときは{}でく
くって記述します。

　ここまで、既に@をつけた文は何度も登場しました。たとえばモデルの値を出力する
のに@Model.Messageと書いたり、フォームを記述するのに@Html.Editorを使ったりし
ましたね。これらも「**@の後にC#の文を書く**」という形になっていると考えれば、何をし
ているのか自ずとわかってきます。

●条件分岐

```
@if ( 条件 )
{
    ……表示内容……
}
else
{
    ……表示内容……
}
```

　条件が正しいとき（trueのとき）、その後の{}内の内容を表示します。正しくないとき（falseのとき）は、else以降の{}部分を表示します。このelse句は省略可能です。

　C#のif構文と全く同じですが、{}部分に記述できるのは、C#のコードの他に「**表示するHTMLコード**」も含みます。つまり、C#の文とHTMLタグが混在できるのです。

● 多数の分岐

```
@switch( 条件 )
{
    case 値1 :
        ……表示内容……
        break;
    case 値2 :
        ……表示内容……
        break;

    ……必要なだけcaseを用意……

    default:
        ……デフォルトの表示……
        break;
}
```

　C#のswitch構文に相当するものです。()の条件をチェックし、その値と同じcaseを探してそこにジャンプします。break;まできたら構文を抜けます。条件と同じ値のcaseがない場合は、defaultにジャンプします。

　これも、case文の次行からは、C#コードの他に表示されるHTMLコードをそのまま記述できます。

● 条件による繰り返し

```
@while( 条件 )
{
    ……表示内容……
}

@do
{
    ……表示内容……
} while( 条件 )
```

　条件を指定し、その結果がtrueである間、繰り返し表示を行うものです。{}内は、やはりHTMLコードになります。ただし、繰り返し内で何の処理を行わなければ無限ループに陥りますから、そのためのC#コードも記述する必要があるでしょう。

● その他の繰り返し

```
@for( 初期化 ; 条件 ; 後処理 )
{
        ……表示内容……
}


@foreach( 変数 in 配列 )
{
        ……表示内容……
}
```

　繰り返しのための仕組みを構文内に持つタイプの繰り返しです。いずれもC#のforや
foreachとほぼ同じです。{}部分には、C#のコードとHTMLタグを混在して記述できます。

● 例外処理

```
@try
{
        ……表示内容……
}
catch(《Exception》)
{
        ……表示内容……
}
finally
{
        ……表示内容……
}
```

　例外処理の構文も用意されています。tryの{}内に記述した内容で例外が発生すると
catchにジャンプし処理を行います。構文を抜ける際にはfinallyの内容を表示します。い
ずれも、{}部分にはC#のコードとHTMLタグを共存できます。

素数と非素数を個別に合計する

では、これらのRazor構文を使った簡単なサンプルを作ってみましょう。例として、1から20までの数字を素数と非素数で分けてそれぞれ合計してみます。

これは、ページファイルだけで作成できます。Index.cshtmlのHTMLコードの部分を以下のように書き換えて下さい。

リスト2-25

```
<div>
    <h1 class="display-4 mb-4">Welcome</h1>
    <ul>
        @{
            int  totalp = 0;
            int  totaln = 0;
        }
        @for (int i = 2; i <= 20; i++)
        {
            bool flg = true;
            @for (int j = 2; j <= i / 2; j++)
            {
                @if (i % j == 0)
                {
                    flg = false;
                }
            }
            @if (flg)
            {
                totalp += i;
                <li>@i は、素数です。(total:@totalp)</li>
            }
            else
            {
                totaln += i;
                <li>@i  は、素数ではない。[total:@totaln]</li>
            }
        }
    </ul>
</div>
```

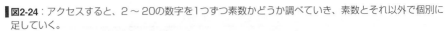

図2-24：アクセスすると、2 〜 20の数字を1つずつ素数かどうか調べていき、素数とそれ以外で個別に足していく。

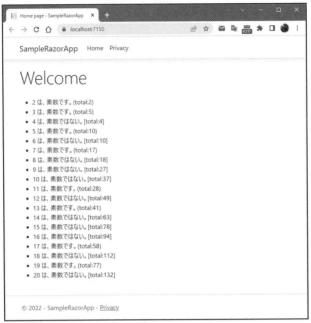

アクセスすると、「**2 は、素数です。(total:2)**」というように個々の数字について素数かそうでないかを調べて表示します。文の終わりには、素数とそれ以外を個別に足していった値が表示されます。

行っている処理そのものはそう難しいものではありません。二重のforを用意し、2 〜 20の数字について、それぞれ素数かどうかを調べ、その結果に応じて表示を行っています。@で始まる構文とその中に記述されているコードがどのようになっているのかよく見て理解しましょう。

C# コードと HTML コードの混在

この中で非常に興味深いのは、内側のforを抜け、変数flgの値を条件に表示を行っている@ifステートメントの部分です。

```
@if (flg)
{
    totalp += i;
    <li>@i は、素数です。(total:@totalp)</li>
}
else
{
    totaln += i;
    <li>@i　は、素数ではない。[total:@totaln]</li>
}
```

ifとelseの{}には、C#のコードとHTMLタグが混在しています。なぜ、こんな具合に両者を混在させて書けるのでしょう。どうやって「**その文がどちらのコードか**」を見分けているのでしょうか。

HTMLのコード部分を見ると、文の冒頭からHTMLタグで始まっていることがわかります。つまり、「**HTMLタグが書かれている文は、HTMLコード、そうでない文はC#コード**」というように判断していることがわかるでしょう。

また、HTMLのコード内でC#のコード（変数や式など）を記述する際は、@でコードブロックとして記述すればいいことがわかります。

Column 実は@をつけなくても動く？

ここではすべての構文に@をつけていますが、実をいえば、最初に登場する@for (int i = 2; i <= 20; i++)の内部に記述した構文では@をつけなくとも正常に動作します。内側にある@for や@ifは、外側の@forの{}内にあるC#のコードの一部です。C#のコードとして書かれている文にわざわざ@を付ける必要はありません。

@が必要となるのは、「**これがC#のコードを記述したものである**」ことを明示的に示す必要がある場合です。たとえばHTMLコード内にC#コードを組み込むとき。あるいはC#のコードであっても、そこにHTMLコードが混在するなどしている場合。そのようなところでC#のコードを記述する必要がある場合には、@を付けて「**これはC#のコードである**」ということを示す必要があります。

Razor式について

ページファイルでは、HTMLコード内に@をつけてC#の変数や文などが記述できます。これは、「**Razor式**」と呼ばれるもので、変数などをHTML内に埋め込んだりするのに用いられます。

このRazor式は、単に変数などだけでなく、もっと複雑な式なども埋め込むことができますが、そのような場合には書き方に注意が必要です。

たとえば、このような文を記述したとしましょう。

```
<p>@num * 2</p>
```

たとえば、変数numの2倍を表示しようとしたとき、このように記述するとどうなるでしょうか。numの値が10とすると、表示は「**10 * 2**」になります。10 * 2の結果が表示されるわけではありません。

これは、Razor式として扱われるのが、@の直後にあるnumだけであるためです。その後の「*** 2**」は、そういうテキストだと判断されるのです。

このように、@の後に書かれたものを自動的にRazor式の対象として扱う書き方を「**暗示的Razor式**」といいます。暗示的な場合は、@のすぐ後ろにある単語を自動的にRazor式の対象として処理します。もっと広い範囲をRazor式の対象としたい場合は、「**明示的Razor式**」として記述する必要があります。

● 明示的Razor式

```
@( 内容 )
```

　　明示的Razor式は、このように@の後に()をつけ、その中に式を記述します。先ほどの
例ならば、以下のように記述します。

```
<p>@(num * 2)</p>
```

　　こうすると、ちゃんとnumの2倍の値が出力されるようになります。この@()で書くや
り方(明示的Razor式)が「**Razor式の基本の書き方**」だと考えておくとよいでしょう。

明示的 Razor 式を利用する

　　では、実際に明示的Razor式を使ってみましょう。まず、ページモデル側にプロパティ
を1つ追加しましょう。Index.cshtml.csにあるIndexModelクラス内に、以下のプロパティ
を用意して下さい。

リスト2-26
```
[BindProperty(SupportsGet = true)]
public int Num { get; set; }
```

　　これで、クエリーからNumパラメータをこのNumプロパティにバインドするようにな
ります。では、ページファイルを修正しましょう。Index.cshtmlの内容を以下のように
書き換えて下さい。

リスト2-27
```
@page "{num?}"
@model IndexModel
@{
    ViewData["Title"] = "Home page";
}


<div>
    <h1 class="display-4 mb-4">Welcome</h1>
    <p class="h4">@Model.Num　は、
        <b>@(Model.Num % 2 == 0 ? "偶数" : "奇数") </b>です。</p>
</div>
```

図2-25：/123とアクセスすると、「123 は、奇数 です。」と表示される。

　修正したら、アドレスの最後に整数を付けてアクセスしてみて下さい。たとえば、/123 とアクセスすると、「**123 は、奇数 です。**」と表示されます。パラメータの数字をいろいろと書き換えて表示を試してみましょう。

　Razor式の内部では三項演算子でModel.Num % 2 == 0の値をチェックし、それに応じてテキストを出力しています。このような式も明示的Razor式ならば問題なく動作します。基本的にC#のコードとして正常に解釈できる式ならばどんなものでも記述することができます。

コードブロックと暗黙の移行

　今の例でわかるように、コードブロック内の記述は、必要に応じてC#コードからHTMLコードへ、またC#コードへ……と移行しながら動きます。この移行は、「**HTMLタグでくくられた文か？**」で判断されます。いいかえれば、何らかのHTMLタグを出力するのでない限り、記述された文はC#コードと判断されるわけです。

　では、HTMLのタグを出力することなくテキストを(C#コードとして処理されずに)表示させるにはどうすればいいのでしょうか。例として、Index.cshtmlのHTMLコード部分を以下のように書き換えたとしましょう(ページモデルIndexModelはそのままです)。

リスト2-28

```
<div>
    <h1 class="display-4 mb-4">Welcome</h1>
    <div class="h4">
        @{
            int n = Model.Num * 2;
            ※整数 @Model.Num の2倍は、@n です。
        }
    </div>
</div>
```

図2-26：エラーになり実行できない。

　先の例を少し修正したもので、/123とアクセスするとその2倍の値（246）を計算し表示する、というサンプルです。が、実際に動かそうとすると、エラーが発生して起動しません。

　ここでは、テキストとして表示したい文を「**※整数 @Model.Num の2倍は、@n です。**」と記述しています。これは、前後にHTMLタグがないので、テキストの表示ではなくC#コードとして処理してしまうのです。そのためエラーになったのです。

<Text> タグの働き

　このように「**ただのテキストとして出力したい**」という文を記述するには、<Text>というタグを利用します。

```
<Text>……表示内容……</Text>
```

　このように前後を<Text>タグでくくって記述することで、この文をテキストとして表示するようになります。

　この<Text>の特徴は、「**レンダリング後に消える**」という点です。<div>などのタグでくくると、レンダリングされた後もそのタグは残り、記述したタグの内容としてテキストが表示されます。が、<Text>はレンダリング時に消えるため、「**特定のタグを付けず、ただテキストを表示したい**」という場合に役立つのです。

　では、先ほどの例を<Text>タグ利用の形に修正してみましょう。コードブロック部分を以下のように修正してみます。

リスト2-29

```
@{
    int n = Model.Num * 2;
    <Text>※整数 @Model.Num の2倍は、@n です。</Text>
}
```

図2-27：/12345にアクセスすると、2倍の24690が表示される。

今度は、問題なく動作します。たとえば、/12345にアクセスすると、「**※整数 12345 の2倍は、24690です。**」と表示されます。

@functionsによる関数定義

テンプレート側で複雑な処理を用意するような場合、その処理を必要に応じて何度も呼び出せるようにしておきたいこともあります。たとえば、ページモデル側で用意したデータを決まったフォーマットに変換して表示させたい、というような場合、フォーマット変換の処理を関数のような形で用意し、それを必要に応じて呼び出せれば非常に便利ですね。

こうした「**テンプレートに用意する関数定義**」を記述するために用意されているのが、@functionsというディレクティブです。これは以下のように記述します。

```
@functions
{
    ……関数の定義……
}
```

@functionsは、関数定義を行うための専用ディレクティブです。この{}内には、関数の定義を必要なだけ記述できます。定義した関数は、HTMLコード内で「**@関数名()**」という形で記述し呼び出すことができます。

▌@functions を利用する

では、実際の利用例を挙げておきましょう。Index.cshtmlの内容を以下のように書き換えて下さい。なおページモデル(IndexModel)はそのままとします。

リスト2-30

```
@page "{num?}"
@model IndexModel
@{
    ViewData["Title"] = "Home page";
}
@functions {
    string hello(string name)
    {
        return "Hello, " + name + "!!";
    }
    int total(int n)
    {
        int re = 0;
        for(int i = 1;i <= n;i++)
        {
            re += i;
        }
        return re;
    }
}
<div>
    <h1 class="display-4 mb-4">Welcome</h1>
    <p class="h4">@hello("太郎")</p>
    <p class="h4">@Model.Num の合計は、@total(Model.Num) 。</p>
</div>
```

図2-28：@functionsで定義した関数を使って表示する。

　ここでは、@functionsでhelloとtotalという2つの関数を定義しています。helloは引数を使って「**Hello, ○○!!**」とメッセージを返すだけのもので、totalはゼロから引数までの合計を計算し返すものです。

　たとえば /1234にアクセスすると、以下のようなメッセージが表示されるでしょう。

```
Hello, 太郎!!
1234 の合計は、761995 。
```

　これらの出力を行っている部分を見ると、以下のような形で関数が呼び出されていることがわかります。

```
@hello("太郎")
@Model.Num の合計は、@total(Model.Num) 。
```

　@helloと@totalにより関数の結果が表示されていることがわかります。複雑な処理は、ページモデル側で処理し結果をページファイルに渡して利用するのが一般的ですが、**「ページモデルではなく、テンプレート側で必要な処理を用意したい」**という場合には、この@functionsが役立ちます。

HTMLタグを関数化する

　「テンプレート側に用意する関数」には、もう1つのやり方があります。それは、**「HTMLタグを出力する『関数の値』を作成して利用する」**という方法です。C#では、関数型の値を変数などに代入して使うことができます。

●関数型変数の定義

```
Func<dynamic, object> 変数名 = @<htmlタグ>……表示内容……</htmlタグ>
```

　@<○○> ～ </○○>というようにしてHTMLのタグを記述し、それを関数型の変数に代入します。これで、その変数が関数として扱えるようになり、呼び出すことで定義したHTMLタグが出力されるようになります。

▌サンプルの関数を作成する

　これも、説明を読んだだけではどういうものかピンとこないでしょう。実際にIndex.cshtmlを書き換えて使ってみましょう。

リスト2-31

```
@page
@model IndexModel
@{
    ViewData["Title"] = "Home page";

    string[] data = new[] {"one", "two", "three", "four", "five"};

    Func<dynamic, object> hello = @<p class="display-4">Hello,
        @item !!</p>;

    Func<dynamic, object> showList = @<ul class="h4">
```

```
        @foreach (var ob in item)
        {
            <li>@ob</li>
        }
    </ul>;
}


<div>
    <h1 class="display-4 mb-4">@hello("Hanako")</h1>
    <p class="h4">@showList(data)</p>
</div>
```

図2-29：アクセスすると、「Hello, Hanako!!」というメッセージとリストが表示される。

　アクセスすると、「**Hello, Hanako!!**」とメッセージが表示されます。その下に、「**one**」「**two**」……といったリストが表示されます。
　ここでは、コードブロックで2つの関数型変数を定義しています。例として、hello変数の定義を見てみましょう。

●helloの定義

```
Func<dynamic, object> hello = @<p class="display-4">Hello, @item !!</p>;
```

　@<p>……</p>というタグがhelloに設定されていることがわかります。引数には、dynamic, objectと2つの値が用意されています。この内、実際に引数の値として渡されるのはobjectです。これは、@itemという変数で渡されます。
　これを呼び出している部分を見ると、このようになっていますね。

```
@hello("Hanako")
```

　これで、"Hanako"という引数がobject引数に渡され、それが@itemのところにはめ込まれて出力されます。

リスト出力をしているshowListは、引数にstring配列を渡してリストを作成するようにしています。

セクションについて

より複雑な表示を作成したい場合、ページのレイアウトとなるcshtmlファイル内に「**セクション**」と呼ばれるものを用意することができます。

セクションは、レイアウト内に埋め込める表示パーツです。これは、以下のような形で記述します。

●セクションの埋め込み

```
@RenderSection( 名前 , required: 真偽値 )
```

第1引数にはセクションの名前を指定します。required引数は、そのセクションを必須にするかどうかを指定します。trueにすると、そのセクションが用意されていなければエラーになります。falseにしておくと、セクションが用意されていれば表示され、なければ何も表示しません。

@RenderSectionを用意しておくと、そのレイアウトを継承して作成されるページに、指定した名前のセクションを定義できます。

●セクションの定義

```
@Section 名前
{
    ……表示内容……
}
```

このようにセクションを定義しておくと、その内容が指定した名前の@RenderSectionにはめ込まれ表示されるようになります。

レイアウト側にさまざまなセクションを@RenderSectionで用意しておき、そのレイアウトを使用したページファイル側で、必要に応じて使いたいセクションを定義すれば、それがレイアウトにはめ込まれ表示されます。必要なときだけ、指定の配置にコンテンツをはめ込めるのです。

セクションを利用する

では、実際にセクションを使ってみましょう。「**Pages**」フォルダ内の「**Shared**」内にあるレイアウト用ファイル「**_Layout.cshtml**」を開いて下さい。そして、<div class="container">タグの手前(このタグは2つあります。後者の<div>の手前です)を改行し、以下を追記して下さい。

リスト2-32

```
@RenderSection("between", required: false)
```

これで、この場所に「**between**」というセクションがレンダリングされるようになりま

す。

　では、betweenセクションをページファイル側に用意しましょう。ここでは、ページごとにコンテンツが組み込まれるのがわかるよう、Index.cshtmlとOther.cshtmlそれぞれにセクションを用意してみます。いずれも、コードブロックの下あたり(HTMLタグ部分の手前)に以下の記述を追加して下さい。

リスト2-33──Index.cshtml

```
@section between
{
    <p class="container alert alert-primary">
        ※これはヘッダーとコンテンツの間に表示されます。
    </p>
}
```

図2-30：Indexページで表示されるBetweenセクション。

リスト2-34──Other.cshtml

```
@section between
    {
    <div class="container card" style="width: 30rem;">
        <div class="card-body">
            <h5 class="card-title">※BETWEEN CONTENT</h5>
            <p class="card-text">
                これは、ヘッダー部分とページのコンテンツの間にある
                Betweenセクションのコンテンツです。
            </p>
        </div>
    </div>
}
```

図2-31：Otherページで表示されるBetweenセクション。なお、Other.cshtmlではフォームのサンプル
が書かれていたが、今回は関係がないので消去してある。

　実際にトップページと/otherにアクセスして表示を確認してみましょう。ヘッダーと
なる画面一番上のメニュー部分の下、タイトルテキストとの間にコンテンツが挿入され
表示されるのがわかります。ページごとに異なるコンテンツがはめ込まれていますね。

　表示を確認したら、追加した@section between{……}の部分を削除してアクセスして
みましょう。すると、挿入されたコンテンツは消えます。エラーなどは一切発生しません。
@sectionを必要に応じて用意したときだけコンテンツが追加されるのです。

　セクションは、さまざまなところで応用できます。たとえば、特定のページで特
定のCSSファイルやスクリプトファイルを読み込むような場合、ヘッダー部分に@
RenderSectionを用意し、ページに@sectionで<link>や<script>タグをまとめたセクショ
ンを定義すればいいでしょう。またヘッダーのメニューなどにページごとに項目を追加
するのも、セクションを使えば簡単に行えますね！

Chapter 3

MVCアプリケーションの
作成

MVCは、さまざまなWebアプリケーションフレームワーク
で採用されているアーキテクチャーです。ASP.NET Core
でも、もちろんMVCを使ったアプリケーション開発の仕組
みが用意されています。ここでMVCの基本的な開発スタイ
ルを学びましょう。

3.1 MVCアプリケーションの基本

MVCアプリケーションとは？

ASP.NET Coreでは、いくつかのWebアプリケーションのテンプレートを用意しています。それらの中で、もっとも古くから利用されているのが「**MVCアプリケーション**」です。

MVCアプリケーションは、アプリケーションを「**Model**」「**View**」「**Controller**」という3つの機能に分けて構築するというアーキテクチャーです。これはおそらく、Webアプリケーションフレームワークの中でもっとも広く使われている考え方でしょう。

ASP.NET CoreのMVCアプリケーションは、ASP.NET Coreの前身であるASP.NETの時代からある技術です。それは.NETの進化とともにアップデートされ、現在のASP.NET Coreに受け継がれています。これまでASP.NETで開発されてきた多くのWebアプリケーションは、このMVCアプリケーションとして作られています。

MVCでは、プログラムは以下のような形で構成されます。

モデル(Model)	データ管理を担当する。データベースやその他のデータを扱う。C#のクラス。
ビュー(View)	画面表示を担当する。基本的にHTMLをベースとした技術。Razorページのファイル。
コントローラー(Controller)	プログラムの制御を担当する。C#のクラス。

クライアントからアクセスがあると、コントローラーにある機能が呼び出されます。コントローラーはその中で、必要に応じてモデルからデータを受け取り、処理を行い、ビューを使ってクライアントへ出力する表示内容を作成し返送します。

アプリケーションのプログラムをこれらの部品として構築していくことが、MVCアプリケーションの開発の基本だ、と考えていいでしょう。

図3-1：MVCアーキテクチャーの基本構成。

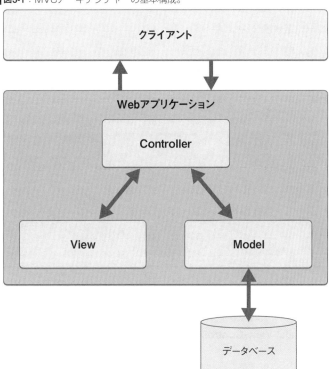

MVCアプリケーション・プロジェクトの作成

では、実際にプロジェクトを作成し、それをベースに説明をしていきましょう。プロジェクトの作成は以下のように行います。

Visual Studio Community for Windows の場合

前章で作成したソリューション（SampleEmptyApp）が開かれている場合は、「**ファイル**」メニューの「**ソリューションを閉じる**」を選んで閉じて下さい。画面にスタートウィンドウが現れます。もし表示されない場合は、「**ファイル**」メニューの「**スタートウィンドウ**」を選んで下さい。

1. 作業の開始

スタートウィンドウが現れたら、画面の項目から、「**新しいプロジェクトの作成**」を選択します。

図3-2：スタートウィンドウで「新しいプロジェクトの作成」を選ぶ。

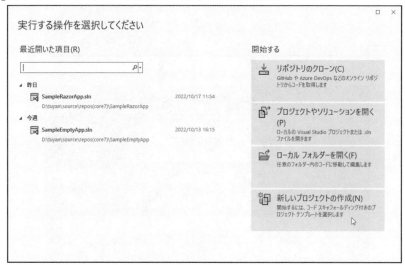

■2. プロジェクトのテンプレート

作成するプロジェクトの種類（テンプレート）を選びます。ここでは「**ASP.NET Core Webアプリ(Model-View-Controller)**」を選びます。

図3-3：「ASP.NET Core Webアプリ(Model-View-Controller)」を選ぶ。

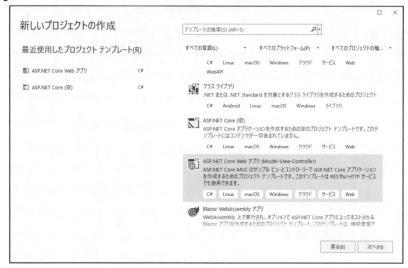

■3. プロジェクト名と保存場所

プロジェクトとソリューションの名前、保存場所を設定します。プロジェクトとソリューションの名前は「**SampleMVCApp**」としておきましょう。これでソリューション名も同じ名前が自動設定されます。

保存場所は特に理由がなければデフォルトのままにしておきます。その他の項目もデ

フォルトのままにしておきましょう。

図3-4：プロジェクト名をSampleMVCAppと入力する。

■4. 追加情報

その他の設定の追加を行います。これは特に設定する必要はありません。フレームワークで使用する.NETのバージョンが選択されているか確認するだけです。認証の種類は「**なし**」にしておきます。

これで「**作成**」ボタンをクリックすれば、プロジェクトが生成されます。

図3-5：.NETのバージョンを確認し、作成する。

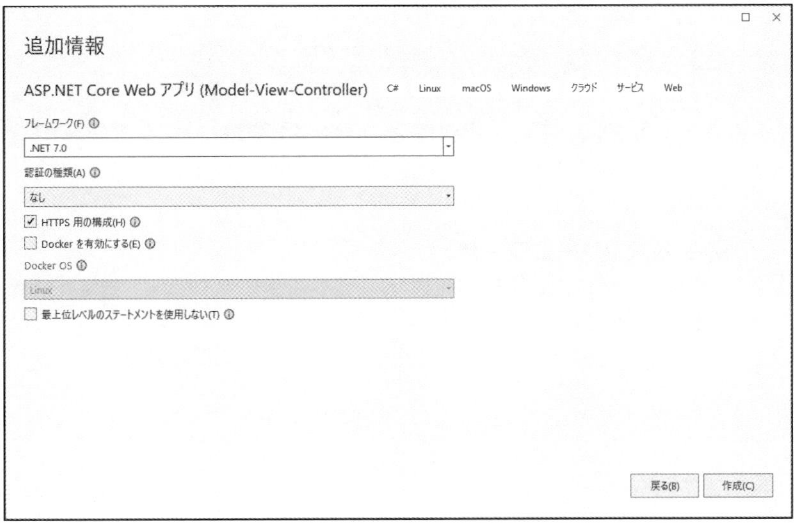

▌Visual Studio Community for Mac の場合

「**ファイル**」メニューの「**ソリューションを閉じる**」で、現在表示しているソリューションを閉じます。これでスタートウィンドウが現れます。もし表示されない場合は、「**ウィンドウ**」メニューから「**スタートウィンドウ**」を選んで下さい。

現れたスタートウィンドウから「**新規**」を選びます。

▦ 1. プロジェクトテンプレート

作成するプロジェクトのテンプレートを選択します。ここでは左側のリストから「**.Webとコンソール**」内の「**アプリ**」を選び、右側の表示から「**Webアプリケーション (Model-View-Controller)**」を選んで次に進みます。

▌**図3-6**：「Webアプリケーション（Model-View-Controller）」テンプレートを選ぶ。

▦ 2. 対象フレームワーク

プロジェクトで使用する.NETフレームワークを選びます。「**認証**」は「**認証なし**」のままにしておきます。

図3-7：.NETのバージョンを選択する。

■3. プロジェクト名と保存場所

　プロジェクトとソリューションの名前を「**SampleMVCApp**」と入力します（プロジェクト名を入力すると、ソリューション名も自動設定されます）。保存場所およびその他の項目はデフォルトのままでOKです。「**作成**」ボタンを押せば、プロジェクトが作成されます。

図3-8：プロジェクト名に「SampleMVCApp」と入力する。

Visual Studio Code/dotnet コマンドの場合

Visual Studio Codeの場合は、「**表示**」メニューから「**ターミナル**」を選んでターミナルを呼び出して下さい。またコマンドプロンプトあるいはmacOSのターミナルからコマンド入力で作成したい場合は、これらを起動した後、cdコマンドでプロジェクトを配置する場所に移動します。

準備が整ったら、以下のコマンドを実行します。

```
dotnet new mvc -o SampleMVCApp
```

これで、「**SampleMVCApp**」というフォルダが作成され、その中にプロジェクト関係のファイル類が出力されます。

アプリケーションを実行する

プロジェクトが作成できたら、アプリケーションを実行して表示を確認しておきましょう。上部に「**Home**」「**Privacy**」といったリンクがあるページが表示されます。デフォルトでは「**Welcome**」とコンテンツが表示され、「**Privacy**」をクリックすると「**Privacy Policy**」と表示されるページに変わります。

使ってみて気づいたでしょうが、これはRazorページアプリケーションの初期状態と同じものです。同じページのテンプレートをRazorページとMVCでそれぞれ作成していたのですね。

図3-9：実行すると「Welcome」と表示されたページが現れる。

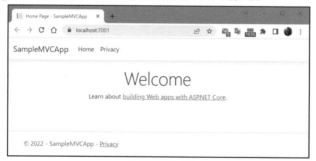

MVCアプリケーションの構成

では、作成されたプロジェクトを見てみましょう。この中には、先に作成した空のプロジェクトやRazorページプロジェクトにはなかったものがいろいろと追加されています。

「Controllers」フォルダ	コントローラーのC#ファイルが配置されます。
「Models」フォルダ	モデルのC#ファイルが配置されます。
「Views」フォルダ	ビューで使うcshtmlファイルが配置されます。
「wwwroot」フォルダ	アプリケーションで使うリソース類(JavaScriptファイル、CSSファイル、イメージファイルなど)がまとめられています。

これら4つのフォルダが、MVCアプリケーションの基本部分といえるでしょう。これらにあるファイルを編集することでアプリケーションを作成していきます。

Program.csを確認する

これらをファイルについて説明する前に、プロジェクトの基本プログラムをチェックしておきましょう。アプリケーションのメインプログラムとなるProgram.csがどのように書かれているか確認しておきます。
（※コメント類は省略しています）

リスト3-1

```
var builder = WebApplication.CreateBuilder(args);

builder.Services.AddControllersWithViews();

var app = builder.Build();

if (!app.Environment.IsDevelopment())
{
    app.UseExceptionHandler("/Home/Error");
    app.UseHsts();
}

app.UseHttpsRedirection();
app.UseStaticFiles();

app.UseRouting();

app.UseAuthorization();

app.MapControllerRoute(
    name: "default",
    pattern: "{controller=Home}/{action=Index}/{id?}");

app.Run();
```

基本的にはRazorページアプリケーションのコードと変わりありませんね。ただし、MVCアプリケーションのための処理が1つだけ追加になっています。この部分です。

```
app.MapControllerRoute(
    name: "default",
    pattern: "{controller=Home}/{action=Index}/{id?}");
```

Razorアプリケーションではapp.MapRazorPagesというメソッドを呼び出していまし

たが、これはなくなり、代わりにMapControllerRouteというメソッドが呼び出されています。これはMVCのコントローラーに割り当てられるルートを指定するためのものです。これにより、/コントローラー /アクション という形でルーティングが割り当てられるようになります。

3.2　コントローラーとビューの基本

HomeControllerについて

では、デフォルトで生成されているMVCの内容を見ていきましょう。「**Controllers**」フォルダの中には、デフォルトで「**HomeController.cs**」というファイルが1つだけ用意されています。これがコントローラーのプログラムです。

MVCアプリケーションでは、コントローラーは「**名前Controller**」というクラスとして作成されます。つまりこのファイルは、「**Homeというコントローラー**」を記述したものだったというわけです。

では、その中身を確認しましょう（※コメント類は省略しています）。

リスト3-2

```
using Microsoft.AspNetCore.Mvc;
using SampleMVCApp.Models;
using System.Diagnostics;

namespace SampleMVCApp.Controllers;

public class HomeController : Controller
{
    private readonly ILogger<HomeController> _logger;

    public HomeController(ILogger<HomeController> logger)
    {
        _logger = logger;
    }

    public IActionResult Index()
    {
        return View();
    }

    public IActionResult Privacy()
    {
        return View();
```

```
    }

    [ResponseCache(Duration = 0, Location = ResponseCacheLocation.None,
        NoStore = true)]
    public IActionResult Error()
    {
        return View(new ErrorViewModel { RequestId = Activity.Current?
            .Id ?? HttpContext.TraceIdentifier });          ↵
    }
}
```

コントローラークラスの基本形

では、コントローラーがどのように定義されているのか見てみましょう。ここでは以下のような形でコントローラークラスが用意されています。

```
namespace SampleMVCApp.Controllers;

public class HomeController : Controller
{
    ……略……
}
```

コントローラークラスは、「**プロジェクト.Controllers**」という名前空間に配置されます。そしてクラスは「**プロジェクト名Controller**」というクラス名になります。

このクラスは、Microsoft.AspNetCore.Mvc名前空間にある「**Controller**」クラスを継承して作成されます。Controllerクラスは、コントローラーに関する機能を実装した、コントローラーのベースとなるものです。すべてのコントローラーは、このControllerを継承して作成されます。

┃コンストラクタと ILogger の組み込み

このHomeControllerでは、コンストラクタが用意されています。ここで、ILoggerというインスタンスを_loggerフィールドに代入する処理を行っています。

```
private readonly ILogger<HomeController> _logger;

public HomeController(ILogger<HomeController> logger)
{
    _logger = logger;
}
```

このILoggerは、ログ出力のためのクラスです(正確にはインターフェイスで、実装はLoggerです)。

先に作成したRazorページアプリケーションでも、Razorページのコードに同じ処理がありましたね。これはログ出力を使えるようにするための基本コードと考えて下さい。

コントローラーのアクションについて

では、HomeControllerクラスのメソッドについて確認していきましょう。コントローラーには、「**アクション**」と呼ばれるメソッドがいくつか用意されます。

アクションは、クライアントがあらかじめ設定されたアドレスにアクセスをしたときに呼び出されるメソッドです。

●アクションメソッドの定義

```
public IActionResult 名前 ()
{
      ……内容……
}
```

アクションとして用意されるメソッドでは、「**IActionResult**」というインターフェイス（実装はActionResult）を戻り値として指定します。これはアクションの結果を表すクラスです。MVCアプリケーションでは、この戻されたActionResultを元にクライアントへの出力内容を生成します。

Index と Privacy アクション

では、用意されているアクションを見ていきましょう。まずは、非常に単純な「**Index**」と「**Privacy**」アクションを見てみましょう。それぞれ以下のようになっています。

●Indexアクション

```
public IActionResult Index()
{
    return View();
}
```

●Privacyアクション

```
public IActionResult Privacy()
{
    return View();
}
```

いずれも、「**View**」というものをreturnしているだけのシンプルな内容です。

このViewは、Controllerクラスにあるメソッドで、「**ViewResult**」というクラスのインスタンスを返します。ViewResultは、ActionResultの派生クラスで、用意されたビューを元にクライアントへの返送内容を生成します。

「ビュー」とは？

この「**用意されたビュー**」というのは、「**Views**」フォルダ内に用意されているcshtmlファイルのことです。これはテンプレートの一種であり、このファイルの内容を元に実際のページの表示が生成されます。

Viewメソッドでは、コントローラー名とアクション名をもとに、自動的に「**どのテンプレートファイルを利用するか**」を判断するようになっています。「**Views**」フォルダ内にある「**コントローラー名**」フォルダから、「**アクション名.cshtml**」というファイルを読み込むようになっているのです。

このIndexとPrivacyでは、それぞれ「**Views**」フォルダ内の「**Home**」フォルダから、Index.cshtmlとPrivacy.cshtmlが読み込まれ、それをビューとして扱うViewResultが生成されてreturnされていたのです。

Error メソッドについて

その後には、**Error**というメソッドが用意されています。これもアクションのためのメソッドなのですが、Indexなどと違い、メソッドに以下のような属性が用意されています。

●ResponseCache属性の指定

```
[ResponseCache(Duration = 0, Location = ResponseCacheLocation.None,
NoStore = true)]
```

ここでは、「**ResponseCache**」という属性が用意されていますね。これは、レスポンスで返される出力内容のキャッシュに関する属性です。ここではキャッシュを使わずに表示を行うように設定しています。引数の値はそれぞれ以下のようなものです。

Duration = 0	遅延時間の設定。ゼロに設定。
Location = ResponseCacheLocation.None	キャッシュファイルの保存場所の設定。保存場所なしに設定。
NoStore = true	キャッシュをストアしない（保存しない）ため設定。保存をしないように設定。

●Errorメソッドの内容

```
return View(new ErrorViewModel { RequestId =
        Activity.Current?.Id ?? HttpContext.TraceIdentifier });
```

Errorアクションで行っているのは、Indexなどと同様にViewメソッドの戻り値をreturnするという文だけです。ただし、今回はViewメソッドに引数が指定されています。「**ErrorViewModel**」というクラスで、これは後ほどモデルの説明のところで触れますが、例外処理のためのモデルクラスです。これを引数に指定することで、ErrorViewModelモデルを値として用意したViewResultが作成されreturnされます。

このErrorViewModelの引数には、RequestIdという値が用意されています。これでErrorViewModelで使用する例外のIDを用意します。このErrorViewModelを引数にViewを呼び出すことで、指定のエラーを表示するページが生成されるようになります。

ビューテンプレートを確認する

　では、ビュー関係のファイルを見ていきましょう。ビューのファイルは「**Views**」フォルダの中にまとめられています。このフォルダ内を見ると、かなり多くのファイルが用意されていることがわかります。

● 「Views」フォルダ内にあるもの

「Home」フォルダ	Homeコントローラーで使うファイル。各アクションに各ファイルが対応する。
「Shared」フォルダ	コントローラー類で共有されているファイル。レイアウトファイルやエラーページのファイルなどが保管される。
_ViewImports.cshtml	ヘルパーをインポートするもの
_ViewStart.cshtml	使用するレイアウトファイルを指定するもの

　ここに用意されているファイル類は、「**cshtml**」という拡張子のファイルです。これが、Comment endビューテンプレートのファイルになります。

　見れば、同じcshtmlファイルといっても、役割の異なるものがまとめられていることがわかるでしょう。大きく整理すれば、cshtmlには「**設定ファイル**」「**共用ファイル**」「**各ページのテンプレートファイル**」から構成されていることがわかります。

設定ファイル	_ViewStart.cshtml、_ViewImports.cshtml
共用するファイル	「Shared」フォルダ内のもの
各ページのテンプレートファイル	「Home」フォルダ内のもの

　各ページのテンプレートファイルは「**Home**」フォルダにまとめてありますが、これはデフォルトで用意されているコントローラーがHomeというものであったからです。コントローラーを作成すれば、その名前のフォルダが「**Views**」内にも用意され、そこにテンプレートファイルがまとめられていきます。

_ViewStart.cshtmlファイルについて

　まずは、「**Views**」フォルダ内にそのまま保管されている2つのファイルについて見ていきましょう。これらは、ビューに関連する設定を行うためのものです。まずは「**_ViewStart.cshtml**」から見てみましょう。

リスト3-3

```
@{
    Layout = "_Layout";
}
```

　この_ViewStart.cshtmlは、その名の通り、ビューテンプレートを読み込む際に最初に

処理されるファイルです。ここには、@{……}という形の記述があります。これは「**コードブロック**」と呼ばれるものです。コードブロックは、テンプレートで@の後に{}をつけた形で記述されます。

コードブロックは、{}の中にC#のコードを記述することができます。今回は、Layoutという変数に"_Layout"という値を設定する文が書かれていた、というわけです。

このLayoutという変数は、Microsoft.AspNetCoreMvc.Razor名前空間にあるRazorPageBaseクラスのプロパティです。このクラス自体はコントローラーなどから直接利用するわけではなく、ビューテンプレートを利用する際にMVCアプリケーションのフレームワーク内で動いているもの、と理解して下さい。

このLayoutプロパティは、テンプレートを元にページを生成する際、ページ全体のレイアウトとして利用するテンプレートファイル名を示すものです。これに"_Layout"と指定することで、_Layout.cshtmlがレイアウト用のテンプレートファイルとして設定されます。

ということは、もし独自にレイアウトファイルを作成して利用したい場合は、ここでのLayoutの値を書き換えれば、プロジェクト全体で使用するレイアウトを変更できます。

_ViewImports.cshtmlファイルについて

続いて、_ViewImports.cshtmlです。これは、_ViewStart.cshtmlと同様、テンプレートを読み込んでページを生成する際、各ページ用のテンプレートよりも前に読み込まれ処理されるファイルです。

リスト3-4

```
@using SampleMVCApp
@using SampleMVCApp.Models
@addTagHelper *, Microsoft.AspNetCore.Mvc.TagHelpers
```

これらは、すべて「**@○○**」というように@記号の後にキーワードが付けられています。これらは、「**Razorディレクティブ**」と呼ばれるものです。Razorというのは、前章で説明したページ管理の技術のことです。このRazor技術の一部であるRazorディレクティブがMVCのテンプレートでも使われています。

@using 文について

ここでは、まず「**@using**」という文が見えますね。これは「**usingディレクティブ**」と呼ばれるもので、テンプレートにusing文を追記する働きをするものです。

テンプレートではコードブロックによりC#のコードを記述できますが、この@usingにより、あらかじめ使う名前空間をusingしておくことができます。ここでは、プロジェクト名のSampleMVCApp名前空間と、SampleMVCApp.Models名前空間(モデルが用意されている場所)をusingしています。

タグヘルパーについて

最後の@addTagHelperというのは、テンプレートで利用する「**タグヘルパー**」と呼ばれる機能に関するディレクティブです。

　ヘルパーというのは、テンプレート内で利用できる、テンプレート作成を補助してくれる機能です。タグヘルパーはテンプレートで使うタグに関するヘルパー機能で、これを利用することで、複雑な処理をタグだけで記述できるようになります。
（※タグヘルパーについては改めて説明します）

　ここでは、usingとタグヘルパーを設定することで、テンプレートの作成やコードブロックでのコードの記述を行いやすくなるようにしていたのです。

_Layout.cshtmlによるレイアウトについて

　続いて、レイアウト用のテンプレートである「**Shared**」フォルダ内の「**_Layout.cshtml**」を見てみましょう。このファイルでは、ライブラリの読み込みなどが多数用意されています。テンプレートの働きと直接関係のないタグについては一部省略しています。

リスト3-5

```
<!DOCTYPE html>
<html lang="en">
<head>
    <meta charset="utf-8" />
    <meta name="viewport" content="width=device-width,
        initial-scale=1.0" />
    <title>@ViewData["Title"] - SampleMVCApp</title>
    <link rel="stylesheet" href="~/lib/bootstrap/dist/css/
        bootstrap.min.css" />
    <link rel="stylesheet" href="~/css/site.css"
        asp-append-version="true" />
    <link rel="stylesheet" href="~/SampleMVCApp.styles.css" asp-append-
version="true" />
</head>
<body>
    <header>
        <nav class="navbar navbar-expand-sm ……略……">
            <div class="container-fluid">
                <a class="navbar-brand" asp-area=""
                    asp-controller="Home"
                    asp-action="Index">SampleMVCApp</a>
                <button class="navbar-toggler" type="button"
                        data-bs-toggle="collapse"
                            data-bs-target=".navbar-collapse"
                        aria-controls="navbarSupportedContent"
                        aria-expanded="false"
                            aria-label="Toggle navigation">
                    <span class="navbar-toggler-icon"></span>
                </button>
```

```
            <div class="navbar-collapse collapse
                d-sm-inline-flex justify-content-between">
                <ul class="navbar-nav flex-grow-1">
                    <li class="nav-item">
                        <a class="nav-link text-dark"
                            asp-area="" asp-controller="Home"
                            asp-action="Index">Home</a>
                    </li>
                    <li class="nav-item">
                        <a class="nav-link text-dark"
                            asp-area="" asp-controller="Home"
                            asp-action="Privacy">Privacy</a>
                    </li>
                </ul>
            </div>
        </div>
    </nav>
</header>
<div class="container">
    <main role="main" class="pb-3">
        @RenderBody()
    </main>
</div>

<footer class="border-top footer text-muted">
    <div class="container">
        &copy; 2022 - SampleMVCApp - <a asp-area=""
            asp-controller="Home"
        asp-action="Privacy">Privacy</a>
    </div>
</footer>
<script src="~/lib/jquery/dist/jquery.min.js"></script>
<script src="~/lib/bootstrap/dist/js/bootstrap.bundle.min.js"></script>
<script src="~/js/site.js" asp-append-version="true"></script>
@await RenderSectionAsync("Scripts", required: false)
</body>
</html>
```

よく役割のわからないタグが多数出てきているので戸惑うかもしれませんが、そう複雑なことをしているわけではありません。

Webページとして表示される<body>の内容を整理すると以下のようになるでしょう。

● ヘッダー部分

```
<header>
    <nav class="navbar ……">
        <div class="container-fluid">
            ……ナビゲーションバーの内容……
        </div>
    </nav>
    </header>
```

● ページのコンテンツ部分

```
<div class="container">
    <main role="main" class="pb-3">
        @RenderBody()
    </main>
</div>
```

● フッター部分

```
<footer class="border-top footer text-muted">
    <div class="container">
        ……フッターの表示……
    </div>
</footer>
```

● スクリプトの読み込み

```
<script src="~/lib/jquery/dist/jquery.min.js"></script>
<script src="~/lib/bootstrap/dist/js/bootstrap.bundle.min.js"></script>
<script src="~/js/site.js" asp-append-version="true"></script>
@await RenderSectionAsync("Scripts", required: false)
```

@ による実行コードの記述

　レイアウトでの表示に関する部分は、基本的にHTMLタグをそのまま記述して作っています。ヘッダーやフッターのタグは、すべてのページで同じように表示されるように作成してあります。これらは、特に難しいことをしているわけではありません。ただのHTMLタグですからよく読めば内容はわかるでしょう。

　レイアウトテンプレートの最大のポイントは、@で始まるC#のコードを記述した文でしょう。Razorでは、@の後にコードを記述する形でさまざまな処理をテンプレート内に埋め込むことができました。

　ここでは3箇所にその記述があります。

● タイトルの表示

```
<title>@ViewData["Title"] - SampleMVCApp</title>
```

　ここでは、ViewData["Title"]という値を<title>の内容として表示しています。既に Razorページのところで使いましたが、ViewDataは、C#のコードから必要な値をテンプレートに受け渡すのに使う特殊な値でしたね。

　各ページのテンプレート側でこのViewData["Title"]の値を用意しておけば、それがタイトルとして設定されるようになります。このViewDataは、MVCアプリケーションでも使うことができます。

● コンテンツの表示

```
<main role="main" class="pb-3">
    @RenderBody()
</main>
```

　このページに表示するコンテンツは、<main>タグに記述されています。ここでは、「**RenderBody**」というメソッドを実行しています。これこそが、このページで表示するコンテンツをレンダリングし出力している部分なのです。

　MVCアプリケーションでは、アクセスしたアドレスごとにそのページ用のビューテンプレートを読み込んで表示します。この「**読み込まれたテンプレートの内容をレンダリングし出力する**」という作業を行っているのが、このRenderBodyなのです。

● 指定した名前のセクションをレンダリング

```
@await RenderSectionAsync("Scripts", required: false)
```

　最後にある「**RenderSectionAsync**」は、引数に指定したセクションをレンダリングするものです。非同期メソッドであるため、awaitをつけて実行しています。

　これは、各ページのテンプレートにJavaScriptのスクリプトを用意し組み込めるようにするためのものです。各ページのテンプレートに、@section scripts{……}というようにしてJavaScriptのスクリプトを用意すれば、それが自動的にレンダリングされたページに組み込まれるようになります。

　これら3つの@文は、「**必ずこの通りに記述しておく**」と考えて下さい。勝手に書き換えたりすると、正しくページがレンダリングできなくなることもあるので注意しましょう。

Column レイアウト生成の仕組みはRazorページも同じ？

　レイアウトを構成するベースとなっているのが「**_ViewStart.cshtml**」「**_ViewImports. cshtml**」「**_Layout.cshtml**」といったファイルです。これらにより表示するページのレイアウトが生成されていたのですね。

　実はこれらのファイルは、MVCにのみ用意されているわけではありません。先に作成したRazorページアプリケーションでも、これらのファイルは用意されています。これらの組み合わせによりページ全体が作られている点は同じなのです。

　どちらのアプリもページ全体のレイアウトは同じでした。それも「**同じテンプレートを使って作られているから**」だったからです。

Index.csthmlについて

　では、各ページで実際にコンテンツとして表示する内容を記述したテンプレートを確認しましょう。例として、「**Home**」フォルダ内にある「**Index.cshtml**」を見てみます。ここでは以下のような内容が記述されています。

リスト3-6
```
@{
    ViewData["Title"] = "Home Page";
}

<div class="text-center">
    <h1 class="display-4">Welcome</h1>
    <p>Learn about <a href="https://docs.microsoft.com/aspnet/core">
        building Web apps with ASP.NET Core</a>.</p>
</div>
```

　見ればわかるように、これらは<html>タグを使って記述する通常のHTMLページとは大きく異なります。<head>も<body>もなく、ただページに表示したい内容だけを記述してあります。

@ で ViewData を設定する

　最初に、@{……}というコードブロックが書かれていますね。これはC#のコードを記述するためのRazor構文でした。この中で実行しているのは、ViewData["Title"]に値を設定する文です。

```
ViewData["Title"] = "Home Page";
```

　先ほどの_Layout.cshtmlでは、<title>内に、@ViewData["Title"]というようにタイトルを出力していましたね。この値は、ここで設定されていたのです。
　_Layout.cshtmlを利用する場合は、この値を用意しておけば、自動的に<title>に設定される、というわけです。

コンテンツの内容

　表示されるコンテンツは、<div class="text-center">というタグの中に<h1>タグと<p>タグを記述しています。これらは、特に説明が必要なものではないでしょう。
　このコンテンツは、_Layout.cshtmlの@RenderBody()によりレンダリングされ出力されます。つまり_Layout.cshtmlの@RenderBody()の部分に、ページのコンテンツがはめ込まれて表示されるようになるのです。

コントローラーからの利用

　各ページのテンプレートは、すべてこのファイルのように「**表示したいコンテンツのHTMLタグだけを記述する**」という形になっています。

　これらのビューテンプレートは、基本的にコントローラーから呼び出されて使われます。先に、HomeController.csをチェックしたとき、Indexメソッドに「**return View();**」と記述されていたのを覚えているでしょう。これにより「**Home**」フォルダ内のIndex.cshtmlが読み込まれ、内容をレンダリングして表示を作る、ということを行っているのです。

　Webページに必要な<head>部分や、ページのヘッダー／フッターは、すべて_Layout.cshtmlに用意されているため、各ページのテンプレートに用意する必要がありません。純粋に、そのページで表示したいコンテンツだけを用意すれば、それがきちんとレイアウトされて表示されるようになっているのですね。

コントローラーを作る

　コントローラーとビューの基本的な仕組みはだいたい頭に入りました。では、それらの知識を活用し、実際にコントローラーとビューを作成してみることにしましょう。実際に作ってみれば、これらの働きが更によく理解できるようになります。

　では、コントローラーから作成していきましょう。

■Visual Studio Community for Windows の場合

　「**Controllers**」フォルダを右クリックし、ポップアップメニューを呼び出します。その中の「**追加**」メニューから「**コントローラー**」を選んで下さい。

■**図3-10**：「Controllers」を右クリックし、「追加」「コントローラー」を選ぶ。

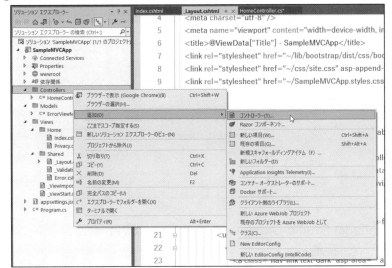

　現れたウィンドウから、「**MVCコントローラー -空-**」を選んで「**追加**」ボタンを押します。これが、空のコントローラーを作成するテンプレートです。

図3-11：「MVCコントローラー -空-」を選ぶ。

コントローラー名を入力するダイアログが現れるので、ここで「**HelloController**」と入力し、追加して下さい。コントローラーが作成されます。

図3-12：コントローラー名を「HelloController」と入力する。

Visual Studio Community for Mac の場合

「**Controllers**」フォルダを右クリックし、ポップアップメニューを呼び出します。その中の「**追加**」メニューから「**新しいファイル**」を選んで下さい。

図3-13：「Controllers」を右クリックし「新しいファイル」を選ぶ。

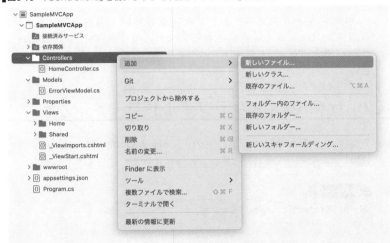

　画面にダイアログが現れます。ここで一番左のリストから「**ASP.NET Core**」という項目を選び、その右隣のリストから「**コントローラークラス**」を選びます。下にある「**名前**」には「**HelloController**」と入力をします。

　これで「**作成**」ボタンを押せば、コントローラーが作成されます。

図3-14：ダイアログで「MVCコントローラークラス」を選び、「HelloController」と名前を入力する。

■その他の場合

　dotnetコマンドでプロジェクトを作成している場合、コントローラーを作成するコマンドというのは用意されていません。手作業で「**Controllers**」フォルダ内に「**HelloController.cs**」というファイルを作成し、この後に掲載するリストを記述して下さい。

HelloController.csのデフォルトコード

　これで、「**Controllers**」フォルダの中に「**HelloController.cs**」というファイルが作成されました。このファイルがどのようになっているのか見てみましょう。

リスト3-7

```
using Microsoft.AspNetCore.Mvc;

namespace SampleMVCApp.Controllers;

public class HelloController : Controller
{
    public IActionResult Index()
    {
        return View();
    }
}
```

　デフォルトで生成されるのは、SampleMVCApp.Controllers名前空間にあるHelloControllerクラスです。クラスはControllerを継承し、Indexというアクションを1つだけ持っています。コントローラークラスの必要最小限のコードだけが用意されていることがわかります。

Hello/Index.cshtmlを作成する

　では、コントローラーはこのままにしておき、ビューを用意しましょう。今回のサンプルでは、HelloControllerというクラスにIndexアクションメソッドが用意されています。ということは、「**Views**」フォルダ内にコントローラー名の「**Hello**」というフォルダを用意し、その中にアクション名の「**Index.cshtml**」というRazorページのファイルを用意すればいいことがわかります。

　では、実際に作成していきましょう。まずはフォルダからです。これはVisual Studio Communityの場合、WindowsもmacOSもほぼ同じやり方です。「**Views**」フォルダを右クリックし、「**追加**」メニューから「**新しいフォルダー**」を選びます。これでフォルダが作成されるので、そのまま名前を「**Hello**」と入力します。

　それ以外の環境の場合は、直接「**Views**」フォルダを開き、「**Hello**」フォルダを作成して下さい。

図3-15：「Views」を右クリックし、「新しいフォルダー」メニューを選ぶ。

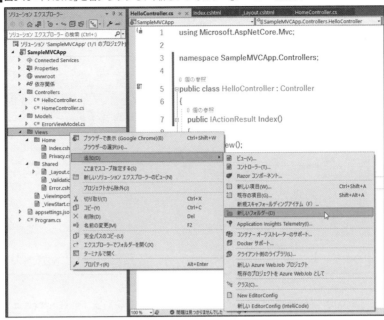

Index.cshtml を作成する

続いて、テンプレートファイル「**Index.cshtml**」を作成します。dotnetコマンドを利用している場合は、手作業でファイルを作成して下さい。

Visual Studio Community for Windowsの場合

作成した「**Hello**」フォルダを右クリックし、「**追加**」メニューから「**ビュー**」を選びます。

図3-16：「ビュー」メニューを選ぶ。

「**新規スキャフォールディングアイテムの追加**」というダイアログが現れます。この左

側にある「**MVC**」内の「**表示**」を選択し、中央に表示されるリストから「**Razorビュー -空**」を選択して追加します。

図3-17：「Razorビュー -空」を選んで追加する。

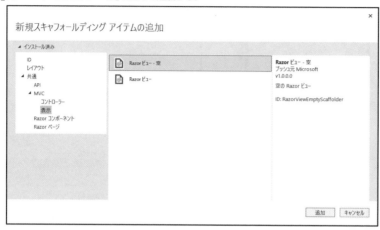

新しい項目を追加するダイアログウィンドウが現れます。「**Razorビュー -空**」を選び、ファイル名に「**Index.cshtml**」と入力して「**追加**」ボタンを押します。これで「**Views**」フォルダ内の「**Hello**」内に「**Index.cshtml**」ファイルが作成されます。

図3-18：ファイル名を入力して追加する。

■Visual Studio Community for Macの場合

「**Hello**」フォルダを右クリックし、「**追加**」メニューから「**新しいファイル**」を選びます。そして現れたダイアログウィンドウで、「**ASP.NET Core**」の「**Razorページ**」を選び、名前を「**Index**」と記入して「**作成**」ボタンを押します。

■図3-19:「新しいファイル」のダイアログで「Razorページ」を作成する。

Index.cshtml のソースコード

これで新しい「**Index.cshtml**」というファイルが「**Hello**」フォルダの中に作成されました。ではファイルを開いて以下のように内容を記述しましょう。

リスト3-8

```
@{
    ViewData["Title"] = "Index/Hello";
}

<div class="text-center">
    <h1>Index</h1>
    <p>This is sample page.</p>
</div>
```

非常に単純な内容ですね。コードブロックに、ViewData["Title"]の値を用意しているだけで、後は簡単なタイトルとメッセージを表示するだけのものです。

/Hello の表示を確認する

では、プロジェクトを実行し、動作を確かめましょう。Webブラウザが起動し、トップページが表示されたら、アドレスバーから/Helloへとアクセスしてみて下さい。

図3-20：作成したHelloのIndexアクションの表示。

　これで、HelloControllerのIndexアクションが呼び出され、「**Views**」内の「**Hello**」フォルダ内にあるIndex.cshtmlが表示されます。ごく単純ですが、HelloControllerと「**Hello**」フォルダ内のテンプレートが連動して表示が動いていることがわかるでしょう。

コントローラーから値を渡す

　コントローラーとビューは非常に密接な関係にあります。コントローラー側で、そのアクションに必要な処理を行い、表示はすべて対応するビューに任せます。ということは、コントローラー側で処理をした結果などを表示するためには、コントローラーからビューへと値を受け渡す方法がわかっていないといけません。

　これは、実は既に使っています。ビューテンプレートには、タイトルを表示するのにViewData["Title"]という値を設定していました。このViewDataは、Razorページでも使いましたね。この値はそのままコントローラーにもプロパティとして用意されており、ここに必要な値を入れておけばビュー側で取り出し利用することができます。

　では、実際にやってみましょう。まず「**HelloController.cs**」を開き、HelloControllerクラスのIndexアクションメソッドを以下のように修正して下さい。

リスト3-9

```
public IActionResult Index()
{
    ViewData["Message"] = "Hello! this is sample message!";
    return View();
}
```

　ここでは、ViewData["Message"]にメッセージの値を代入しています。では、これをそのままテンプレート側で表示してみましょう。

　「**Views**」内の「**Hello**」フォルダ内に作成したIndex.cshtmlのHTMLタグ部分(コードブロックの下にある部分)を以下のように修正して下さい。

リスト3-10

```
<div class="text-center">
    <h1>Index</h1>
    <p class="h5">@ViewData["Message"]</p>
</div>
```

図3-21：/Helloにアクセスすると、コントローラー側で用意したメッセージが表示される。

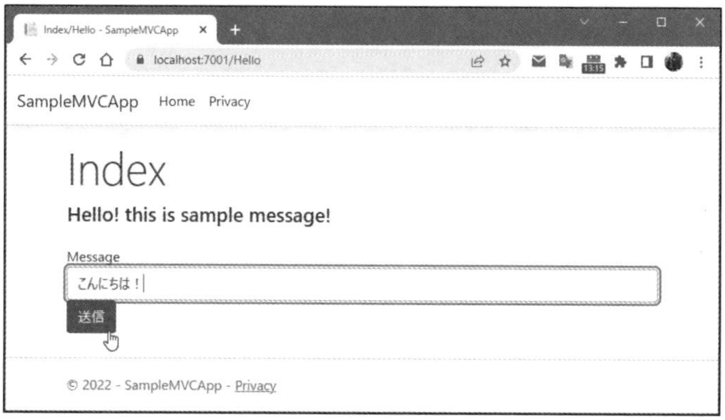

/Helloにアクセスすると、Indexの下にメッセージが表示されます。これは、HelloControllerクラスのIndexメソッド（以後、HelloController@Indexという形で表記します）でViewData["Message"]に用意した値です。これがそのまま、@ViewData["Message"]で表示できてしまうのです。値の受け渡しは、このように非常に簡単です。

3.3 フォームの利用

フォームの送信

多くのWebアプリでは、クライアントから何らかの情報を入力してもらう場合には「**フォーム**」を利用します。簡単なフォームを設置し、そこに必要な情報を記入して送信する。その送信先のアクションで、フォームの値を取り出して処理するわけです。

このフォームの送信処理はどのように実装するのでしょうか。実際にサンプルを作りながら説明しましょう。

まずビュー側から作成します。「**Views**」内の「**Hello**」内にあるIndex.cshtmlを開き、HTMLタグ部分を以下のように修正します。

リスト3-11
```
<div class="text-left">
    <h1 class="display-3">Index</h1>
    <p class="h4 mb-4">@ViewData["Message"]</p>
    <form method="post" asp-controller="Hello" asp-action="Form">
        <div class="form-group">
            <label for="msg">Message</label>
            <input type="text" name="msg" id="msg"
                class="form-control" />
```

```
        </div>
        <div class="form-group">
            <input type="submit" class="btn btn-primary" />
        </div>
    </form>
</div>
```

フォームヘルパーによる属性

　ここでは、<input type="text">が1つと<input type="submit">があるだけのシンプルな
フォームを用意しています。一見したところ、ごく普通のHTMLタグのように見えますが、
よく見ると<form>タグに以下のような属性が用意されていることがわかります。

asp-controller	送信先のコントローラー名を指定します。
asp-action	送信先のアクション名を指定します。

　これらは、ASP.NET Coreに用意されている「**フォームヘルパー**」が提供する属性です。
これはテンプレートの作成を支援する「**タグヘルパー**」と呼ばれる機能の1つです。
　<form>は通常、action属性で送信先を指定します。が、これはディレクトリの構成な
どが変わったりするだけで送信できなくなるものです。開発環境とリリース環境によっ
ても変わることがあるでしょう。
　そこでASP.NET Coreでは、テキストで送信先を指定するのではなく、送り先のコント
ローラーとアクションを指定することで自動的にそのアドレスが設定されるようにして
あります。そのための属性が、asp-controllerとasp-actionなのです。
　Razorページでは、「**asp-page**」という属性を使ってページを指定していたのを覚えて
いるでしょうか。RazorとMVCでは、タグヘルパーで用意されている属性が異なりますが、
基本的な考え方は同じです。<form>にタグヘルパーによる属性を使って送信先を指定す
ればいいのです。

<a> タグの属性

　これらは、<form>タグだけでなく、<a>タグでもリンク先の指定として使うことがで
きます。例えば、こんな具合です。

```
<a asp-controller="Hello" asp-action="Index">
```

　このようにすることで、HelloController@Indexへのリンクを生成することができます。

　ASP.NET Coreに用意されているタグヘルパーでは、これらのようにタグに独自の属性
を追加するものがあります。そうしたものは、基本的に「**asp-○○**」といった名前が使わ
れています。asp-で始まる属性があったらそれはタグヘルパーによって拡張されたもの
だと考えていいでしょう。

コントローラーでフォームを受け取る

では、フォームの送受信処理を行うようにコントローラーを修正しましょう。HelloController.csを開き、HelloControllerクラスを以下のように修正して下さい。

リスト3-12

```
public class HelloController : Controller
{
    public IActionResult Index()
    {
        ViewData["Message"] = "Hello! this is sample message!";
        return View();
    }

    [HttpPost]
    public IActionResult Form()
    {
        ViewData["Message"] = Request.Form["msg"];
        return View("Index");
    }
}
```

図3-22：入力フィールドにテキストを書いて送信すると、それがメッセージとして表示される。

修正したら、/Helloにアクセスして動作を確認しましょう。入力フィールドにテキストを書いて送信すると、記入したテキストがメッセージとして表示されます。

Form アクションについて

では、コントローラーを見てみましょう。Indexアクションは、これまでと同じですから説明は不要ですね。問題は、フォームの送信を受け取るFormアクションです。

ここでは、以下のような形でメソッドが宣言されています。

```
[HttpPost]
public IActionResult Form() ……
```

メソッド名の前に、[HttpPost]という属性が付けられています。これは、このアクションがHTTPのPOSTメソッドを受け取るものであることを示します。POSTを受け取るには、この属性を用意する必要があります。

同様のものに、GETメソッドを受け取る**[HttpGet]**といった属性も用意されています。ただし通常、アクションはデフォルトでGETメソッドを受け取るようになっていますので、わざわざ記入する必要はありません。

もし、1つのアクションでGET/POSTの両方を受け取り処理したければ、以下のように属性を用意することもできます。

```
[HttpGet, HttpPost]
```

複数の属性を指定することで、両方のメソッドを受け取れるようになります。GETを明示的に指定するのは、このように「**複数のメソッドを処理する**」というような場合に限られるでしょう。

▍送信されたフォームの値

このFormアクションでは、送信されたフォームに用意されているコントロールの値を以下のようにして取り出しています。

```
ViewData["Message"] = Request.Form["msg"];
```

Requestは、前にRazorページでも登場しましたが覚えていますか。これは、クライアントから送られてくるリクエストに関する情報を管理するクラスでした。前章で、クライアント側に直接テキストを書き出すのにRequestクラスのメソッドを利用しました。

Responseはホストからクライアントへ送られるものであるのに対し、Requestは、クライアントからホストに送られる情報を管理します。フォームの情報も、クライアントからホストへと送られるものですから、このRequestに保管されているのです。

フォームの値は、Requestの「**Form**」というプロパティにまとめられていましたね。これはオブジェクトになっており、送信されたフォームの各コントロールのnameをプロパティ名にして値が保管されていました。例えば、name="msg"のコントロールの値であれば、Form["msg"]として取り出せるわけです。

このあたりのRequestやFormの扱いは、Razorページと全く同じですからすぐに使い方は飲み込めるでしょう。

▍使用テンプレートを指定する

最後にViewの戻り値をreturnしていますが、Indexアクションなどとは使い方が少し違っていますね。

```
return View("Index");
```

　引数に、"Index"と指定してあります。これは、使用するテンプレートのアクション名です。ここで"Index"と指定することで、このコントローラーのIndexアクション用のテンプレート (つまり、「**Hello**」内のIndex.cshtml)をテンプレートとして使うようになります。

　この例のように、複数のアクションで同じテンプレートを利用するような場合は、同じアクション名を引数に指定すればいいのです。

フォームを引数で受け取る

　これでフォームの値を受け取る基本がわかりました。が、実をいえば、フォームの値はもっと簡単なやり方で得ることもできるのです。それは、アクションメソッドの「**引数**」を使った方法です。

　先ほどのサンプルで、送信されたフォームを受け取るFormアクションメソッドを以下のように書き換えてみましょう。

リスト3-13

```
[HttpPost]
public IActionResult Form(string msg)
{
    ViewData["Message"] = msg;
    return View("Index");
}
```

　これでも、全く問題なくフォームの値を受け取ることができます。ここでは、msgという名前の引数を用意し、それを利用しています。これにより、フォームから送信されたname="msg"のコントロールの値が引数msgに渡されていたのです。

　ASP.NET Coreでは、POSTを受け取るメソッドに送信するフォーム内のコントロールのnameと同じ名前の変数を引数として用意しておくと、自動的に値が渡されるようになっています。

　フォームの送信内容が複雑になると引数が多くなり煩雑な感じになってしまいますが、ちょっとしたフォーム送信であれば、引数を使った方法がずっと手軽に値を利用できるようになります。

フォームを記憶する

　フォームの送信を行う場合、考えておきたいのが「**送信後のフォームの状態**」です。通常、フォームを送信すると、フォームの内容は空になってしまいます。これを「**送信したフォームの内容を保持したままにする**」ということを考えてみましょう。

　普通に考えれば、送信された値をそのまま保管しておき、それをフォームのvalueに設定すればいいだろう、ということが思い浮かぶでしょう。これはその通りなのですが、ASP.NET Coreの場合、少しだけ便利になっているのです。

　では、やってみましょう。まず、コントローラー側を修正します。HelloControllerクラスを以下のように書き換えて下さい。

リスト3-14

```
public class HelloController : Controller
{

    public IActionResult Index()
    {
        ViewData["message"] = "Input your data:";
        ViewData["name"] = "";
        ViewData["mail"] = "";
        ViewData["tel"] = "";
        return View();
    }


    [HttpPost]
    public IActionResult Form()
    {
        ViewData["name"] = Request.Form["name"];
        ViewData["mail"] = Request.Form["mail"];
        ViewData["tel"] = Request.Form["tel"];
        ViewData["message"] = ViewData["name"] + ", " +
                ViewData["mail"] + ",  " + ViewData["tel"];
        return View("Index");
    }
}
```

リスト3-15──※Formの引数を利用する場合

```
[HttpPost]
public IActionResult Form(string name, string mail, string tel)
{
    ViewData["name"] = name;
    ViewData["mail"] = mail;
    ViewData["tel"] = tel;
    ViewData["message"] = ViewData["name"] + ", " +
            ViewData["mail"] + ",  " + ViewData["tel"];
    return View("Index");
}
```

　Formメソッドは、Request.Formを使うものの他に、引数を利用するものも挙げておきます。どちらも働きは同じです。

　ここでは、ViewDataに"message", "name", "mail", "tel" といった値を用意してあります。Message以外の3つが、フォームの値を保管するためのものです。Request.Formを使った方法と、引数を利用するやり方の両方を掲載しておきました。

　そして、送信後の処理を行うFormアクションでは、Request.Formから同名の値を

取り出し、ViewDataに保管しています。これで、送信されたフォームの値がそのまま
ViewDataに移されました。

■テンプレートのフォーム処理

では、テンプレート側の修正を行いましょう。「**Hello**」内のIndex.cshtmlの内容を以下
のように修正します。

リスト3-16

```
@{
    ViewData["Title"] = "Index/Hello";
    var name = ViewData["name"];
    var mail = ViewData["mail"];
    var tel = ViewData["tel"];
}


<div class="text-left">
    <h1 class="display-3">Index</h1>
    <p class="h4 mb-4">@ViewData["message"]</p>
    <form method="post" asp-controller="Hello" asp-action="Form">
        <div class="form-group">
            <label asp-for="@name" class="h5">@name</label>
            <input asp-for="@name" class="form-control">
        </div>
        <div class="form-group">
            <label asp-for="@mail" class="h5">@mail</label>
            <input asp-for="@mail" class="form-control">
        </div>
        <div class="form-group">
            <label asp-for="@tel" class="h5">@tel</label>
            <input asp-for="@tel" class="form-control">
        </div>
        <div class="form-group">
            <input type="submit" class="btn btn-primary" />
        </div>
    </form>
</div>
```

■**図3-23**：フォームに記入し送信すると、その内容をメッセージで表示する。フォームの各項目には入力した値が残っている。

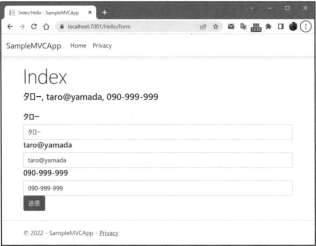

　修正できたら、/Helloにアクセスしてフォームを送信してみましょう。送信された内容がメッセージに表示されますが、送った後もフォームの値は各コントロールに保持された状態になっているのがわかるでしょう。

▌フォームの生成

　では、フォームをどのように作成しているのか、見てみましょう。まず最初のコードブロック内で、ViewDataの値をそれぞれ変数に保管しておきます。

```
var name = ViewData["name"];
var mail = ViewData["mail"];
var tel = ViewData["tel"];
```

　これで、name, mail, telの各コントロールの値が変数に取り出せました。後は、これを利用してコントロールのタグを記述していきます。
　例として、nameのコントロールがどのように書かれているか見てみましょう。

```
<div class="form-group">
    <label asp-for="@name" class="h5">@name</label>
    <input asp-for="@name" class="form-control">
</div>
```

　<label>と<input>には、それぞれ「**asp-for**」という属性が用意されています。これも、ASP.NET Coreのタグヘルパーです。これで、先ほどの変数を値に設定しています。見ればわかるように、これらのタグにはidやnameに関する属性がありません。もちろん、値を示すvalue属性もありません。
　このasp-forは、先に説明したRazorページでも使いました。Razorでは、asp-for=

"@Model.Name"というようにモデルの値を指定していましたが、MVCではモデルは使いません。こちらはasp-for="@name"というようにViewDataの値を指定するようにしてあります。

このasp-forは、指定された変数名をidおよびnameの値に設定し、変数に保管されている値をvalueに設定します。asp-forに変数を設定するだけで、id, name, valueといったものをすべて自動生成してくれます。

asp-forを使うことで、入力関係のタグの記述が圧倒的に楽になります。また、<label>のように、入力以外のタグでもasp-forが使えるものはあります。例えば<label>では、forの指定をasp-forで行ってくれます。

選択リストの項目

フォームのコントロールで、作成が面倒なのが「**選択リスト**」でしょう。リストは、<select>タグ内に<option>を使ってリストの項目を設定します。Webアプリケーションでは、この「**選択リストに表示する項目**」を配列などの値として用意しておき、ダイナミックに生成させる、といったことをよく行います。そのような場合、どうやってリストの項目を作るかを考えておく必要があるでしょう。

ASP.NET Coreには、リスト関係を扱うためのヘルパーがいくつか用意されています。先にRazorでフォームヘルパーを使い、@Html.DropDownListや@Html.ListBoxでドロップダウンリストやリストボックスを作成する方法について説明をしました。ここでは、<select>にリスト項目をまとめて扱うためのタグヘルパーを利用する方法を使ってみます。

●リストの項目を指定する

```
<select asp-items="《List》"></select>
```

<select>タグに「**asp-items**」というヘルパーの属性を用意することで、自動的にリスト項目を設定することができます。値には、あらかじめ用意しておいたListインスタンスを設定しておきます。

このListには、「**SelectListItem**」というクラスのインスタンスとして項目を用意しておきます。これはRazorでフォームヘルパーを利用したとき登場しましたね。選択リストの項目を扱うための専用クラスで、以下のような形でインスタンスを作成します。

●SelectListItemインスタンス生成

```
new SelectListItem { Value = 値 , Text = 表示テキスト }
```

Valueには、その項目を選択したときの値、Textには項目として表示されるテキストをそれぞれ指定してやります。

こうして作ったインスタンスをListにまとめ、asp-itemsに設定すれば、それを元に選択リストの項目が自動生成される、というわけです。

HelloController を修正する

では、実際に利用例を挙げましょう。まずはコントローラー側の修正です。

HelloControllerクラスを以下のように書き換えて下さい。

リスト3-17

```
public class HelloController : Controller
{
    public List<string> list;

    public HelloController()
    {
        list = new List<string>();
        list.Add("Japan");
        list.Add("USA");
        list.Add("UK");
    }
    public IActionResult Index()
    {
        ViewData["message"] = "Select item:";
        ViewData["list"] = "";
        ViewData["listdata"] = list;
        return View();
    }


    [HttpPost]
    public IActionResult Form()
    {
        ViewData["message"] = "'" + Request.Form["list"]
            + "'" + " selected.";
        ViewData["list"] = Request.Form["list"];
        ViewData["listdata"] = list;
        return View("Index");
    }
}
```

　ここでは、listというプロパティを用意し、これをViewDataでテンプレート側に渡して利用することにします。このlistは、値を扱いやすいようにテキストを保管するようにしてあります。コンストラクタで項目名のテキストをlistに用意しています。これは、ViewData["listdata"]に保管してテンプレートに渡します。

　また、テンプレート側で表示されるリストの値として、ViewDataに"list"という値も用意しておきました。これは選択リストの値、すなわち**「選択された項目の値」**です。Formアクションでは、Request.Form["list"]を代入し、送られてきたlistの値をそのまま設定しています。これで、選択したname="list"の<select>の値をそのままViewData["list"]に渡して送るようになりました。

　この"list"と"listdata"という2つのViewDataの値を元に選択リストを生成するようにテンプレートを作成します。

Index.cshtml を修正する

では、テンプレートを修正しましょう。「**Hello**」内のIndex.cshtmlを開いて内容を以下のように書き換えて下さい。

リスト3-18

```
@{
    ViewData["Title"] = "Index/Hello";
    var list = ViewData["list"];

    List<string> data = (List<string>)ViewData["listdata"];
    List<SelectListItem> listdata = new List<SelectListItem>();
    foreach (string item in data)
    {
        listdata.Add(new SelectListItem { Value = item, Text = item });
    }
}

<div class="text-left">
    <h1 class="display-3">Index</h1>
    <p class="h4 mb-4">@ViewData["message"]</p>
    <form method="post" asp-controller="Hello" asp-action="Form">
        <div class="form-group">
            <select asp-for="@list" asp-items="@listdata"
                class="form-control"></select>
        </div>
        <div class="form-group">
            <input type="submit" class="btn btn-primary" />
        </div>
    </form>
</div>
```

図3-24：フォームからリスト項目を選んで送信すると、選んだ項目名が表示される。

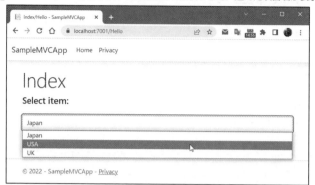

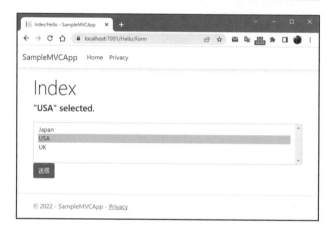

　修正できたら、/Helloにアクセスをしてみましょう。フォームには「**Japan**」「**USA**」「**UK**」といった項目が表示されます。ここで項目を選んで送信すると、選んだ項目名がメッセージに表示されます。

▌選択リストの作成

　では、テンプレートを見てみましょう。ここでは最初のコードブロックで、リストに必要な値を用意しています。

● list, dataの用意

```
var list = ViewData["list"];
List<string> data = (List<string>)ViewData["listdata"];
```

　変数listは、ViewData["list"]の値をそのまま代入しておきます。変数dataは、ViewData["listdata"]の値を代入します。このViewData["listdata"]には、コントローラー側でstringのリストが設定されていましたね（HelloControllerクラスのViewData["listdata"] = list;）。これをList<string>にキャストして変数に取り出しておきます。

```
List<SelectListItem> listdata = new List<SelectListItem>();
```

変数listdataに、Listインスタンスを代入します。これにはSelectListItemの値が代入されます。こうして用意したlistdataに、先ほどのdataから順に値を取り出し、SelectListItemを作って組み込んでいきます。

```
foreach (string item in data)
{
    listdata.Add(new SelectListItem { Value = item, Text = item });
}
```

foreachでdataから順に値を取り出し、AddでSelectListItemをlistdataに組み込んでいきます。ValueとTextには、どちらもdataから取り出したテキストを指定してあります。

これで、SelectListItemのListが用意できました。後はこれをasp-forに指定して<select>を用意するだけです。

```
<select asp-for="@list" asp-items="@listdata" class="form-control"></select>
```

asp-for="@list"で変数listをもとにid, name, valueが設定され、更にasp-items="@listdata"をもとに<option>タグの生成が行われます。面倒な<select>が、ごく簡単な属性を2つ用意するだけで生成できるようになるのです。

複数項目を選択するときは？

この<select>は、同時に複数の項目を選択することもできます。実をいえば、先ほどのサンプルは、最初に表示されたときはドロップダウンリストで1つの項目しか選択できませんでしたが、フォームを送信するとリストボックスになり複数項目が選択可能になっていました。この現象を不思議に思った人もいたことでしょう。

<select>で送られてきた値は、ここではHelloControllerクラスのFormメソッドでViewData["list"] = Request.Form["list"];というようにして取り出していました。このRequest.Form["list"]の値は、実は配列になっており、選択された項目の値がまとめて渡されるようになっているのです。

<select>のasp-for="@list"で設定される値(list)が配列になっていると、HTMLヘルパーは複数項目の選択が可能なリストボックスとして表示をします。そして配列ではないただのテキスト値だと、単数項目のみを選択するドロップダウンリストとして表示するのです。

つまり、複数項目が選択可能かどうかは、asp-forに設定される値次第というわけです。先ほどのサンプルでは、送信されたフォームは複数選択が可能になっていましたが、これはRequest.Form["list"]の値をそのまま代入していたからです。Formの部分でViewData["list"]に値を代入している部分を以下のように修正すると、1つの項目だけが選択可能なドロップダウンリストに変わります。

リスト3-19
```
ViewData["list"] = Request.Form["list"][0];
```

Request.Formで取り出される値の最初の要素だけをViewData["list"]に代入すること

で、1つの項目だけが選択できるようになります。

　逆に、最初から複数項目が選択できるようにしたい場合は、Indexメソッドで
ViewData["list"]に代入する値を、new string[] {}というようなString配列にすればいいで
しょう。

図3-25：配列をリストに設定すると、複数項目を選択できる。

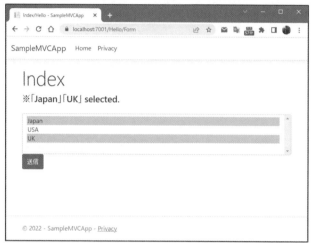

3.4　その他のコントローラーとビューの機能

パラメータで値を受け渡す

　フォーム以外にも、クライアントからホストへと値を渡す方法はあります。その1つ
が「**クエリー文字列**」や「**パス**」を利用した方法です。

　Razorアプリケーションの説明で、これらを利用して値を渡す方法を紹介しましたね。
MVCアプリでも同様のことは行なえます。ただしRazorとは方法が少し違うので注意が
必要です。

　ここでは例として、パスを使った値の受け渡しを行ってみることにします。実際にやっ
てみましょう。まず、「**Hello**」内のIndex.cshtmlの内容を修正しておきます。

リスト3-20

```
@{
    ViewData["Title"] = "Index/Hello";
}


<div class="text-left">
    <h1 class="display-3">Index</h1>
```

```
    <p class="h4 mb-4">@ViewData["message"]</p>
</div>
```

ここでは、ViewData["message"]を表示するだけのシンプルなものに戻しておきました。では、URLのパスを使って渡した値をメッセージとして表示するようにコントローラーを修正しましょう。

HelloController.csのIndexアクションメソッドを以下のように修正して下さい。

リスト3-21

```
[Route("hello/{id?}/{name?}")]
public IActionResult Index(int id, string name)
{
    ViewData["message"] = "id = " + id + ", name = " + name;
    return View();
}
```

図3-26：/Hello/123/hanakoにアクセスすると、「id = 123, name = hanako」と表示される。

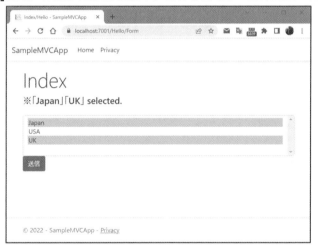

/Helloの後にID番号と名前をスラッシュでつなげて記述しアクセスしてみましょう。例えば、/Hello/123/hanakoにアクセスをすると、「**id = 123, name = hanako**」とメッセージが表示されます。アドレスに付け足した値が取り出され、メッセージとして表示されていることがわかるでしょう。

Route属性について

ここでは、Indexアクションメソッドに、Index(int id, string name)というように引数が用意されています。これが、URLのパスから取り出されたIDと名前の値が渡されるものです。では、なぜURLのアドレスからIDと名前の値だけが取り出され、これらの引数に渡されるのか。それは、メソッドの手前にある「**Route**」という属性の働きによるもの

です。

```
[Route("hello/{id?}/{name?}")]
```

Routeの後の()内に、アクセスするパスが設定されています。そこにある{id?}と{name?}は、ここに当てはまる値がそのままid, nameといった値として取り出されることを意味します。これら取り出された値が、そのままIndexメソッドの引数に渡されていたのです。

{id?}の?は、これが与えられない場合があることを示します。{id}とすると、この値は必須項目になります。ここではどちらの値も?がついていますね？ これはこの引数を省略できることを示すものです。

■ルート設定の属性について

このRoute属性は、その後にあるメソッドにルート情報を割り当てる働きをします。ルートの設定は、Startup.csでroutes.MapControllerRouteというメソッドで設定されていました。が、このメソッドでは、"{controller=Home}/{action=Index}/{id?}"というごく基本的な形式のテンプレートを設定しているだけでした。ですから、このテンプレートから外れる形式のアドレスにアクセスした処理は別途用意する必要があります。それを行っているのが、このRoute属性なのです。

ルート設定に関する属性は、他にも用意されています。Routeは指定のパスを割り当てるだけですが、特定のHTTPメソッドでのアクセスを割り当てるためのものもあります。

httpGet	GETメソッドによるアクセスに割り当てる。
httpPost	POSTメソッドによるアクセスに割り当てる。

これらの使い方はRouteと同様で、()内に割り当てるテンプレートをテキストとして記述します。例えば、先ほどのRoute属性は、以下のように書き換えても同様に機能します。

```
[HttpGet("hello/{id?}/{name?}")]
```

フォームでPOST送信するような場合は、送り先はRouteよりもHttpPostを使ったほうがよいでしょう。GETもPOSTもアクセスするような場合は、Routeが適しています。どのようなHTTPメソッドでアクセスするかによって使い分けるとよいでしょう。

セッションを利用する

Webアプリケーションでは、クライアントに関する情報を保管しておくのに「**セッション**」と呼ばれる機能を利用します。セッションは、クライアントとホストの間の接続を維持する仕組みです。アクセスする各クライアントごとにセッションは作成され、それぞれのセッションに値を保管することができます。

あるクライアントとの接続を示すセッションに保管された値は、他のクライアント(他のセッション)からアクセスすることはできません。セッションに保管される値は、常にそのセッションを利用するクライアントの間でのみ利用可能です。

　このセッションは、ASP.NET Coreでは「**サービス**」として提供されています。利用するには、このSessionサービスを追加する必要があります。

　では、プロジェクトのProgram.csを開いて下さい。ここにSessionサービスを組み込む処理を追記します。まず、コード前半で、WebApplicationBuilderからWebApplicationを作成している文(var app = builder.Build();)の手前に以下の文を追記します。

リスト3-22

```
builder.Services.AddSession();
```

　これで、ビルダーのサービスにセッションが追加されます。続いて、WebApplicationを作成した後の適当なところ(app.Run();の手前あたり)に、以下の文を追記しましょう。

リスト3-23

```
app.UseSession();
```

　これで、アプリケーションでSession機能が使えるようになりました。後はコントローラー側でセッションを利用する処理を作成するだけです。

テンプレートの修正

　では、実際にセッションを利用してみましょう。まずは、テンプレートの修正をしておきます。「**Hello**」内のIndex.cshtmlを以下のように書き換えておきましょう。

リスト3-24

```
@{
    ViewData["Title"] = "Index/Hello";
}

<div class="text-left">
    <h1 class="display-3">Index</h1>
    <p class="h4 mb-4">@ViewData["message"]</p>
    <ul class="h5">
        <li>@ViewData["id"]</li>
        <li>@ViewData["name"]</li>
    </ul>
</div>
```

　ここでは、ViewDataのidとnameの値をそのまま<li>にリストとして表示させています。コントローラー側でセッションの値をこれらに設定してやれば、その値が表示されることになります。

コントローラーからセッションを利用する

　では、コントローラーを修正しましょう。今回は、セッションを保管するアクションと、保管されたセッションを表示するアクションを用意することにします。HelloController.

csを開き、HelloControllerクラスを以下のように修正して下さい。

リスト3-25

```csharp
public class HelloController : Controller
{

    [HttpGet("Hello/{id?}/{name?}")]
    public IActionResult Index(int id, string name)
    {
        ViewData["message"] = "※セッションにIDとNameを保存しました。";
        HttpContext.Session.SetInt32("id", id);
        HttpContext.Session.SetString("name", name);
        return View();
    }

    [HttpGet("Other")]
    public IActionResult Other()
    {
        ViewData["id"] = HttpContext.Session.GetInt32("id");
        ViewData["name"] = HttpContext.Session.GetString("name");
        ViewData["message"] = "保存されたセッションの値を表示します。";
        return View("Index");
    }
}
```

図3-27：/Hello/番号/名前 とアクセスすると、番号と名前をセッションに保管する。/Otherにアクセスすると、保管されたセッションの値を表示する。

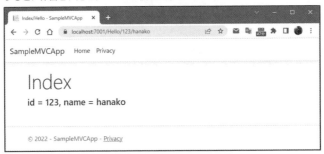

では、先のサンプルと同様に、/Helloの後にID番号と名前をつけてアクセスをしてみて下さい（/Hello/123/Hanakoといった具合）。これで、IDと名前がセッションに保管されます。続いて、/Otherにアクセスをしてみましょう。セッションに保管されたIDと名前が表示されます。

複数のブラウザがある場合は、それぞれのブラウザからアクセスし、セッションごとに異なる値を保管してみて下さい。ブラウザごとに値が保管され、他のブラウザでは表示されないことがわかるでしょう。

セッションへの値の読み書き

　では、コントローラーでのセッション処理を行っている部分を見てみましょう。ここでは、Indexアクションでセッションへの値の保存を行い、Otherアクションではセッションから値の読み込みを行っています。

● Index/セッションへの保存

```
httpContext.Session.SetInt32("id", id);
httpContext.Session.SetString("name", name);
```

● Other/セッションの値の取得

```
ViewData["id"] = HttpContext.Session.GetInt32("id");
ViewData["name"] = HttpContext.Session.GetString("name");
```

　セッションは、**HttpContext.Session**という値を使います。これはISessionインターフェイス（実装はSessionクラス）のインスタンスで、ここに用意されているメソッドを呼び出してセッションを操作します。今回は、整数とテキストの値を保管するのに「**SetInt32**」「**SetString**」、またこれらの値を取り出すのに「**GetInt32**」「**GetString**」といったメソッドを利用しています。

セッション利用のメソッド

　Sessionに用意されているセッション利用のためのメソッドは、この他にも「**Get**」「**Set**」というものがあります。これらについて簡単にまとめておきましょう。

● セッションの値を取得する

```
変数 = HttpContext.Session.Get( 名前 );
変数 = HttpContext.Session.GetInt32( 名前 );
変数 = HttpContext.Session.GetString( 名前 );
```

　セッションから値を取得します。引数には、取り出す値のキーをテキストで指定します。得られる値は、Getはbyte配列、GetInt32はint値、getStringはstring値になります。

● セッションに値を保管する

```
変数 = HttpContext.Session.Set( 名前 , 値 );
変数 = HttpContext.Session.SetInt32( 名前 , 値 );
変数 = HttpContext.Session.SetString( 名前 , 値 );
```

　セッションに値を設定します。引数には、割り当てるキー（名前、string値）と、そのキーに保管する値を指定します。Setはbyte配列、SetInt32はint値、SetStringはstring値をそれぞれ第2引数に指定します。

セッションの設定について

　　セッションを扱うSessionサービスには、いくつかの設定が用意されています。StartupクラスでSessionサービスを追加する際、それらの設定を追加することができます。

　　ConfigureServicesメソッドでservices.AddSessionする際、以下のように記述することでオプション設定を用意できます。

●オプションを指定してSessionサービスを組み込む

```
services.AddSession(options =>
{
    options.Cookie.Name = クッキーの名前 ;
    options.IdleTimeout = タイムアウトまでの長さ;
    options.Cookie.IsEssential = クッキーを必須とするか;
});
```

　　options.Cookie.Nameは、セッションで使用するクッキー（セッションIDを保管するもの）の名前を指定します。options.IdleTimeoutは、セッションが切れるまでの時間を指定します。options.Cookie.IsEssentialは、セッションクッキーを必須にするかどうかを真偽値で指定します。

TimeSpan の値について

　　これらの中でわかりにくいのは、options.IdleTimeoutでしょう。これは、TimeSpanという構造体にあるメソッドを使って設定します。

●TimeSpanの主なメソッド

FromDays	日数を指定する
FromHours	時数を指定する
FromMinutes	分数を指定する
FromSeconds	秒数を指定する

　　これらは、すべて引数にint値をつけて指定します。例えば、以下のようにオプションを用意すれば、1週間セッションクッキーを保持する（つまり1週間セッションが切れない）ようになります。

```
options.IdleTimeout = TimeSpan.FromDays(7)
```

オブジェクトをセッションに保存する

　　セッションでは、テキストと整数値はメソッドで簡単に保管できますが、それ以外の値は保管できません。特にオブジェクトが保管できないのは非常に問題でしょう。

が、セッションにはbyte配列を読み書きするメソッドがあります。オブジェクトを
byte配列にシリアライズすれば、値を保管することができるようになります。ただし、
そのためにはオブジェクトとbyte配列の間で相互にコンバートする処理を用意すること
になるでしょう。

では、実際にサンプルを作成してみましょう。まずテンプレートを修正しておきます。
「**Hello**」内のIndex.cshtmlを以下のように修正しましょう。

リスト3-26

```
@{
    ViewData["Title"] = "Index/Hello";
}


<div class="text-left">
    <h1 class="display-3">Index</h1>
    <p class="h4 mb-4">@ViewData["message"]</p>
    <pre class="h5">Value = @ViewData["object"]</pre>
</div>
```

ここでは、@ViewData["object"]というようにしてobjectの値を出力するようにしてい
ます。セッションにオブジェクトを保存し、それを取り出してViewDataに保管する処理
を用意すれば、オブジェクトを表示できるようになるはずですね。

コントローラーを修正する

では、コントローラーを修正しましょう。今回はHelloControllerクラス以外にもある
ので、HelloController.csの全コードを掲載しておきます。

リスト3-27

```
using Microsoft.AspNetCore.Mvc;
using System.Runtime.Serialization.Formatters.Binary;
using System.Text.Json;


namespace SampleMVCApp.Controllers;


public class HelloController : Controller
{

    [HttpGet("Hello/{id?}/{name?}")]
    public IActionResult Index(int id, string name)
    {
        ViewData["message"] = "※セッションにIDとNameを保存しました。";
        MyData ob = new MyData(id, name);
        String s = ObjectToString(ob);
        HttpContext.Session.SetString("object", s);
        ViewData["object"] = ob;
```

```
            return View();
    }


    [HttpGet("Other")]
    public IActionResult Other()
    {

        ViewData["message"] = "保存されたセッションの値を表示します。";
        String s = HttpContext.Session.GetString("object") ?? "";
        ViewData["object"] = StringToObject(s);
        return View("Index");
    }


    // convert object to String.
    private String ObjectToString(MyData ob)
    {
        return JsonSerializer.Serialize<MyData>(ob);
    }


    // convert String to object.
    private MyData? StringToObject(String s)
    {
        MyData? ob;
        try
        {
            ob =  JsonSerializer.Deserialize<MyData>(s);
        } catch(Exception e)
        {
            ob = new MyData(0,"noname");
        }
        return ob;
    }
}


[Serializable]
class MyData
{
    public int Id { get; set; }
    public string Name { get; set; }

    public MyData(int id, string name)
    {
        this.Id = id;
        this.Name = name;
    }
```

```
override public string ToString()
{
    return "<" + Id + ": " + Name + ">";
}
}
```

図3-28：/Hello/番号/名前 とアクセスするとその値によるMyDataをセッションに保管する。/otherに移動すると、セッションに保存されたMyDataが表示される。

　先ほどと同じように、/Hello/番号/名前 というようにアドレスを指定してアクセスをして下さい。これで、URLのパスで渡された値を元にMyDataインスタンスが作成され、セッションに保管されます。

　その後、/otherにアクセスをすると、保存されたMyDataを出力します。Value = <番号 : 名前 > というように表示されているのがMyDataの出力部分です。

　ここでは、データを保管するMyDataクラスを用意し、このクラスのインスタンスとして値をセッションに保管しています。MyDataは、IdとNameというフィールドがあるだけのシンプルなクラスです。

オブジェクトとテキストの相互変換

　ここでは、HelloControllerクラスに、オブジェクトとテキストを相互に変換するメソッドを用意しています。これらを利用することで、オブジェクトをテキストとしてセッションに保存していたのです。

　オブジェクトをテキストとして扱う方法はいろいろと考えられますが、もっとも一般的なのはJSONを利用する方法でしょう。C#には「**JsonSerializer**」というJSONでオブジェクトをシリアライズするための機能を提供するクラスが用意されています。これを使って相互変換を行っています。

●オブジェクトをテキストに変換

```
private String ObjectToString(MyData ob)
{
    return JsonSerializer.Serialize<MyData>(ob);
}
```

　オブジェクトをテキストに変換するのはとても簡単です。JsonSerializerの「**Serialize**」メソッドを呼び出すだけです。これで引数に指定したオブジェクトをJSONフォーマットのテキストに変換します。

　ここでは、<MyData>を指定してMyDataのインスタンスを引数に指定するようにしてあります。

●テキストをオブジェクトに変換

```
private MyData? StringToObject(String s)
{
    MyData? ob;
    try
    {
        ob =  JsonSerializer.Deserialize<MyData>(s);
    } catch(Exception e)
    {
        ob = new MyData(0,"noname");
    }
    return ob;
}
```

　テキストをオブジェクトに変換するには、JsonSerializerクラスの「**Deserialize**」メソッドを使います。引数にテキストを指定すると、それをオブジェクトに変換します。ここでは<MyData>を指定し、テキストをMyDataとして変換しています。

　ただし、このDeserializeは、テキストをオブジェクトに変換することに失敗する場合もあります。このため、実行はtry内で行う必要があるでしょう。今回は例外が発生したら新たにMyDataインスタンスを作って返すようにしてあります。

MyData をセッションに保管する

では、これらのメソッドを使ってMyDataインスタンスをどのように保管しているのか見てみましょう。まずは、Indexアクションからです。

●Indexアクション

```
MyData ob = new MyData(id, name);
String s = ObjectToString(ob);
httpContext.Session.SetString("object", s);
```

Indexでは、idとnameの値を引数で受け取ります。これを元にMyDataインスタンスを作成し、ObjectToStringでテキストに変換したデータを取得してセッションにSetStringで保管します。

●Otherアクション

```
String s = HttpContext.Session.GetString("object") ?? "";
ViewData["object"] = StringToObject(s);
```

Otherでは、セッションから保管しているStringデータを取り出し、それをStringToObjectでオブジェクトにデシリアライズし、ViewDataに設定します。後は、テンプレート側でViewDataから値を取り出し表示するだけです。

セッションからGetStringで取り出す際、値がnullである場合もあるので、その場合は??""で空のテキストを返すようにしています。

MyData クラスについて

ここでは、データをMyDataクラスのインスタンスとして保管しています。JsonSerializerによるシリアライズは、どんなオブジェクトでも行えるわけではありません。MyDataがどのように定義されているか見てみましょう。

```
[Serializable]
class MyData
{
    public int Id { get; set; }
    public string Name { get; set; }
    ……略……
}
```

冒頭に、[Serializable]属性を用意し、シリアライズ可能であることを示します。そして値を保管するためのプロパティは、publicであり、かつ{ get; set; }で読み書き可能なことを示します。シリアライズするオブジェクトは、このように値を保管するプロパティをpublicで読みカイ可能な形で用意する必要があります。

このような形で定義したクラスであれば、JsonSerializerでテキストにシリアライズすることができます。基本がわかったら、独自のクラスを使ってシリアライズしセッションに保存してみましょう。

部分ビューの利用

　最後に、ビューをパーツ化する「**部分ビュー**」について触れておきましょう。MVCアプリケーションでは、ビューはレイアウトとなるテンプレートと、各ページのコンテンツとなるテンプレートを組み合わせて作成されます。が、汎用的な表示は更に細かくパーツ化して再利用できればずいぶんとページデザインも楽になりますね。このような場合に用いられるのが「**部分ビュー**」です。

　部分ビューの利用は非常に簡単です。「**Views**」フォルダ内に表示内容を記述したcshtmlファイルを用意し、使いたいテンプレートの部分に以下のようなタグを記述するだけです。

● 部分ビューのタグヘルパー

```
<partial name="テンプレート名">
```

　これだけで指定のテンプレートが表示されます。テンプレートは、「**Views**」内の同じフォルダ内（HelloControllerのアクションならば「**Hello**」フォルダ）にあるならばファイル名を指定すれば認識します。他の場所にある場合は相対パスとして記述しておきます。

▌テーブルを表示する

　では、実際に簡単な部分ビューを作ってみましょう。例として、配列データを渡し、それをテーブルにまとめて表示する部分ビューを作ってみましょう。

　まず、コントローラーを修正しておきます。HelloControllerのIndexアクションメソッドを以下のように修正します。

リスト3-28

```
[HttpGet]
public IActionResult Index()
{
    ViewData["message"] = "※テーブルの表示";
    ViewData["header"] = new string[] { "id", "name", "mail"};
    ViewData["data"] = new string[][]{
        new string[]{ "1", "Taro", "taro@yamada"},
        new string[]{ "2", "Hanako", "hanako@flower"},
        new string[]{ "3", "Sachiko", "sachiko@happy"}
    };
    return View();
}
```

（※Otherアクションは削除しておくこと）

　ここでは、ViewDataに"header"と"data"という値を用意してあります。headerは項目名を配列にまとめたもの、dataは表示データを2次元配列にまとめたものを用意しておきます。これらの値を利用してテーブルを表示させます。

_table.cshtml 部分ビューを作る

　では、テーブルを表示する部分ビューを作りましょう。「**Views**」内の「**Hello**」フォルダの中に、「**_table.cshtml**」という名前でファイルを作成して下さい。Visual Studio Communityでは「**Hello**」フォルダを右クリックして現れるメニューから「**追加**」メニューを利用して作成しましょう。dotnetコマンドベースで作成している人は手作業でテキストファイルを作成して下さい。

　用意できたら、その中に以下のように記述をします。

リスト3-29

```
@{
    string[] header = (string[])ViewData["header"];
    string[][] data = (string[][])ViewData["data"];
}

<table class="table">
    <tr>
    @foreach(string item in header)
    {
        <th>@item</th>
    }
    </tr>
    @foreach(var row in data)
    {
        <tr>
        @foreach(var item in row)
        {
            <td>@item</td>
        }
        </tr>
    }
</table>
```

　<table>を使ったテーブルの表示を行うだけのビューです。あらかじめViewDataからヘッダーの配列とデータの二次元配列を取り出しておきます。これらはforeachで繰り返し処理するので、明示的にstring[]あるいはstring[][]にキャストして取り出しておきます。これは重要です。

```
var header = ViewData["header"];
var data = ViewData["data"];
```

　例えば、こんな具合にして値を取り出して使おうとすると、foreach部分でエラーになります。取り出された値がコレクションとしてforeach可能であると認識できないためです。もちろん、ViewDataの値を直接foreachで利用しても同様にエラーになります。

ViewDataの値は、場合によってはこのように明示的なキャストが必要なケースもある、ということを忘れないで下さい。

▌@foreach について

ここでは、@foreachという記述が何ヶ所かありますね。これは、Razor構文の1つですが、覚えていますか。テンプレート内に繰り返し処理を用意するのに利用するものです。

● @foreach構文

```
@foreach ( 変数 in 配列など )
{
    ……出力内容……
}
```

これで配列から順に値を取り出し、繰り返し出力を行うことができます。テーブルの表示も、これを利用して行っています。

Razor構文は他にもいろいろとありましたが、このようにMVCアプリケーションでもすべて使うことができます。

▌_table.cshtml を利用する

では、用意した_table.cshtmlを利用しましょう。「**Hello**」内のIndex.cshtmlを開き、以下のように修正して下さい。

リスト3-30

```
@{
    ViewData["Title"] = "Index/Hello";
}


<div class="text-left">
    <h1 class="display-3">Index</h1>
    <p class="h4 mb-4">@ViewData["message"]</p>
    <partial name="_table.cshtml">
</div>
```

図3-29：/Helloにアクセスすると、_table.cshtmlを使ってデータをテーブル表示する。

修正ができたら、/Helloにアクセスしましょう。すると、あらかじめ用意したデータを元にテーブルを表示します。このテーブルの部分が、_table.cshtmlによるものです。

ここでは、以下のように部分ビューを埋め込んでいますね。

```
<partial name="_table.cshtml">
```

nameで_table.cshtmlを指定しています。必要なのはこのタグ1つだけです。コントローラー側で値を用意する場合も、部分ビューは通常のビューと同様にViewDataが使えるため、特別な仕掛けを用意する必要がありません。コントローラーのアクションでは、今まで通りViewDataに値を一通り用意しておくだけです。

部分ビューが使えると、例えばヘッダーやフッター、メニュー、フォームなどさまざまな表示をパーツ化し、必要に応じて組み合わせ画面を作成できるようになります。アプリケーション全体の統一感も高くなりますし、開発にかかるコストも軽減できるでしょう。

Blazorアプリケーションの作成

現在、多くのWebアプリがクライアントから非同期でサーバーにアクセスしながら動くようなスタイルに変わっています。このようなアプリ開発のために用意されたのが「Blazor」です。Blazorは、クライアントとサーバーを1つのコードに融合して開発できます。このBlazorの使い方の基本をここで学んでいきましょう。

4.1 Blazorプロジェクトの作成

Blazorアプリとは何か？

昨今のWebアプリの大きな特徴といえば、「**サーバーサイドとクライアントサイドが次第に融合しつつある**」という点でしょう。その昔であれば、Webアプリの開発は「**サーバー側で必要な処理をし、クライアント側はテンプレートなどで結果を表示する**」という、両者がはっきりと分かれたものでした。

が、最近のJavaScriptライブラリの進化により、クライアントサイドはただ静的な表示を行えばいいといったものではなくなってきています。クライアントサイドでもダイナミックにプログラムが動き、その中で必要に応じてサーバーに非同期アクセスしてデータがダウンロードされリアルタイムに更新される——そうした複雑な処理が求められるようになってきています。

そうなると、「**クライアントサイドとサーバーサイドをいかに切り分けそれぞれ実装してくか**」がより難しくなっていくでしょう。既にクライアントサイドは高度なJavaScriptのコーディングが求められるようになっています。クライアントのJavaScriptでも、そしてサーバーサイドのC#などの言語でもそれぞれ高度な処理を実装し、両者を巧みに融合しなければいけません。従来型アプリに比べ、開発者にかかる負担は圧倒的に大きなものとなります。

こうした複雑な開発スタイルをなんとかもっとわかりやすくシンプルに統合できないか。フレームワークの開発元の中には、そのことを考えるところも登場してきています。そして、ASP.NET Coreにおける1つの回答として用意されたのが「**Blazorアプリ**」です。

▌Blazor はすべてを C# でコーディングする

Blazorは、「**C#ですべてを作る**」ことを考えたフレームワークです。すべてとは？ 文字通り、すべてです。サーバーサイドのみならず、クライアントサイドもすべてC#で作成する。1つのファイルの中にクライアントサイドからサーバーサイドまですべての処理が同じ1つのプログラムとして書かれる。それがBlazorの考え方です。

もちろん、Webブラウザの中ではC#は動きません。すべてC#で書かれたコードは、ビルドされクライアント側はJavaScriptベースに、サーバーサイドはC#になり、両者が融合して機能するようになります。が、ビルドして作られたものを開発者が理解する必要はありません。開発者は、あくまで「**すべてC#で作成する**」という前提のものにプログラミングすればいいのです。あとは、Blazorが最適な形でクライアントサイドとサーバーサイドを生成し融合してくれます。

図4-1：従来型のフレームワークでは、クライアント側はテンプレートやJavaScriptを使ってサーバーサイドプログラムとは別途作成していた。が、Blazorでは1つのファイルを作成すれば、そこでサーバーサイドとクライアントサイドがフレームワークにより自動生成され表示される。

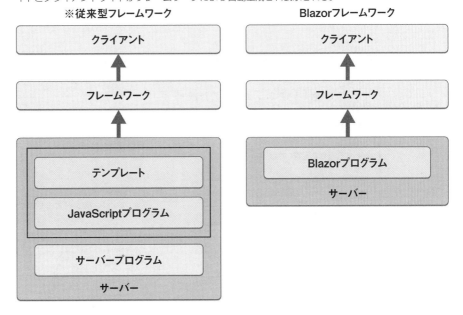

コードはクライアント側で動く

　しかし、いくら「**ビルドして作られたものを開発者が理解する必要はない**」といわれても、果たして書いたコードがどこで動いているのかは気になるところでしょう。

　コードによっては、サーバー側でなければならない部分というのもあります。例えばファイルアクセスやデータベースアクセスなどを行う場合、クライアントで実行することはできないでしょう。が、そうした「**サーバーでなければいけない部分**」以外のコードは、基本的にクライアント側で動くようにビルドされます。つまり、多くの処理はクライアントで実行されるようになっているのです。

　これは、昨今のWebアプリがどのような形で作られているのかを想像するとその理由がわかってきます。現在、多くのWebアプリがReactなどのフロントエンドフレームワークを使いリアルタイムに表示が更新されるようなスタイルに変わりつつあります。

　こうしたWebアプリは、従来のような「**フォームを送信して結果を受け取る**」といった形とはまるで作りが違います。常にクライアント側で動き、必要に応じて非同期にサーバーにアクセスするような形になっています。アプリの処理はその大半がクライアント側で行われ、サーバー側は必要最小限の処理のみ行うようになっています。

　Blazorは、この「**クライアントベースのWebアプリ**」のスタイルをASP.NET Coreに持ち込んだものといえるでしょう。サーバー側の処理は必要最小限に抑え、常にフロントエンドでダイナミックに動く。そうしたWebアプリのためにBlazorは考案されたのです。

Blazorプロジェクトを作る

Blazorアプリケーションは、ASP.NET Coreにプロジェクトテンプレートとして用意されています。では、実際にプロジェクトを作成しながら説明をしていきましょう。

■Visual Studio Community for windowsの場合

「**ファイル**」メニューから「**スタートウィンドウ**」を選び、スタートウィンドウを開きます。そして「**新しいプロジェクトの作成**」を選択します。

図4-2:「新しいプロジェクトの作成」を選ぶ。

「**新しいプロジェクトの作成**」という表示になります。ここでテンプレートのリストから「**Blazor Serverアプリ**」という項目を探して選択してください。そして次へ進みます。

図4-3:「Blazor Serverアプリ」を選択する。

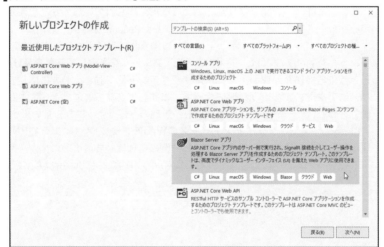

プロジェクト名と保存場所を指定する表示になります。ここではプロジェクト名を「**SampleBlazorApp**」と入力し、次に進みましょう。

図4-4：プロジェクト名を「SampleBlazorApp」と入力する。

追加情報の表示が現れます。フレームワークで.NETのバージョンを確認し、「**認証の種類**」は「**なし**」にしてプロジェクトを作成しましょう。

図4-5：フレームワークと認証の種類を確認しておく。

■Visual Studio Community for Macの場合

macOS版でも、プロジェクト作成の手順はRazorページやMVCアプリの場合とだいたい同じです。スタートウィンドウから「**新規**」項目をクリックし、現れたダイアログウィンドウで「**Webとコンソール**」の「**アプリ**」に用意されている「**Blazor Server アプリ**」というテンプレートを選びます。

■**図4-6**：「Blazor Server アプリ」テンプレートを選択する。

続いて、フレームワークと認証の指定を行います。使用する.NETフレームワークのバージョンを選び、認証はなしを選んでおきます。

■**図4-7**：フレームワークを選び、認証はなしのままにしておく。

　プロジェクトの名前を「**SampleBlazorApp**」とします（ソリューション名も同じ）。そのままデフォルトの場所を指定し、プロジェクトを作成します。

図4-8：名前を「SampleBlazorApp」とする。

■dotnetコマンド利用の場合

　コマンドプロンプトまたはターミナルを起動し、プロジェクトを作成する場所にカレントディレクトリを移動します。そして以下のようにコマンドを実行します。これで「**SampleBlazorApp**」フォルダにBlazorアプリのプロジェクトが作成されます。

```
dotnet new blazorserver -o SampleBlazorApp
```

サンプルプロジェクトを実行する

　では、生成されたサンプルプロジェクトを実際に動かしてみましょう。実行すると、画面の左側にメニューとなるリンクが表示され、右側にコンテンツが表示されます。サンプルでは、3つのページを持つアプリが用意されています。起動時は「**Home**」という項目が選択された状態となっています。

図4-9：起動すると「Home」が表示された状態となる。

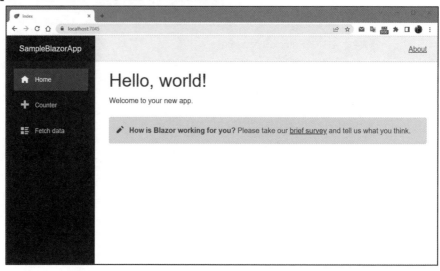

　そのまま左側のリンクから「**Counter**」をクリックすると、カウンタ表示のサンプルになります。ボタンをクリックすることで、カウンタの数字が増えていきます。

図4-10：Counterの表示。ボタンをクリックすると数字が増える。

　さらに「**Fetch data**」をクリックすると、Weather forecastというサービスから得たデータを一覧表示します。これは、先にWeb APIでサンプルとして生成されたものと同じサービスです。ランダムに天気のデータを生成して表示します。

図4-11：Fetch dataでは、Weather forecastのデータを表示する。

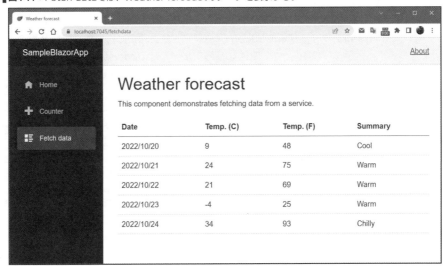

プロジェクトの構成

　では、作成されたプロジェクトの内容を見てみましょう。基本的なファイル・フォルダ類を整理すると以下のようになるでしょう。

● フォルダ

「Data」フォルダ	Dbコンテキストが保管されます。
「Pages」フォルダ	Razorのページファイルが保管されます。
「Shared」フォルダ	共用されるページファイル（レイアウトなど）が保管されます。
「wwwroot」フォルダ	CSSファイルなどの静的ファイルがまとめられます。
「Properties」フォルダ	アプリケーションのプロパティファイルが保管されます。

● ファイル

_Imports.razor	Razorのページファイル。各種パッケージのインポートを行うものです。
App.razor	Razorのページファイル。アプリケーション全体のレイアウトを行うものです。
appsettings.json	アプリケーションの設定情報です。
Program.cs	起動プログラムです。

　見ればわかるように、用意されるファイルやフォルダの多くは既に見覚えのあるものです。「**Pages**」「**Shared**」「**wwwroot**」「**Properties**」といったフォルダ類は、一般的なプロジェクトでも使われているものですから役割はわかるでしょう。

▌Razor ファイルについて

「**Pages**」フォルダにページファイルが用意されていることから想像がつくように、Blazorアプリは基本的にRazorページアプリに非常に近いものがあります。

ページのレイアウト関係などのファイルは.razorという拡張子のファイルとして用意されていますが、これは「**Razorファイル**」というものです。Razorページアプリでは、各ページはページファイル（.cshtml）とページモデル（.cshtml.cs）の2つで構成されていましたが、この2つを1つにまとめたものがRazorファイルと考えればいいでしょう。

（正確には、このRazorファイルは「**Razorコンポーネント**」と呼ばれるものを定義するためのものです。これについては、後ほど改めて説明します）

このRazorファイルは、Razor構文で記述されています。Razor構文、既に何度も登場しましたね。Razorページアプリで使用した「**@の後ろにC#文を記述する**」という書き方で処理をHTML内に埋め込む、あの記法です。つまり、Blazorアプリの基本技術は、既に皆さんも知っているものなのです。

Program.csをチェックする

では、生成されているファイルについて内容をチェックしましょう。まずは、Program.csです。これには以下のようなコードが記述されています。なおコメントは省略してあります。

リスト4-1

```
using Microsoft.AspNetCore.Components;
using Microsoft.AspNetCore.Components.Web;
using SampleBlazorApp.Data;

var builder = WebApplication.CreateBuilder(args);

builder.Services.AddRazorPages();
builder.Services.AddServerSideBlazor();
builder.Services.AddSingleton<WeatherForecastService>();

var app = builder.Build();

if (!app.Environment.IsDevelopment())
{
    app.UseExceptionHandler("/Error");
    app.UseHsts();
}

app.UseHttpsRedirection();

app.UseStaticFiles();
```

```
app.UseRouting();

app.MapBlazorHub();
app.MapFallbackToPage("/_Host");

app.Run();
```

　基本的な部分は、これまで作成したRazorページアプリやMVCアプリのProgram.csと
それほど変わってはいません。ざっと見ていきましょう。まず、WebApplicationを作成
するためのビルダーを用意します。

```
var builder = WebApplication.CreateBuilder(args);
```

　そして、ここから必要なサービスを組み込むための処理を実行していきます。ここで
は以下のような文が用意されています。

```
builder.Services.AddRazorPages();
builder.Services.AddServerSideBlazor();
builder.Services.AddSingleton<WeatherForecastService>();
```

　「**AddRazorPages**」は、Razor Pageアプリでも出てきましたね。Razorページを実装す
るためのものです。Blazorも基本はRazorページですから、これが必要です。
　その次の「**AddServerSideBlazor**」が、Blazorアプリのサービスを追加するためのもの
です。これによりBlazorの機能が使えるようになります。
　最後のAddSingletonは、サンプルで用意したWeatherForecastServiceというサービス
を追加するものです。これはサンプル用のものですので、実際のアプリ開発時には削除
して構いません。

その他のビルダー設定

　その後に、app.Environment.IsDevelopmentで開発時の処理の追加があり、さらにビル
ダーの設定が続きます。といっても、多くは見覚えのあるものです。

● リダイレクトの追加
```
app.UseHttpsRedirection();
```

● 静的ファイルの追加
```
app.UseStaticFiles();
```

● ルーティングの追加
```
app.UseRouting();
```

　アプリで基本的に用意されるメソッドが並びます。これらのあとに、Blazor特有の処

理が追加されています。それが以下の2文です。

```
app.MapBlazorHub();
app.MapFallbackToPage("/_Host");
```

　MapBlazorHubで、Blazorをデフォルトのパスに設定します。そしてMapFallback
ToPageで、汎用的なパスのアクセスを設定するためのミドルウェアを設定します。この
ミドルウェアは、ファイル名以外の要求を可能な限り低い優先度で照合するものです。
リクエストは、指定されたパスと一致するページにルーティングされます。
　この2文により、Blazorのルーティングが用意されている、と考えてよいでしょう。

Blazorアプリのページ設計について

　Blazorアプリでは、デフォルトで複数ページを統合したレイアウトが用意されていま
す。これらは、必ずしもこの通りにページを作成しなければいけないわけではありませ
ん。が、さまざまな要因により1つのページが構成されていることを理解する意味でも、
このデフォルトのページがどう作成され動いているかを知ることは非常に重要でしょ
う。
　Blazorのページは、以下のようなファイルによって構成されています。

```
_Host.cshtml
└App.razor
  └MainLayout.razor
    ├NavMenu.razor
    └各ページのコンテンツ
```

　表示されるWebページがどのようなファイルを組み合わせて作られているのか、それ
ぞれの組み込み状態を階層的に表しました（ファイルの配置の話ではなく、Webページ
内にどのファイルがどのように組み込まれているか、という話です）。組み込まれる各
ファイルの内容と働きを簡単に整理しておきましょう。

■1. _Host.cshtml
　一番ベースとなっているものが、_Host.cshtmlです。ここでは、Appコンポーネント
をレンダリングし表示しています。Appコンポーネントというのは、App.razorのことで
す。

■2. App
　Appは、@page指定されたページをロードしレンダリング表示するためのものです。
指定パスのページがなければメッセージを表示し、そうでない場合は特定のページを表
示するためのMainLayoutを表示します。

■3. MainLayout
　MainLayoutでは、ナビゲーションメニューを表示するNavMenuと、各ページのコン

テンツとなるRazorページファイルを組み込んで表示します。

■4. _imports.razor

これらの基本的な階層とは別に、Razorページで使用するパッケージのimport文をまとめた_imports.razorが用意されており、これにより必要なパッケージが読み込まれRazor内で使えるようになっています。

これらの内、「**_imports.razor**」「**_Host.cshtml**」「**App.razor**」については、画面表示のベースとなる部分としてこのまま利用するものだ、と考えておきましょう。実際、これらを編集してカスタマイズする必要が生ずることはあまりありません。

表示やレイアウトのカスタマイズを行う場合は、MainLayout.razor以降を編集します。MainLayout.razorで全体のレイアウトを編集し、あとは個々のページに用意されたRazorファイルを編集していけばいいでしょう。

Razorコンポーネントについて

このレイアウトの構造を見ればわかるように、Razorアプリでは、「**○○.razor**」という拡張子のファイルがいくつも用意され、それらが他のページ内に<○○ />というタグの形で組み込まれています。例えば、App.razorは、<App>タグとして組み込まれていますし、NavMenu.razorは<NavMenu />タグという形で組み込まれています。

このように、.razor拡張子のファイルは、タグを使ってRazorファイル内に簡単に組み込むことができます。.razor拡張子のファイルはそれ自体が独立して機能するため、どこに組み込んでも動作するのです。

このような「**○○.razor**」という拡張子のファイルを「**Razorコンポーネント**」と呼びます。Blazorでは、Razorコンポーネントを組み合わせて画面を構成していたのです。

このRazorコンポーネントは、Blazorアプリでしか使えないわけではありません。Razor Pageアプリなどでも同様に利用することができます。

┃コンポーネントをページに統合する

コンポーネントは、.razor拡張子のファイル内ならばタグを書くだけで追加できます。が、考えてみれば、追加する.razor拡張子のファイルというのは、それ自体が既にRazorコンポーネントなのです。では、一番ベースとなっているコンポーネントは、最終的にどのような形でページに組み込まれているのでしょうか。

これは、ページで使われているRazorファイルの中身を見ていけば自ずとわかってくるでしょう。では、一番のベースとなっている_Host.cshtml（「**Pages**」フォルダにあるもの)から見てみます。これは、拡張子からわかるようにRazorページのファイルではなく、HTMLのファイルです。

リスト4-2

```
@page "/"
@using Microsoft.AspNetCore.Components.Web
@namespace SampleBlazorApp.Pages
@addTagHelper *, Microsoft.AspNetCore.Mvc.TagHelpers
```

```
<!DOCTYPE html>
<html lang="en">
<head>
    <meta charset="utf-8" />
    <meta name="viewport" content="width=device-width,
        initial-scale=1.0" />
    <base href="~/" />
    <link rel="stylesheet" href="css/bootstrap/bootstrap.min.css" />
    <link href="css/site.css" rel="stylesheet" />
    <link href="SampleBlazorApp.styles.css" rel="stylesheet" />
    <link rel="icon" type="image/png" href="favicon.png"/>
    <component type="typeof(HeadOutlet)"
        render-mode="ServerPrerendered" />
</head>
<body>
    <component type="typeof(App)" render-mode="ServerPrerendered" />

    <div id="blazor-error-ui">
        <environment include="Staging,Production">
            An error has occurred. This application may no longer
                respond until reloaded.
        </environment>
        <environment include="Development">
            An unhandled exception has occurred. See browser dev tools
                for details.
        </environment>
        <a href="" class="reload">Reload</a>
        <a class="dismiss">×</a>
    </div>

    <script src="_framework/blazor.server.js"></script>
</body>
</html>
```

　いろいろと記述されていますが、基本はHTMLのコードですので、何を記述している
のかだいたいわかるでしょう。

　冒頭にいくつかの@文が書かれています。ここで、必要なusing文やnamespace文、タ
グヘルパーの追加などを行っています。つまり、このHTMLはRazorページのテンプレー
トであることがわかります。

　そして、アプリケーションのコンポーネントを組み込んでいるのが、この文です。

```
<component type="typeof(App)" render-mode="ServerPrerendered" />
```

　この<component>タグを使い、アプリケーションのベースとなるAppコンポーネントを組み込んでいます。render-mode属性ではレンダリングモードを指定しており、"ServerPrerendered"でサーバーサイドレンダリングを行うように指定をしてあります。

　このApコンポーネントp内にはさらにMainLayoutコンポーネントがあり、その中にさらにNavMenuと各ページのコンテンツのコンポーネントが組み込まれる……という形になっていて、BlazorのWebページが形作られていくのです。

Appとルートコンポーネント

　_Host.cshtmlに最初に組み込まれる「**App**」コンポーネントは、その他の画面に何かを表示するためのコンポーネントとは役割が違います。この最初に.cshtmlファイルに組み込まれるものは「**ルートコンポーネント**」と呼ばれるものです。

　このAppコンポーネント（App.razor）は、以下のような内容になっています。

リスト4-3

```
<Router AppAssembly="@typeof(App).Assembly">
    <Found Context="routeData">
        <RouteView RouteData="@routeData"
            DefaultLayout="@typeof(MainLayout)" />
        <FocusOnNavigate RouteData="@routeData" Selector="h1" />
    </Found>
    <NotFound>
        <PageTitle>Not found</PageTitle>
        <LayoutView Layout="@typeof(MainLayout)">
            <p role="alert">Sorry, there's nothing at this address.</p>
        </LayoutView>
    </NotFound>
</Router>
```

　見てわかるように、いわゆるHTMLの「**画面に何かを表示するためのタグ**」は一切ありません。すべてRazorのコンポーネントを組み合わせて作られています。

　このルートコンポーネントは、これ自体は何も表示をしません。これはアクセスされたパスをもとにコンポーネントをルーティングするためのものです。

　画面に表示するコンテンツとなるコンポーネントでは、「**このパスにアクセスしたらこのコンポーネントを表示する**」といった情報を内部に持っています。ルートコンポーネントはそれらの情報をもとに、「**アクセスしたパスに応じたコンポーネントをルーティングする**」という機能の土台となる部分を提供します。

　このルートコンポーネント上に、実際に表示されるページのレイアウトとなるコンポーネントを組み込み、そこに各ページのコンテンツとなるコンポーネントが組み込まれます。そして、特定のパスにアクセスされると、コンテンツのコンポーネントに用意されている情報をもとに、そのパスにルーティングされているコンポーネントが自動的に表示されるようになります。

　このルートコンポーネントは、ここに書かれた形が基本です。これをあれこれ書き換えることはほとんどありません。ですから、これも「**基本的な働きだけわかっていれば**

いい」コンポーネントと考えましょう。

MainLayout.razorについて

Appコンポーネントには、画面の基本的なレイアウトを担当しているMainLayoutコンポーネントが組み込まれます。このMainLayout(「**Shared**」フォルダにある「**MainLayout. razor**」ファイル)について、どのように記述されているか見てみましょう。

リスト4-4

```
@inherits LayoutComponentBase

<PageTitle>SampleBlazorApp</PageTitle>

<div class="page">
    <div class="sidebar">
        <NavMenu />
    </div>

    <main>
        <div class="top-row px-4">
            <a href="https://docs.microsoft.com/aspnet/"
                    target="_blank">About</a>
        </div>

        <article class="content px-4">
            @Body
        </article>
    </main>
</div>
```

非常にシンプルな内容ですね。ベースとなるレイアウトといっても、本当にページ全体のレイアウトとなる部分は_Host.cshtmlにまとめられており、このMainLayoutはボディ部分のベースとなるレイアウトファイルです。従って、ボディに表示される内容だけが記述されています。

```
<div class="sidebar">
```

これは、ナビゲーションメニューを表示するエリアです。この中で、<NavMenu />と記述をされていますが、これはNavManu.razorをレンダリングし表示するものです。NavManuは、画面左側のメニュー部分です。このメニューをカスタマイズする場合は、NavMenu.razorを編集すればいいのです。

```
<main>
```

これがメインコンテンツの部分です。上部に「**About**」というリンクを表示し、その下の<div class="content px-4">タグ内にコンテンツを表示します。ここでは、@Bodyとありますが、これが選択されたパスで表示するコンテンツが保管されている値です。@Bodyと記述することで、そのパスのコンテンツがここに出力されます。

この2つのタグの働きがわかっていれば、カスタマイズは容易です。メニュー部分は別途NavMenuを編集すればいいですし、「**メニューはいらない**」というなら<div class="sidebar">タグを削除すればいいだけです。

Homeページをチェックする

サンプルでは3つのコンテンツが用意されていますが、それぞれに機能が異なっています。まずは、ホームとなるHomeページを見てみましょう。これは「**Index.razor**」というファイルとして用意されています。

リスト4-5

```
@page "/"

<PageTitle>Index</PageTitle>

<h1>Hello, world!</h1>

Welcome to your new app.

<SurveyPrompt Title="How is Blazor working for you?" />
```

冒頭にある@page "/"で、このページに割り当てられるパスが指定されています。Indexは、トップページとして表示されるものであることがわかります。

用意されているコンテンツは非常に単純ですが、最後の<SurveyPrompt>というのはHTMLではなく独自コンポーネントの表示になっています。これは、ページ内に網掛けして目立つようにメッセージなどを表示するものです。「**Shared**」フォルダ内にある「**SurveyPrompt.razor**」ファイルで定義されています。特に難しいことはしていないので、それぞれで調べてみましょう。

Counterページをチェックする

続いて、基本的なアクションと表示更新を行っているCounterページです。これは、Counter.razorに記述されている「**Counter**」コンポーネントを表示するページです。

「**Pages**」フォルダ内のCounter.razorでは、以下のような内容が記述されています。

リスト4-6

```
@page "/counter"

<PageTitle>Counter</PageTitle>
```

```
<h1>Counter</h1>
<p role="status">Current count: @currentCount</p>
<button class="btn btn-primary" @onclick="IncrementCount">
        Click me</button>

@code {
    private int currentCount = 0;

    private void IncrementCount()
    {
        currentCount++;
    }
}
```

ページの指定

　では、Counterコンポーネントの内容を見ていきましょう。まず、冒頭には以下のような@pageディレクティブが記述されています。

```
@page "/counter"
```

　これで、"/counter"にアクセスされたときに呼び出されるコンテンツであることが示されます。この@pageは、Blazorのコンテンツ用ページなら必ず冒頭に記述しています。

変数の表示

　その下には、カウントした回数を表示しているタグがあります。この部分です（role属性は省略しています）。

```
<p>Current count: @currentCount</p>
```

　ここでは、@currentCountという変数を表示しています。この変数は、このあとの@codeのところで宣言されている値です。
　見たところ、ただの変数が出力されているように見えるでしょう。が、この@currentCountは、単に「**レンダリング時に変数が表示される**」というだけではありません。これは「**活きている**」のです。つまり、ページが表示されたあとも、@currentCountの値を変更すると、その部分がリアルタイムに更新されるのです。

ボタンクリックの処理

　では、ボタンのカウントはどのようにしているのか。ここでは以下のように<button>タグを用意しています。

```
<button class="btn btn-primary" @onclick="IncrementCount">Click me</button>
```

@onclickに"IncrementCount"が設定されています。これにより、クリックすると
IncrementCountメソッドが実行されるようになります。

■コードの記述

その下には、@codeというディレクティブがあります。これは、C#のコードを記述す
る際に利用するものです。

```
@code {
    private int currentCount = 0;

    private void IncrementCount()
    {
        currentCount++;
    }
}
```

ここでは、currentCountという変数と、IncrementCountというメソッドが用意されて
います。これが、先ほど<button>タグの@onclickで呼び出していたものです。

currentCount変数は、ページ内に@currentCountとして埋め込まれていました。この
ように、@code内に用意された変数が、ページ内で使われていたのです。

IncrementCountメソッドでは、currentCountの値を1増やしているだけです。これだ
けなのに、ページに埋め込まれている@currentCountの値が更新され、自動的に最新の
値に変わるのです。

この「**@で表示した変数は常に最新の値に更新される**」というのが、Blazorアプリの一
番大きな特徴でしょう。

4.2 コンポーネントの作成

Sampleコンポーネントを作る

Blazorのページは、「**Razorコンポーネントを組み合わせて動く**」ようになっています。
コンポーネントを以下に作成し組み合わせるかがBlazor開発のもっとも重要なポイント
と言っていいでしょう。

サンプルで作成されたプロジェクトのCounterコンポーネントを調べることで、コン
ポーネントがどのように書かれており動いているのか、その基本はわかりました。では、
実際に新しいコンポーネントを作成して簡単なサンプルを作ってみることにしましょ
う。

ここでは、例として「**Sample**」というRazorコンポーネントを作成してみます。

■ **Visual Studio Communityの場合**

ソリューションエクスプローラーの「**Pages**」フォルダを右クリックし、「**追加**」メ
ニューから「**Razorコンポーネント**」を選択します。

▍**図4-12**：「Razorコンポーネント」を選択する。

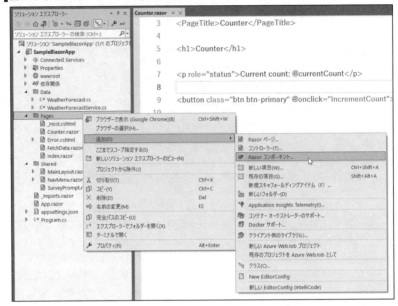

ファイルを作成するダイアログが現れるので、ここから「**Razorコンポーネント**」が選
択されているのを確認し、名前を「**Sample**」と入力して作成をしてください。

▍**図4-13**：名前を「Sample」と入力する。

■ **その他の環境の場合**

「**Pages**」フォルダ内に、手作業で「**Sample.razor**」という名前のファイルを作成してく
ださい。

入力フィールドの利用

　値を表示したり、ボタンで処理を行ったりする基本は、Counterコンポーネントでわかりました。では、なにかの値を入力してもらうにはどうすればいいのでしょう。HTMLには各種のフォーム用コントロールが用意されています。これらの値を利用するにはどうすればいいのでしょうか。

　これには、「**@bind**」という属性を使うのがいいでしょう。これは、フォームのコントロールに変数をバインドするものです。これにより、コントロールの値(value属性)が指定の変数に設定されるようになります。

▌Sample コンポーネントのソースコード

　では、実際に入力フィールドを利用したサンプルを作りましょう。作成したSample.razorを開き、ソースコードを記述しましょう。ここでは以下のように記述してください。

リスト4-7

```
@page "/sample"

<PageTitle>Sample</PageTitle>

<h1>Sample</h1>

<p class="h5">Current total: @total</p>

<div class="form-row">
    <input type="number" @bind="val" class="form-control col-8" />
    <button @onclick="Calc" class="btn btn-primary col">Click</button>
</div>

@code {
    int val = 0;
    int total = 0;

    void Calc()
    {
        total = 0;
        for (var i = 0; i <= val; i++)
        {
            total += i;
        }
    }
}
```

　これで、Sampleコンポーネントが用意できました。あとは、これをナビゲーションメ

ニューに追加して表示できるようにします。

ナビゲーションメニューに追加する

ナビゲーションメニューであるNavMenuコンポーネント(「**Shared**」フォルダにある「**NavMenu.razor**」ファイル)では、<nav>タグを使ってメニュー項目を作成しています。ソースコードを見ると、以下のように記述されていることがわかるでしょう。

```
<div class="@NavMenuCssClass nav-scrollable" @onclick="ToggleNavMenu">
    <nav class="flex-column">


        ……メニュー項目……


    </nav>
</div>
```

<nav>タグ内に、メニュー項目が並びます。メニュー項目は、だいたい以下のような形で記述されています。

```
<div class="nav-item px-3">
    <NavLink class="nav-link" href="リンク">
        ……項目の表示内容……
    </NavLink>
</div>
```

これに合わせてメニュー項目を追加すればいいのです。では、実際にやってみましょう。<nav>の一番最後(</nav>の手前)を改行して以下のコードを追加してください。

リスト4-8
```
<div class="nav-item px-3">
    <NavLink class="nav-link" href="sample">
        <span class="oi oi-badge" aria-hidden="true"></span> Sample
    </NavLink>
</div>
```

完成したら、実際にアクセスしてみましょう。ナビゲーションメニューに「**Sample**」という項目が追加されるので、これをクリックすると、入力フィールドとボタンの画面が表示されます。

ここでフィールドに数字を入力し、ボタンをクリックすると、ゼロからその数字までの合計を計算し表示します。簡単なサンプルですが、「**入力と実行**」という操作の基本は実現しています。

図4-14：数値を入力しボタンをクリックすると、ゼロからその値までの合計を計算し表示する。

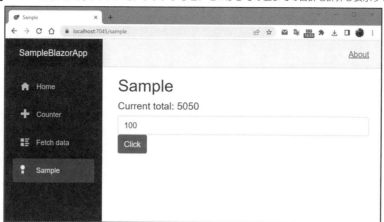

Sample コンポーネントをチェックする

では、記述した内容をチェックしていきましょう。ここでは、結果の表示、入力、実行の3つのタグが以下のように用意されています。

●結果表示

```
<p class="h5">Current total: @total</p>
```

●値の入力

```
<input type="number" @bind="val" class="form-control col-8" />
```

●処理の実行

```
<button @onclick="Calc" class="btn btn-primary col">Click</button>
```

結果の表示では、@totalという変数を使っています。これが、合計を収めておくためのものです。

そして値の入力を行う<input>タグでは、@bindディレクティブが用意されています。これで変数valに値をバインドしています。「**@bind="val"**」とすることで、変数valに<input>の値がバインドされるのですね。

この値のバインドは双方向に機能します。すなわち、値を変更すれば変数valの値が変わりますし、変数valに値を代入すれば<input>の値が変わります。どちらか一方を変更すれば、他方も同じ値に変わるのです。

そして処理の実行は、<button>タグを使っています。ここでは、@onclick="Calc"とディレクティブを用意しています。これにより、クリックしたらCalcメソッドが呼び出されるようになります。

@code について

では、処理を担当する@codeはどのようになっているでしょうか。ここでは、以下の

ような内容を記述しています。

```
@code {
    int val = 0;
    int total = 0;

    void Calc()
    {
        ……略……
    }
}
```

　変数valとtotalは、それぞれ<input>の@bindと結果表示の@totalで利用していました。そしてCalcメソッドは、<button>の@onclickに割り当てられています。

　<input>の値を入力すると、それにより変数valの値が変更されます。そしてボタンをクリックするとCalcが実行され、変数totalの値が変更されます。このようにメソッドと変数の操作、そしてそれらをHTML内に組み込みバインドすることで動作しているのです。

▌C# はサーバーでレンダリングされる

　非常に重要なことは、「**ここに書かれたC#の処理は、すべてサーバー側で処理されている**」という点です。C#は、当然ですがWebブラウザでは動きません。サーバー側でページがレンダリングされ、それによりC#のコードからはサーバー側で動くC#とクライアント側で動くJavaScriptのコードが生成されます。両者の間は、「**SignalR**」という.NET CoreのサーバーサイドWeb機能によってリアルタイム通信され、協調して動きます。

　すべての処理はC#で書かれており、レンダリング後にどのような形で実装されるか、開発者は意識する必要はありません。JavaScriptなどわからなくとも、ただC#のコードとして正しく動くことを考えて記述すればフロントエンドで動く処理もすべて作成できるのです。

　多くのWebアプリ開発は、フロントとバックを個別に作成しなければなりません。この「**たった1つのコードでフロントとバックの処理を自動生成できる**」というのがBlazorの強みなのです。

SVGの属性を操作する

　この「**入力した値を利用する**」という例をもう1つあげておきましょう。今度は、入力した値で画面の表示を直接操作するようなものを作ってみます。Sample.razorの内容を以下に書き換えてください。

リスト4-9

```
@page "/sample"

<PageTitle>Sample</PageTitle>
```

```
<h1>Sample</h1>
<p role="status">Current value: @radius</p>

<div>
    <svg x=0 y=0 width=200 height=200>
        <circle cx="100" cy="100" r="@radius" fill="#99f" />
    </svg>
</div>
<div>
    <input type="range" class="form-control" min="0" max="100"
        @bind="radius">
</div>

@code {
    private int radius = 25;
}
```

図4-15：スライダーを動かすと円の大きさが変化する。

　左側の「**Sample**」リンクで表示を切り替えると、ブルーの円とスライダーが表示されます。スライダーをドラッグして動かすと、円の大きさが変化します。
　ここでは、<input type="range">タグを使ってスライダーのコントロールを配置しています。@bind="radius"を用意して、変数radiusに値をバインドしています。これにより、スライダーを操作するとその値がradiusに設定されるようになります。

SVG の利用について

　円の表示には、**SVG**を使っています。SVGは「**Scalable Vector Graphics**」の略で、ベクターグラフィックの共通フォーマットとして使われるXMLベースの記述言語です。これは、<svg>タグを使い、HTMLのページ内に埋め込んで表示することができます。

```
<svg x=横位置 y=縦位置 width=横幅 height=高さ>
      ……ここにSVGタグを記述……
</svg>
```

　これがSVGの基本形といっていいでしょう。ここでは、<circle>というタグを使って円を表示しています。

```
<circle cx="100" cy="100" r="@radius" fill="#99f" />
```

　cxとcyが円の中心位置を示します。そしてrが円の半径です。このr属性に、r="@radius"というようにして変数radiusの値を指定しています。こうすることで、スライダーが操作されradiusの値が変わるとSVGの円も即座に描き変わるようになっていたのですね。
　このようにBlazorでは、HTMLの属性に@変数を指定することで変数の値を操作すると自動的にタグの表示を更新させることができるようになります。

モデルを利用したフォーム送信

　先ほどのように、<input>を1つだけ用意して値を入力してもらうような場合は比較的簡単に処理を実装できます。が、フォームの項目数が増えていくと、フォームの値の管理も面倒になってきます。5つも6つも項目があった場合、それら1つ1つに変数をバインドして……というのは、あまりスマートなやり方とは思えないでしょう。
　このような場合には、フォームの内容に対応するモデルクラスを定義しておき、それをもとにフォームを作成することができます。
　モデルクラスは、単に「**データのセットをまとめて扱うためのクラス**」であり、例えばデータベースと連携しなければいけない、といったものではありません。フォームで送信するデータを管理するためにモデルクラスを利用すればいいのです。

▍Mydata.cs ファイルの作成

　まず、モデルクラスを作成しましょう。「**Data**」フォルダに、「**Mydata.cs**」というファイルを用意してください。
　Visual Studio Communityを利用している場合は、「**Data**」フォルダを右クリックし、「**追加**」メニューから「**クラス**」を選んでください。

図4-16：「追加」メニューから「クラス」を選ぶ。

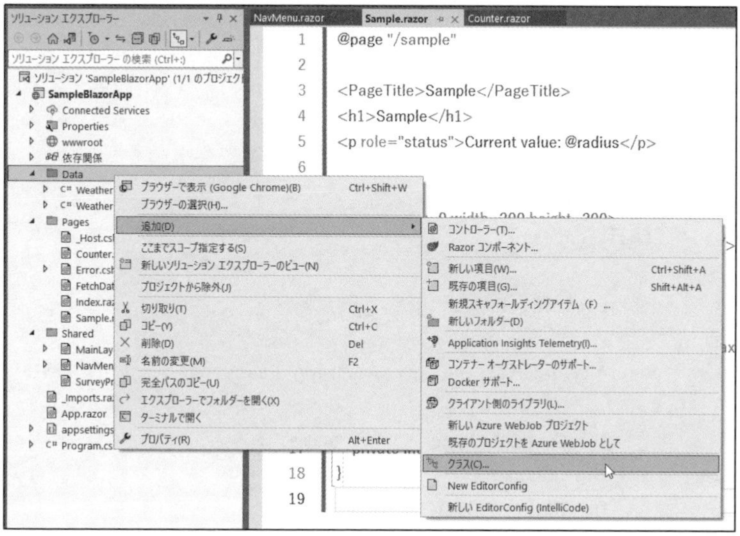

画面にクラスを作成するダイアログが現れます。ここでリストから「**クラス**」を選択し、名前を「**Mydata**」と記入して作成します。

図4-17：「Mydata」と名前を入力する。

画面にクラスを作成するダイアログが現れます。ここでリストから「**クラス**」を選択し、名前を「**Mydata**」と記入して作成します。

それ以外の環境の場合は、「**Data**」フォルダの中に直接「**Mydata.cs**」という名前でファイルを作成してください。

Mydata モデルの作成

ファイルが用意できたら、モデルのコードを記述します。Mydata.csの内容を以下のように書き換えてください。

リスト4-10

```
using System.ComponentModel.DataAnnotations;
```

```
namespace SampleBlazorApp.Data;

public class Mydata
{
    [Required]
    public string Name { get; set; }
    public string Password { get; set; }
    [EmailAddress]

    public string Mail { get; set; }

    public Mydata(string Name, string Password , string Mail)
    {
        this.Name = Name ?? "my name.";
        this.Password = Password ?? "";
        this.Mail = Mail ?? "";
    }

    public override string ToString()
    {
        return "[" + Name + " (" + Password + ") " + Mail + "]";
    }
}
```

　ここでは、Name, Password, Mailといった項目を用意しました。これらはいずれも{ get; set; }で値の読み書きが行えるようにしています。

プロパティの属性

　ここではプロパティの前に[○○]という値が書かれていますね。これらは、プロパティに検証に関する設定を行う属性です。ここでは以下のようなものが使われています。

[Required]

　これが必須項目であることを指定するものです。値がNullであることは許されず、必ず何らかの値を設定しておく必要があります。

[EmailAddress]

　この値がメールアドレスであることを指定するものです。メールアドレスの形式でない値は設定できません。

　これらをつけておくことで、特定の値しか設定できなくすることができます。こうした属性は他にもいろいろと用意されています。以下に主なものをまとめておきましょう。

■[MinLength(値)]

配列やテキストの最小の長さ（データ数）を指定するものです。()の引数で値を指定します。

■[MaxLength(値)]

配列やテキストの最大長を指定するものです。引数で値を指定します。

■[Phone]

電話番号の形式のテキストのみを受け付けるようにします。

■[Range(値1,値2)]

数値で入力可能な範囲を指定するものです。第1引数に最小値、第2引数に最大値を指定します。

■[StringLength(値)]

テキストの最大文字数を引数で指定します。これ以上の長さのテキストは入力できなくなります。

■[Url]

URL形式のテキストのみ受け付けるようになります。

　これらの属性は、必要に応じてつけて使います。不要ならば付ける必要はありません。また、Requiredとその他の属性は同時に使うこともできます。
　これらの検証用属性は、このあとでフォームにモデルを設定して利用する際に使われることになります。

▌Sample コンポーネントを修正する

　では、Mydataモデルクラスを利用し、フォームの値をモデルクラスで管理するサンプルを作成しましょう。Sample.razorを開き、以下のように内容を書き換えてください。

リスト4-11

```
@page "/sample"
@using SampleBlazorApp.Data

<h1>Sample</h1>

<p class="h3">@message</p>

<EditForm Model="@mydata" OnValidSubmit="@doAction">
    <DataAnnotationsValidator />
    <ValidationSummary />
    <div class="form-group">
        Name
```

```
            <InputText id="name" @bind-Value="@mydata.Name"
                    class="form-control" />
    </div>
    <div class="form-group">
        Password
        <InputText type="password" id="password"
                    @bind-Value="@mydata.Password"
                    class="form-control" />
    </div>
    <div class="form-group">
        Mail
        <InputText id="mail" @bind-Value="@mydata.Mail"
                    class="form-control" />
    </div>
    <button type="submit" class="btn btn-primary">
        Click
    </button>
</EditForm>

@code {
    private Mydata mydata = new Mydata("","","");
    private string message = "Please input form:";

    private void doAction()
    {
        message = mydata.ToString();
    }
}
```

図4-18：フォームに記入をし送信すると、Mydataが作成され、その内容が表示される。

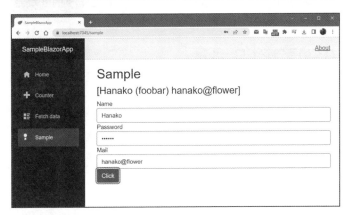

　完成したらアクセスし、/sampleを表示しましょう3つの入力フィールドからなるフォームが表示されます。それぞれに値を入力し、ボタンをクリックすると、その内容が表示されます。また検証機能も働いているので、Nameが未入力だったり、Mailがメールアドレスではないテキスト（途中に@が含まれないもの）だったりするとエラーメッセージが表示されます。

<EditForm> によるフォーム

　では、作成された内容を見ていきましょう。ここでは、フォームの作成を<EditForm>というタグを使って行っています。これは以下のような形で記述されています。

```
<EditForm Model="@mydata" OnValidSubmit="@doAction">
    <DataAnnotationsValidator />
    <ValidationSummary />


    ……フォームコントロール……


</EditForm>
```

<EditForm>というタグはHTMLにはありません。ということは、これはRazorコンポーネントとして用意されているものと考えることができます。このタグには、ModelとOnValidSubmitという属性が用意されています。

■Model

バインドするモデルインスタンスを指定します。ここでは、@mydataという変数を割り当てています。送信すると値が検証され、問題がなければModelに指定されたモデルのインスタンスに値がバインドされます。

■OnValidSubmit

検証して送信するためのイベント用属性です。ここで送信時の処理(メソッド)を割り当てます。このイベントは、モデルに用意された検証機能を使って検証を行い、問題ない場合に処理が呼び出されます。値に問題があった場合は自動的にエラーメッセージが表示され再度入力待ちに戻ります。

用意されているコントロール類

では、ここに用意されているコントロール用のタグを見ていきましょう。これも、一般的な<input>タグではなく、<InputText>というコンポーネントを使っています。用意されているコントロールの記述を以下に整理しましょう。

● Name用フィールド

```
<InputText id="name" @bind-Value="@mydata.Name" class="form-control" />
```

● Password用フィールド

```
<InputText type="password" id="password" @bind-Value="@mydata.Password"
        class="form-control" />
```

● Mail用フィールド

```
<InputText id="mail" @bind-Value="@mydata.Mail" class="form-control" />
```

● 送信ボタン

```
<button type="submit" class="btn btn-primary">Click</button>
```

<InputText>では、@bind-Valueという属性が用意されています。これには、例えば@mydata.Nameというように、@mydata変数に代入されているモデルクラスインスタンスのプロパティを指定しています。このようにすることで、1つ1つのコントロールがインスタンスのプロパティに設定されるようにしているわけです。

このようにして作成されたフォームは、検証を通過しOnValidSubmitの処理が呼び出された時点で、既にModelに設定されたモデルクラスインスタンスとして値がまとめられています。あとは、このインスタンスを使って必要に応じた処理を行っていけばいいのです。

データの検証と結果表示

この他にも、<EditForm>内には入力フィールド以外の要素が用意されています。それは「**データの検証**」に関するもので、以下の2つになります。

■<DataAnnotationsValidator />

これは、データの検証を行うものです。各フィールドに入力された値が、データ検証用の属性に合致しているかどうかをチェックします。

■<ValidationSummary />

検証結果を表示するものです。DataAnnotationsValidatorで検証した結果、データが検証用属性と合致しない場合は、その内容がここに出力されます。

これらの検証は、先にモデルのプロパティに用意した検証用属性をもとにチェックされます。用意した属性と値が合致していれば問題なしと判断され、値が属性の指定した形に合わない場合は問題ありと判断されます。

問題があるとされた項目は、そのフィールドが赤枠で表示され、ValidationSummaryでその内容が表示されます。

コンポーネントテンプレートの利用

コンポーネントは、それ単体で使うだけでなく、コンポーネントの中でさらに別のコンポーネントを組み込んで表示を作成することもできます。このようなときに知っておきたいのが「**内部で使用するコンポーネントのテンプレート化**」です。

例えば、データをリストにして表示するような場合を考えてみましょう。リスト表示のコンポーネントを作成し、その内部でデータの各項目を表示するコンポーネントを使うとします。このとき、決まったコンポーネントを指定するのではなく、「**こういうアイテムを表示するコンポーネント**」というように、決まった形式のコンポーネントならば何でも使えるようにできたら便利だと思いませんか？

これを実現するのが「**コンポーネントテンプレート**」です。これは、コンポーネントをテンプレートとして指定する機能です。つまり特定のコンポーネントを指定するのではなく、「**こういう形式のコンポーネント**」というテンプレートを使って表示を作成し、実際の表示に使うコンポーネントはあとから設定するのです。

■SampleList コンポーネントの作成

これは、言葉で説明してもなかなかイメージしにくいかも知れません。実際にサンプルを作って働きを見ることにしましょう。

では、リストを表示するコンポーネントを新たに作りましょう。Visual Studio Communityを使っている場合は、「**Shared**」フォルダを右クリックし、現れるメニューから「**追加**」内の「**Razorコンポーネント**」を選びます。そしてダイアログで「**SampleList**」と名前を指定してRazorコンポーネントを作成してください。

その他の環境の場合は、「**Shared**」フォルダ内に「**SampleList.razor**」という名前でファイルを作成してください。

図4-19：「Razorコンポーネント」メニューを選び、ダイアログで「SampleList」と名前を入力する。

SampleList.razorファイルを用意できたら、ソースコードを作成しましょう。以下のようにコードを入力してください。

リスト4-12

```
@typeparam TItem
@using System.Diagnostics.CodeAnalysis


<h3>SampleList</h3>
<ul class="list-group">
    @foreach (var item in Items)
    {
        if (ItemTemplate is not null)
        {
            @ItemTemplate(item)
        }
    }
```

```
</ul>

@code {
    [Parameter]
    public RenderFragment<TItem>? ItemTemplate { get; set; }

    [Parameter, AllowNull]
    public IReadOnlyList<TItem> Items { get; set; }
}
```

RenderFragmentとTItemの利用

では、コードを見ていきましょう。まず最初に、以下のような@で始まるディレクティブが2つ記述されていますね。

```
@typeparam TItem
@using System.Diagnostics.CodeAnalysis
```

using文は、必要なパッケージを利用するためのものですから説明は不要でしょう。問題は、**@typeparam**です。これは、パラメータとして渡される値のタイプを指定するためのものです。このコンポーネントでは内部でコンポーネントテンプレートを使っていますが、これはジェネリクスを使って必要な値を渡すようになっています。

こうしたジェネリクスで使う値のタイプを指定するのに@typeparamは使います。これにより、ここでは**TItem**というジェネリクスデータ型が使われるようになります。TItemは、リストなどジェネリクスで保管する値を特定するような場合のジェネリクスデータ型です。わかりやすくいえば、new List<○○>()などというようにジェネリクスを使うときの<○○>部分のデータ型です。

このTItemをジェネリクスデータ型として指定することで、ジェネリクスを利用したデータをコンポーネントテンプレートでうまく扱えるようになります。よくわからなければ、「**コンポーネントテンプレートでジェネリクスを使うときはこれを書いておく**」ということだけ頭に入れておけばいいでしょう。

■パラメータの指定

コンポーネントテンプレートでは、パラメータの指定が非常に重要になります。テンプレートとなるもの、使用するデータとなるものをそれぞれ外部からパラメータとして受け取ることになるため、その指定を用意しておく必要があるのです。

これは、@codeを使って設定しています。

```
@code {
    [Parameter]
    public RenderFragment<TItem>? ItemTemplate { get; set; }

    [Parameter, AllowNull]
```

```
    public IReadOnlyList<TItem> Items { get; set; }
}
```

[Parameter]という属性は、これがパラメータとして渡される値であることを示します。ここでは2つのパラメータを用意しています。

1つ目は、ItemTemplateという変数で、これは以下のようにタイプを指定しています。

```
RenderFragment<TItem>?
```

この**RenderFragment**は、パラメータで渡されるコンポーネントを扱うためのものです。このRenderFragmentを記述しておくことで、パラメータで渡されるコンポーネントがそこにレンダリングされるようになります。

もう1つは、データを受け渡すためのリストを保管するItems変数です。これは以下のようにタイプを定義されています。

```
IReadOnlyList<TItem>
```

IReadOnlyListは、値の読み込みのみ可能なリストのインターフェイスで、リストをパラメータとして受け取る際に使う基本のタイプです。リストにはジェネリクスでTItemを指定しており、これは実際にパラメータにリストが渡されるときに、リストに保管するクラスが指定されることになります。

▌テンプレートによるリストの出力

では、実際にリストがどのようにして表示されているのか見てみましょう。ここでは、<ul> ～ </ul>の間に以下のような形でリストの内容が出力されています。

```
@foreach (var item in Items)
{
    if (ItemTemplate is not null)
    {
        @ItemTemplate(item)
    }
}
```

@foreachを使い、Itemsから値を取り出して繰り返し処理をしています。if (ItemTemplate is not null)で取り出した値がnullでないことを確認し、@ItemTemplate(item)を実行しています。

このItemTemplateは、先ほど@codeで定義したItemTemplateパラメータのことです。これには、RenderFragmentというタイプが指定されていましたね。ここで@ItemTemplate(item)というように実行することで、このItemTemplateの表示がレンダリングされ出力されるのです。ItemTemplateの引数にはItemsから取り出されたitemが指定されています。このitemの値を使い、ItemTemplateでリスト項目の表示が作られるわけです。

SampleListを利用する

では、作成したSampleListコンポーネントを使ってみましょう。先に作成したSample.razorファイルを開き、以下のようにコードを書き換えてください。

リスト4-13

```
@page "/sample"
@using SampleBlazorApp.Data

<h1>Sample</h1>

<SampleList Items="mydata" Context="item">
    <ItemTemplate>
        <li class="list-group-item">@item.Name (@item.Mail).</li>
    </ItemTemplate>
</SampleList>

@code {
    private List<Mydata> mydata = new()
    {
        new Mydata("Taro","hoge","taro@yamada"),
        new Mydata("Hanako", "foo", "hanako@flower"),
        new Mydata("Sachiko", "bar", "sachiko@happy")
    };
}
```

図4-20：Mydataがリストにまとめられて表示される。

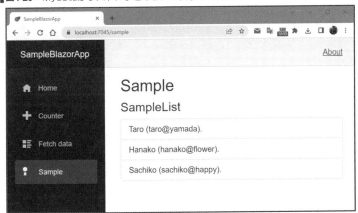

実行してSampleページを表示すると、Mydataのデータがリストにまとめられて表示されます。このリスト表示が、SampleListコンポーネントによるものです。

ここでは、@codeで表示するデータをMydataのリストとして用意しています。このよ

うになっていますね。

```
private List<Mydata> mydata = new(){……}
```

　この{}内に、リストに用意するMydataインスタンスを並べてあります。リストは`<Mydata>`としてジェネリクスでMydataを保管するように指定します。

SampleList コンポーネントを使う

　では、作成したSampleListコンポーネントをどのように使っているのかを見てみましょう。まず、忘れてはならないのが冒頭のusing文です。

```
@using SampleBlazorApp.Data
```

　SampleListコンポーネントは、SampleBlazorApp.Data名前空間に配置しているので、これをusingしておきます。これを忘れると使えないので注意しましょう。
　そしてSampleListコンポーネントを使ってリストを出力しているのが以下の部分です。

```
<SampleList Items="mydata" Context="item">
    <ItemTemplate>
        <li class="list-group-item">@item.Name (@item.Mail).</li>
    </ItemTemplate>
</SampleList>
```

　`<SampleList>`の属性には、Items="mydata" Context="item"というものが用意されています。Itemsは、変数mydataを指定していますね。先にSampleListコンポーネントを作成したとき、IReadOnlyList<TItem>型でItemsというパラメータを用意したことを思い出してください。Items="mydata"により、用意したList<Mydata>の値がItemsパラメータとしてSampleListコンポーネントに渡されます。
　もう1つのContext="item"は、Itemsから取り出した値が割り当てられる変数名と考えてください。これにより、この`<SampleList>`内では、@itemとしてItemsから取り出されたMydataを参照できるようになります。

ItemTemplate について

　この`<SampleList>`内には、`<ItemTemplate>`というタグが書かれています。これは、先にSampleListコンポーネントで用意したItemTemplateパラメータのコンポーネントなのです。このパラメータでは、RenderFragment<TItem>?というタイプが指定されていましたね。これにより、この`<ItemTemplate>`内の値をもとに表示がレンダリングされるようになります。
　この中には、`<li>`タグが用意されており、そこで@item.Name (@item.Mail).というようにして値を表示しています。この@itemは、mydataから取り出されたMydataインスタンスですね。その中のNameやMailの値を取り出し出力していたのです。
　この`<ItemTemplate>`内の部分は、`<SampleList>`でItemsから順に値を取り出したとき、その1つ1つの値について出力されます（SampleListで、@foreachで順に出力していたの

を思い出してください）。つまり、<ItemTemplate>に用意したテンプレートを使って
SampleListの内容が出力されるわけです。

　ということは、<ItemTemplate>内の記述を変更すれば、<SampleList>のリストの項目
も表示が変わることになります。コンポーネントテンプレートを使うと、このように柔
軟な表示を作成できるのです。

4.3 サーバーアクセス

「Fetch data」ページの働き

　Blazorの最大の魅力は、「**クライアントとサーバーを分ける必要がなく、1つのコード
として書けば自動的に両者を生成してくれる**」というところにあります。ということは、
サーバーから必要なデータを意識せずに取り出せる、ということです。

　これは一体、どのように行っているのでしょうか。実は、サンプルで作成したアプリ
ケーションに格好の例が用意されています。Webページの左側にある「**Fetch data**」とい
う項目を選択すると、日付と最高最低気温、天候といったものがテーブルにまとめられ
て表示されます。もちろん、これは実際の天気予報ではなくサンプルとしてランダムな
値が表示されているだけですが、「**サーバー側で用意したデータをクライアントからア
クセスして受け取り表示する**」ということを行っているのです。

■図4-21：「Fetch data」では天気の情報がテーブルに表示される。

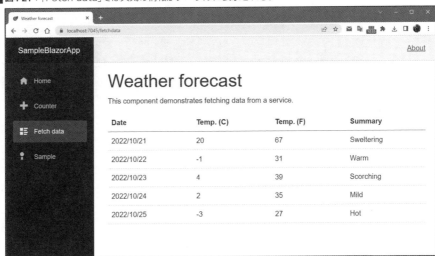

■Fetch data ページを構成するもの

　では、この「**Fetch data**」ページはどのようなもので構成されているのでしょうか。こ
こで使われているものを以下に整理しましょう。

FetchData.razor	これが、この「Fetch data」ページのコンテンツを表示しているRazorコンポーネントです。
WeatherForcast.cs	これは、天気のデータを扱うモデルクラスです。「Data」フォルダにあります。
WeatherForcastService.cs	これはWeatherForcastをもとに数日間の天気データをまとめたものをコンポーネントに提供するプログラムです。「Data」フォルダにあります。

　WeatherForcast.csは、WeatherForcastService.csの内部で使っているモデルクラスであり、天気の部品となるものです。従って、データのやり取りはFetchData.razorとWeatherForcastService.csの間で行われている、と考えていいでしょう。

FetchDataコンポーネントの働き

　では、FetchData.razorから見ていきましょう。ここに用意されているFetchDataコンポーネントのコードは以下のようになっています。

リスト4-14

```
@page "/fetchdata"
@using SampleBlazorApp.Data
@inject WeatherForecastService ForecastService

<PageTitle>Weather forecast</PageTitle>

<h1>Weather forecast</h1>

<p>This component demonstrates fetching data from a service.</p>

@if (forecasts == null)
{
    <p><em>Loading...</em></p>
}
else
{
    <table class="table">
        <thead>
            <tr>
                <th>Date</th>
                <th>Temp. (C)</th>
                <th>Temp. (F)</th>
                <th>Summary</th>
            </tr>
        </thead>
```

```
        <tbody>
            @foreach (var forecast in forecasts)
            {
                <tr>
                    <td>@forecast.Date.ToShortDateString()</td>
                    <td>@forecast.TemperatureC</td>
                    <td>@forecast.TemperatureF</td>
                    <td>@forecast.Summary</td>
                </tr>
            }
        </tbody>
    </table>
}

@code {
    private WeatherForecast[]? forecasts;

    protected override async Task OnInitializedAsync()
    {
        forecasts = await ForecastService
            .GetForecastAsync(DateOnly.FromDateTime(DateTime.Now));
    }
}
```

▌@ディレクティブ

では、コードの内容を理解していきましょう。まず冒頭にいくつかのディレクティブが記述されています。

```
@page "/fetchdata"
@using SampleBlazorApp.Data
@inject WeatherForecastService ForecastService
```

@pageと@usingは既に説明済みですね。これで"/fetchdata"のパスにコンポーネントが割り当てられ、SampleBlazorApp.Data名前空間のクラスが使えるようにしています。

最後の**@inject**というディレクティブは、初めて登場するものですね。これは、「**依存性の注入**」と呼ばれる機能のためのものです。依存性の注入というのは、一般に「**DI (Dependency Injection)**」と呼ばれており、オブジェクトに外部から機能を追加して組み込むための仕組みです。この@injectにより、変数ForecastServiceにWeatherForecastServiceインスタンスが自動的に割り当てられます。自分でWeatherForecastServiceのインスタンスを作成し割り当てるような処理を用意する必要はありません。

このWeatherForecastServiceは、「**サービス**」という形でアプリケーションに用意されています。@Injectにより、アプリに用意されているサービスのインスタンスが自動的に

この変数に割り当てられ使えるようになっているのです。

▌Task を生成する非同期メソッド

では、ここで実行しているコードを見てみましょう。@codeには以下のような処理が用意されていました。

```
@code {
    private WeatherForecast[]? forecasts;

    protected override async Task OnInitializedAsync()
    {
        forecasts = await ForecastService
            .GetForecastAsync(DateOnly.FromDateTime(DateTime.Now));
    }
}
```

forecastsというWeatherForecast配列の変数と、**OnInitializedAsync**というメソッドが用意されています。OnInitializedAsyncは、「**Task**」というクラスのインスタンスを返すメソッドです。これは後述しますが、System.Threading.Tasks名前空間にあるクラスで、スレッド処理のタスクを扱うものです。

しかもこれは、overrideがついていることからわかるように、オーバーライドされています。「**Razorページのコードなのに、オーバーライド？　一体何を？**」と思ったかも知れません。実を言えば、Razorコンポーネントは、内部的にはC#のクラスとして生成されています。このFetchDataコンポーネントならば、SampleBlazorApp.Pages名前空間の「**FetchData**」クラスとして定義されているのです。このクラスのOnInitializedAsyncメソッドをオーバーライドしていたのですね。

OnInitializedAsyncメソッドは、ComponentBaseというクラスに用意されているメソッドです。これはコンポーネントの土台となるもので、すべてのRazorコンポーネントはこのクラスを継承しています。これはコンポーネントの準備が完了したときに呼び出されるメソッドで、ここに必要な処理を記述することでコンポーネントに初期化処理を用意できます。

ここでは、ForecastServiceのGetForecastAsyncというメソッドを呼び出し、戻り値をforecastsに代入しています。これでWeatherForecastServiceから必要な情報を取り出していたのですね。

WeatherForcastServiceとサービス

では、データを提供しているWeatherForecastServiceクラスがどのようになっているのか見てみましょう。WeatherForecastService.csファイルには以下のようなコードが書かれています（namespaceは、ファイル全体にかかるよう書き換えてあります）。

リスト4-15

```
namespace SampleBlazorApp.Data;

public class WeatherForecastService
{
    private static readonly string[] Summaries = new[]
    {
        "Freezing", "Bracing", "Chilly", "Cool", "Mild", "Warm", "Balmy",
            "Hot", "Sweltering", "Scorching"
    };

    public Task<WeatherForecast[]> GetForecastAsync(DateOnly startDate)
    {
        return Task.FromResult(Enumerable.Range(1, 5)
                .Select(index => new WeatherForecast
        {
            Date = startDate.AddDays(index),
            TemperatureC = Random.Shared.Next(-20, 55),
            Summary = Summaries[Random.Shared.Next(Summaries.Length)]
        }).ToArray());
    }
}
```

static readonlyが指定された配列Summariesと、「**GetForecastAsync**」というメソッドが用意されています。このGetForecastAsyncが、FetchDataコンポーネントのOnInitializedAsyncから呼び出されていたのですね。

ここでは、**Task**インスタンスを返す文を実行していますが、これがかなりわかりにくいでしょう。返すTaskは、以下のように作成しています。

```
Task.FromResult(……);
```

FromResultというのは、引数に**TResult**というクラスのインスタンスを指定して呼び出すもので、このTResultをもとにTaskを作成します。この引数に指定されているのは、以下のような文です。

```
Enumerable.Range(1, 5).Select( 関数 ).ToArray()
```

Enumerableは反復処理可能なコレクションです。Selectは、引数に指定した関数の処理をコレクションの各要素について適用します。つまり1～5のコレクションについて引数の処理を適用したものを取得し配列にして返していたわけですね。

では、引数に用意した関数というのはどのようなものでしょうか。

```
index => new WeatherForecast{……}
```

こうなっていました。これはラムダ関数ですね。WeatherForecastインスタンスを作成して返しています。ということは、FromResultの引数には、WeatherForecastインスタンスのコレクションを配列にしたものが渡されていたわけです。

整理すると、GetForecastAsyncメソッドは「**WeatherForecastインスタンスの配列を作る処理がタスクとして実行される**」というものだったわけです。この「**Taskでタスクとして処理を実行し、結果をTResultとして返す**」というのがポイントです。このような形で処理を実行し結果を返すのが、クライアントからサーバーにアクセスして必要な結果を受け取る際の基本といえます。

サービスとは？

このWeatherForecastServiceというクラスがクライアント側からタスクとして呼び出せたのは、このクラスが「**サービス**」として登録されていたからです。

サービスは、アプリケーションのどこからでも必要に応じて機能を呼び出せるプログラムです。これは通常、クラスとして作られます。アプリケーションが起動する際、プログラムで必要となるサービスはシステムによりインスタンスが作成され、アプリケーション内に組み込まれます。アプリ内にあるC#のコードでは、@injectによりこのインスタンスを必要に応じて自動的に割り当て、呼び出せるようになっているのです。

Program.csファイルを開いてみてください。ここでは、WebApplicationクラスのCreateBuildeメソッドでWebApplicationBuilderインスタンスを作成し、必要なサービスの追加を行っていました。ここに、以下のような文が書かれているのがわかります。

```
builder.Services.AddSingleton<WeatherForecastService>();
```

これでWeatherForecastServiceクラスのインスタンスがサービスとして追加されていたのです。これにより、このWeatherForecastServiceインスタンスは@injectで取り出せるようになり、必要に応じて呼び出せるようになっていたのです。

サービスプログラムを作る

では、実際に簡単なサービスを作ってクライアントから利用してみましょう。サービスは、サーバー側でデータを作成して返すので、「**Data**」フォルダに配置しておけばいいでしょう。

Visual Studio Communityを利用しているならば、「**Data**」フォルダを右クリックし、「**追加**」メニューから「**クラス**」サブメニューを選択します。そして現れたダイアログで「**クラス**」を選び、「**MydataService**」と名前を記入してクラスを追加しましょう。それ以外の環境では、「**Data**」フォルダ内に直接「**MydataService.cs**」という名前でファイルを作成してください。

図4-22：「クラス」メニューを選び、「MydataService」と名前を指定する。

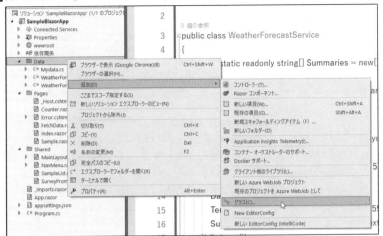

サービスのコードを作成する

では、MydataService.csを開き、ソースコードを記述しましょう。以下のように内容を書き換えてください。

リスト4-16

```
namespace SampleBlazorApp.Data;

public class MydataService
{
    private List<Mydata> datos = new()
    {
        new Mydata("Taro","hoge","taro@yamada"),
        new Mydata("Hanako","foo","hanako@flower"),
        new Mydata("Sachiko","bar","sachiko@happy")
    };
```

```
public Task<Mydata> GetMydataAsync(int n)
{
    int num = n < 0 ? 0 : n > datos.Count ? datos.Count : n;
    return Task.FromResult(datos[n]);
}
}
```

　ここでは、「**MydataService**」という名前のクラスを作成しています。このクラスには、Mydataのリストを保管するdatosプロパティと、リストから指定の値を取り出すGetMydataAsyncメソッドを用意してあります。GetMydataAsyncメソッドは、戻り値としてTask<Mydata>を指定しています。

　このメソッドでは、まず引数の値がゼロ以上リストの項目数未満となるようにし、Task.FromResultタスクを返しています。引数にはdatos[n]としてdatosから指定したインデックスの値を指定しています。これで、引数で番号を渡すとdatosから指定のMydataを取り出して返すメソッドが用意できました。

Program.cs の修正

　Blazorのコンポーネントからサービスを利用するためには、MydataServiceをサービスとして登録しておく必要があります。

　Program.csを開き、WebApplicationBuilderにサービスを追加している部分に以下の文を追記してください（var app = builder.Build(); の手前あたりでいいでしょう）。

リスト4-17

```
builder.Services.AddSingleton<MydataService>();
```

　これでMydataServiceがサービスとして登録され、Razorコンポーネントの中から使えるようになります。

SampleServiceを利用する

　では、このMydataServiceをクライアント側から利用してみましょう。ここではSampleコンポーネントを書き換えることにします。Sample.razorを開き、以下のように修正してください。

リスト4-18

```
@page "/sample"
@using SampleBlazorApp.Data
@inject MydataService Myservice

<h1>Sample</h1>

@if (mydata == null)
{
```

```
        <div class="alert alert-secondary">
            no data...
        </div>
    }
    else
    {
        <div class="alert alert-primary">
            <h5>id = @num</h5>
            <h6>@mydata.Name (@mydata.Mail)</h6>
        </div>
    }
    <input class="form-control" type="number" min="0" max="2"  value="0"
        @onchange="OnUpdateData" />

    @code {
        int num = 0;
        Mydata? mydata;

        protected override async Task OnInitializedAsync()
        {
            await GetDataFromService();
        }

        async void OnUpdateData(ChangeEventArgs e)
        {
            num = Int32.Parse(e.Value?.ToString() ?? "0");
            await GetDataFromService();
        }
        async Task GetDataFromService()
        {
            mydata = await Myservice.GetMydataAsync(num);
        }
    }
```

　これで完成です。実際にアプリケーションを実行して動作を確認しましょう。左側の「**Sample**」をクリックしてSampleコンポーネントを表示させると、そこに整数を入力するフィールドが用意されています。この値を変更すると、その上に表示されるデータが変更されます。

　ここではフィールドで値を変更すると、MydataServiceからGetMydataAsyncメソッドを呼び出し、Mydataインスタンスを受け取って表示を更新しています。

図4-23：フィールドの値を変更すると、表示されるMydataが変更される。

MydataService のアクセス

　ここでは、@code内に2つの変数と3つのメソッドが用意されています。メソッドはそれぞれ以下のようなものです。

OnInitializedAsync	コンポーネントの初期化処理を行います。
OnUpdateData	フィールドの値が変更されたときの処理です。
GetDataFromService	MydataServiceのGetMydataAsyncを使ってMydataを取り出します。

　実際にサービスにアクセスしているのは、最後のGetDataFromServiceだけです。このメソッドの働きだけわかればデータアクセスの仕組みはわかるでしょう。

```
mydata = await Myservice.GetMydataAsync(num);
```

　これがメソッドで実行している処理です。Myservice.GetMydataAsyncを呼び出して、結果をmydataに保管しているだけです。非同期なので注意が必要ですが、やっていることはごく単純なものですね。

　なお、今回はフィールドの値を操作するとこのGetMydataAsyncを呼び出して値を更新する必要があるため、<input>では@bindを使っていません。@bindは、コントロールの値を変数にバインドするのでコントロールから値を取り出して利用するには非常に便利ですが、これは処理まで実行してくれるわけではありません。

　そこで今回は、@onchange="OnUpdateData"というようにしてフィールドの値が変更されたらOnUpdateDataメソッドを呼び出すようにしました。@onchangeを利用する場合、@bindによる値のバインドは使えないので注意してください。

　クライアント側の処理は、見た限りではサービスだからといって難しいことを行っているわけではありません。サービス側でTaskを返す形で必要な値を受け渡すメソッドを用意できれば、クライアント側からのサービスの利用は非常に単純です。サービス側の**「タスクを作成して実行する処理」**さえきちんと作れたなら、利用はとても簡単なのです。

静的ファイルの利用

　BlazorではクライアントのHTMLコードとサーバー側のC#コードが融合しているため、従来のような「**HTMLファイルを作ってそこからサーバーにアクセスする**」というように両者が明確に分かれたページは作りません。しかし、あえてそのようなWebページを用意したいこともあるでしょう。

　このようなときは、静的ファイルとしてHTMLファイルを用意すればいいのです。ここまでRazorページ、MVCアプリケーション、Blazorアプリケーションと3種類のアプリケーションを作ってきましたが、これらにはいずれも「**wwwroot**」というフォルダが用意されていました。これは、アプリケーションに用意されている静的ファイルの配置場所です。このフォルダにファイルを用意すると、それらはファイル名を指定して直接アクセスすることができます。

　実際に試してみましょう。「**wwwroot**」フォルダにHTMLファイルを用意し、使ってみることにします。Visual Studio Communityを利用している場合は、「**wwwroot**」フォルダを右クリックし、「**追加**」メニューから「**新しい項目...**」サブメニューを選んでください。

■図4-24：「新しい項目...」メニューを選ぶ。

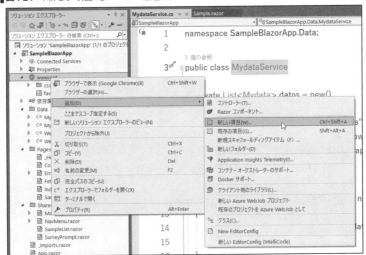

　ダイアログが現れたら、作成するファイルの種類を選びます。左側の「**インストール済み**」というところから、「**Web**」項目内にある「**コンテンツ**」を選択します。するとその右側にコンテンツの種類がリスト表示されるので、ここから「**HTMLページ**」を選んでください。下部のフィールドには「**SamplePage**」と名前を入力し、追加します。

　その他の環境を利用している場合は、「**wwwroot**」フォルダに「**SamplePage.html**」という名前でファイルを作成してください。

図4-25：「HTMLページ」を選択し、名前を「SamplePage」と記入する。

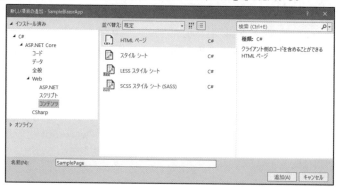

SamplePage.html を作成する

　では、作成したファイルにコードを記述しましょう。ここでは、ごく簡単なコンテンツを表示させておきます。SamplePage.htmlの内容を以下のように変更してください。

リスト4-19

```
<!DOCTYPE html>
<html>
<head>
    <meta charset="utf-8" />
    <title>Sample Page</title>
</head>
<body>
    <h1>Sample Page</h1>
    <p>これは、サンプルで作った静的HTMLファイルです。</p>
</body>
</html>
```

図4-26：/SamplePage.htmlにアクセスすると用意したWebページが表示される。

　作成できたらアプリケーションにアクセスをしてみましょう。/SamplePage.htmlにアクセスすると、作成したWebページが表示されます。「**wwwroot**」フォルダにあるファイルは、このようにファイル名で直接アクセスできることがわかります。

JavaScriptライブラリの利用

クライアント側に何らかの処理を追加したい場合、一般的にはJavaScriptのスクリプトを用意します。しかしBlazorを利用している場合、これができません。スクリプトファイルは、通常、<script>タグを使って読み込みますが、Blazorのページでは<script>でスクリプトを読み込ませることができません。スクリプトの読み込みには、別の方法をとる必要があります。

また、Razorコンポーネントでは、JavaScriptのスクリプトを直接書いて動かすことができません。@codeを使い、C#のコードとして処理を記述しますから、読み込んだスクリプトファイルにある処理を実行する場合も、C#からJavaScriptの関数などを呼び出すことになります。

しかし、実際問題としてJavaScriptを呼び出して使いたいことはあるでしょう。オープンソースのJavaScriptライブラリを利用するようなこともあるはずです。こんなとき、Blazorではどうやってスクリプトを使えばいいのでしょうか。

▍スクリプトのロード

まず、「**JavaScriptのスクリプト**」をどうやって用意するか、です。Razorコンポーネントでは<script>は使えないので、直接記述することはできません。また、同じ理由で外部のスクリプトファイルを<script>タグで読み込むこともできません。

これにはいくつかやり方が考えられますが、もっともシンプルでわかりやすいのは「**_Host.cshtml**」を利用する方法です。_Host.cshtmlは、BlazorのWebページのベースとなっているテンプレートですが、このファイルでは<script>タグを記述して利用することができます。スクリプトファイルを「**wwwroot**」に配置し、これを_Host.cshtml内から<script>で読み込めば、ライブラリをロードし利用することができます。

もう1つは、「**アプリケーションのモジュール**」として実装する方法です。Blazorアプリケーションでは、「**wwwroot**」フォルダに「**アプリ名.lib.module.js**」という名前でファイルを配置しておくと、これをアプリケーションのライブラリとして自動的に読み込んでくれます。ここに必要なスクリプトを記述しておけばいいのです。

▍スクリプトファイルの作成

では、実際にスクリプトファイルを作成し利用してみましょう。ここでは、アプリケーションのモジュールとしてスクリプトを用意することにします。

Visual Studio Communityを利用している場合は、「**wwwroot**」フォルダを右クリックして「**追加**」メニューの「**新しい項目...**」サブメニューを選び、項目を追加するダイアログを呼び出してください。そして「**JavaScriptファイル**」を選択したら、「**SampleBlazorApp.lib.module.js**」という名前でファイルを作成してください。

図4-27：「SampleBlazorApp.lib.module.js」という名前でJavaScriptファイルを追加する。

　ファイルを作成したら、開いて簡単なスクリプトを用意しておきましょう。ここでは以下のように記述しておいてください。

リスト4-20

```javascript
export function beforeStart(options, extensions) {
    console.log("before Start");
}

export function afterStarted(blazor) {
    console.log("after Started");
}

window.say = (message) => {
    alert(message);
}

window.ask = (message)=> {
    return prompt(message, '');
}
```

beforeStart/afterStarted について

　ここでは、exportを使って2つのエクスポートされる関数を用意しています。この2つは、役割が既に決まっている関数です。

beforeStart	Blazorを開始する前に呼び出される関数です。ここに、Blazorを利用するとき事前に必要な処理を用意します。
afterStarted	Blazorが準備完了したら呼び出される関数です。ここに、Blazorが使えるようになったあとに必要となる初期化処理などを用意します。

　ここでは、単純にconsole.logで確認のメッセージを出力してありますが、これらは

JavaScriptで何らかの初期化処理が必要となった際に利用できます。BlazorでJavaScript
モジュールを利用する際の基本として覚えておきましょう。

window へのメソッドの追加

その他のものが、独自に作成した処理になります。ここでは「**say**」「**ask**」という2つの
処理を用意しました。sayはメッセージを表示し、askはテキストの入力を行います。
見ればわかりますが、これらの処理は普通の関数などの形にはなっていません。以下
のように実装してあります。

```
window.プロパティ = 関数;
```

windowのプロパティに関数を代入しています。つまり、windowオブジェクトのメソッ
ドとして処理を追加しているわけですね。このwindowは、スクリプトのルートとなる
オブジェクトですね。BlazorでJavaScriptのスクリプトを用意する場合、必ずwindowオ
ブジェクトに追加する形で処理を用意する必要があります。普通に関数として定義して
も、それをBlazor側から呼び出すことはできません。

BlazorからJavaScriptを呼び出す

では、BlazorのコードからJavaScriptの処理を呼び出してみましょう。ここでは、
Sampleコンポーネントを書き換えて使うことにします。Sample.razorを開き、以下のよ
うに内容を変更してください。

リスト4-21

```
@page "/sample"
@inject IJSRuntime JS

<h1>Sample</h1>

<button class="btn btn-primary" @onclick="hello">say hello!</button>

@code {
    async Task hello()
    {
        string res = await JS.InvokeAsync<string>("ask", "何か書いて。");
        await JS.InvokeVoidAsync("say", "あなたは、「" + res + "」と書いた。");
    }
}
```

図4-28:ボタンをクリックすると、テキストを入力するダイアログが現れる。ここに値を書いてOKすると、メッセージが表示される。

記述したら実際に動かして動作を確認しましょう。Webページ左側の「**Sample**」をクリックしてSampleページに移動すると、「**say hello!**」というボタンが用意されています。これをクリックすると、テキストを入力するダイアログが現れます。ここにテキストを記入してOKすると、入力したテキストをメッセージとして表示します。

Column ホットリロードとリビルド

ホットリロードでアプリを再実行させたとき、「**アプリをリビルドするか**」といった警告が表示された人もいるでしょう。ホットリロードは常に可能なわけではありません。場合によっては、コード全体をビルドし直す必要が生じることもあります。これはその警告です。そのままリビルドを行えば、アプリを再起動して最新の状態にできます。

IJSRuntime の利用

では、コードを見てみましょう。ここでは、冒頭に以下のようなディレクティブが用意されています。

```
@inject IJSRuntime JS
```

この「**IJSRuntime**」というものは、JavaScriptとのやり取りを行うためのインターフェ

イスです。これを依存性の注入でJSに割り当てます。このJSオブジェクトを使って、JavaScriptの機能の呼び出しを行います。

　ここでは、helloというメソッドを定義していますね。これはTaskを返す形で定義されています。JavaScript側を呼び出す処理は、このようにTaskを戻り値としておきます。

　このhelloの中で、JavaScriptのwindow内に追加したaskとsayを呼び出しています。これらは、JSにある以下のようなメソッドを使います。

●戻り値のある処理の呼び出し

```
JS.InvokeAsync<型>( 名前, 引数……)
```

●戻り値のない処理の呼び出し

```
JS.InvokeVoidAsync( 名前, 引数……)
```

　InvokeAsyncではジェネリクスを使って戻り値のタイプを指定します。どちらも第1引数に呼び出す処理の名前(windowに用意したメソッド名)を指定し、第2引数以降にメソッドに渡す値を用意します。どちらも非同期処理なので、thenで結果を得るかawaitで完了まで待って処理を行うようにしてください。

　C#からJavaScriptを実行させるには、この2つのメソッドを使います。使い方さえわかれば、そう難しいものではないので、ここでぜひ覚えておきましょう。

Chapter 5

Entity Frameworkによるデータベースアクセス

ASP.NET Coreでは、「Entity Framework Core」という
データベースアクセスのためのフレームワークが用意されて
います。ここではRazorページアプリケーションとMVCア
プリケーション、そしてBlazorについてもデータベースアク
セスの基本について説明しましょう。

5.1 Razorアプリケーションのデータベース利用

ASP.NET CoreとEntity Framework

ここまでWebアプリケーションの基本的な説明をしてきましたが、その中で、あえて触れずにいた部分があります。それは、「**データベースアクセス**」です。

例えばMVCアプリケーションでは、VCについては説明しましたが、「**Model(モデル)**」の説明はあえてしていませんでした。モデルは、データを管理するためのものです。そして一般的には、こうしたデータ管理は、イコール「**データベースの利用**」と結びつきます。つまり、モデルの利用とは「**MVCからいかにデータベースを利用するか**」という話になるのです。

RazorページでもBlazorでも、やはりデータベースに関する機能については特に触れていません。データベースアクセスとなると、考えなければいけないことも山のように出てきます。そこでデータベースに関する部分はアプリケーションの基本から切り離し、独立した章として説明をすることにしました。それがすなわち、この章(と次の章)です。

▌Entity Framework Core と ORM

ASP.NET Coreでデータベースアクセスを行う場合、必ず利用することになるのが「**Entity Framework Core**」というフレームワークです。これは、.NET Coreとセットで用いられる専用のデータベースフレームワークです。もともと.NET Frameworkに用意されていたEntity Frameworkというフレームワークを.NET Core用に移植したものになります。

このEntity Framework Coreは、「**ORM**」と呼ばれる技術のためのフレームワークです。ORMとは「**Object-Relational Mapping(オブジェクト＝リレーショナル・マッピング)**」の略です。

オブジェクトとは、プログラミング言語のオブジェクト(インスタンス)のことです。そしてリレーショナルとは、SQLリレーショナルデータベースのリレーショナルを示すものと考えていいでしょう。つまりこれは、「**プログラミング言語のオブジェクトと、SQLデータベースのデータを相互にマッピングする技術**」なのです。

ORMでは、プログラミング言語からデータベースを利用する際、SQLを使いません。データベース利用のために用意されたクラスからメソッドを呼び出すだけで行えます。そしてデータベースからレコードを受け取る際も、レコードデータをそのまま配列化したようなものではなく、専用のクラスのインスタンスとして受け取ることができます。

ORMを使うことで、データベースやそこに保管されるデータは、すべて「**プログラミング言語のオブジェクト**」として扱えるようになるのです。データベースを利用するのに、プログラミング言語とは全く異なるSQLという言語を使う必要がなくなり、ただC#のオブジェクトを操作するだけでデータベースを自由に操作できるようになります。

▌**図5-1**（前書の4-1）：ORMは、プログラムとデータベースの間にはいり、オブジェクトとSQLクエリを相互に変換する。

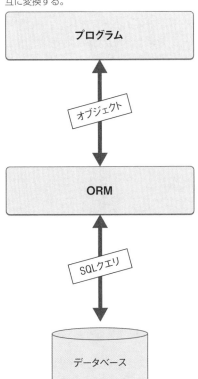

Entity Framework Coreとモデル

　では、Entity Framework Coreとは、どのような機能を提供するものでしょうか。その特徴を簡単に整理しましょう。

●モデルが基本！

　Entity Framework Coreでは、「**モデル**」というクラスを作成します。モデルは、データを保管するための「**入れ物**」としての役割を果たします。データベースとのデータのやり取りは、モデルクラスのインスタンスの形で行われます。

●モデルとデータコンテキストの分離

　具体的にデータベースとやり取りを行うのに、Entity Framework Coreには「**データコンテキスト**」というクラスが用意されます。これにより、データベースからモデルとしてレコード情報を取り出したり、データベースのレコードを操作したりできるようになります。

　モデルと、アクセス用のクラスを切り分けそれぞれ用意することで、すっきりとわかりやすい形でデータベースアクセス処理を作成できます。

●コードファースト

　Entity Framework Coreでは、データベースにテーブルを作成したりする作業は必要ありません。モデルなどC#のソースコードを用意すれば、それをもとにデータベース側にテーブルを生成します。常にC#のコードを書くことだけが求められます。データベースに直接アクセスして作業することはほとんどありません。

●強力なスキャフォールディング

　Entity Framework Coreには「**スキャフォールディング**」と呼ばれる機能があり、モデルをもとにCRUD（Create, Read, Update, Delete）の基本的なデータベースアクセスを自動生成します。この生成された内容をよく理解することで、データベースアクセスの基本がわかります。あとは必要な検索などの処理を追加するだけで実用的なデータベースアクセスのプログラムを構築できるでしょう。

●フォームとのバインド

　これは実際にコードを見ていけばわかることですが、データベースにレコードを追加したり、既にあるレコードを編集したりする場合、そのためのフォームを用意して処理を行うことになるでしょう。Entity Framework Coreでは、フォームとモデルをバインドし、シームレスに送信された情報をレコードとして操作できます。
　また、フォームには値の検証（バリデーション）が必要となりますが、これもEntity Framework Coreに標準的な検証機能が用意されており、モデル作成時に必要な情報を用意することでほぼ自動的に検証処理を行うようになります。

　Entity Framework Coreは、モデルの作成さえできれば、あとはほとんど自動的に基本的なプログラムを作りデータベースを使えるようにしてくれます。もちろん、自分なりに独自の処理を行わせようと思えばそのための学習が必要ですが、自動生成されたコードを読むことで、短期間でアクセス処理の基本をマスターできるでしょう。

Razorページアプリのデータベース設定

　では、Razorページアプリケーションでのデータベース利用から説明しましょう。Razorページアプリケーションでデータベースを利用するのに必要な作業は、以下のようになります。

- データベースプロバイダのモジュールインストール。
- モデルクラスの作成。
- マイグレーションとデータベース更新。
- スキャフォールディングによるCRUD生成。

　これらが一通り行えれば、Razorアプリケーションでデータベースを利用できるようになります。では、順に作業していきましょう。
　現在、Visual Studio Communityで他のアプリケーションのプロジェクトが開かれている場合は、「**プロジェクト**」メニューの「**ソリューションを閉じる**」を選んでプロジェクトを閉じてください。そして現れるスタートウィンドウから、先に作成した「**SampleRazorApp**」プロジェクトを開いておきましょう。

パッケージをインストールする

では、作業を開始しましょう。まず最初に行うのは、「**データベースアクセスのためのパッケージのインストール**」です。

Entity Framework Coreは、データベースアクセスの基本的な機能が一通り揃っていますが、データベースへのアクセス部分は「**どのデータベースを利用するか**」によって違ってきます。このため、データベースとの間で直接やり取りする部分(Entity Framework Coreでは「**データベースプロバイダ**」と呼ばれます)については、使用するデータベース用のものを別途インストールすることになっています。

▌Entity Framework パッケージのインストール手順

では、データベース利用の準備を整えましょう。ここでは、ASP.NET Coreに標準で用意されている開発用SQLサーバーを使うことにします。これは開発時にとりあえずSQLデータベースを用意する必要がある場合に多用されます。

Entity Framework Coreによるデータベースアクセスを行うためには、それに必要なパッケージをインストールします。これはNuGetというパッケージ管理ツールを利用します。

▌▌Visual Studio Community for Windowsの場合

●1. NuGetパッケージマネージャを開く

「**プロジェクト**」メニューから「**NuGetパッケージの管理**」を選びます。これで、画面にNuGetパッケージマネージャが開きます。

図5-2:「NuGetパッケージの管理」メニューを選ぶ。

●2. 「entity framework」を検索

上部の「**参照**」リンクをクリックし、表示を切り替えます。そして、そのすぐ下にある検索フィールドに「**entity framework**」と入力し検索します。

図5-3：上部の「参照」リンクをクリックして表示を切り替える。

● 3. Microsoft.EntityFrameworkCoreをインストール

　検索結果のリストの中から「**Microsoft.EntityFrameworkCore**」という項目を探してください。これを選択し、現れた詳細表示にある「**インストール**」ボタンをクリックします。

図5-4：Microsoft.EntityFrameworkCoreを選択し、「インストール」ボタンをクリックする。

● 4. 更新のプレビュー画面で「OK」ボタンを押す

　「**更新のプレビュー**」というウィンドウが現れます。プロジェクトへの変更内容が表示されるので、「**OK**」ボタンを押します。

図5-5：更新のプレビュー画面。そのまま「OK」する。

●5. ライセンスを確認し同意する

「**ライセンスへの同意**」というウィンドウが現れます。ライセンス契約内容を確認し、「**同意**」ボタンをクリックします。これでパッケージがインストールされます。

図5-6：ライセンスへの同意。「同意」する。

●6. 同様に他のパッケージをインストールする

パッケージのインストール方法がわかったら、同様にして以下のパッケージをすべてインストールしてください。

- Microsoft.EntityFrameworkCore（インストール済み）
- Microsoft.EntityFrameworkCore.Design
- Microsoft.EntityFrameworkCore.SqlServer
- Microsoft.EntityFrameworkCore.Tools
- Microsoft.VisualStudio.Web.CodeGeneration.Design

Visual Stuio Community for macOSの場合
●1. メニューからインストール画面を起動

「**プロジェクト**」メニューから「**NuGetパッケージの追加...**」を選びます。

●2.「entity framework」と検索

　画面にウィンドウが現れるので、上部右の検索フィールドから「**entity framework**」と検索します。

●3. パッケージを選択

　検索結果が表示されます。その中から必要なパッケージを探して「**パッケージを追加**」ボタンをクリックし、インストールしていきます。インストールするパッケージは、先にWindows番の説明で掲載したのと同じものです。

■図5-7：entity frameworkを検索して必要なパッケージを探し、インストールする。

●4. パッケージをインストール

　「**パッケージを追加**」ボタンを押すと、プロジェクトが選択されていなかった場合はインストールするプロジェクトを選択するウィンドウが現れます。続いて「**ライセンスの同意**」ウィンドウが現れるので「**同意する**」ボタンをクリックします。これでインストールが実行されます。

■その他の環境の場合

　ターミナルやコマンドプロンプトなどを開き、プロジェクトのフォルダにカレントディレクトリを移動してから、以下のコマンドを実行します。

```
dotnet add package Microsoft.EntityFrameworkCore
dotnet add package Microsoft.EntityFrameworkCore.Design
dotnet add package Microsoft.EntityFrameworkCore.SqlServer
dotnet add package Microsoft.EntityFrameworkCore.Tools
dotnet add package Microsoft.VisualStudio.Web.CodeGeneration.Design
```

Column パッケージの準備はRazorでもMVCでも同じ！

　この「**パッケージのインストール**」作業は、Razorページアプリケーションに限らず、MVCアプリケーションでもBlazorアプリケーションでも全く同様に必要な作業です。また、ASP.NET Coreでは一般的なWebアプリ以外のプロジェクトも作成できますが、それらでも基本的にはすべて同じ作業が必要になります。

　ここではRazorページアプリケーションでのデータベース利用のための作業として説明をしますが、「**基本的な作業はどんな種類のアプリケーションでも同じだ**」という点は頭に入れておいてください。

MS SQL サーバーについて

　ここでは4つのパッケージをインストールしましたが、この中の「**SqlServer**」というものは、Entity Frameworkでデフォルトで使われるMS SQLサーバー利用のためのパッケージです。特に使用するデータベースなどを決めていない場合、これをインストールすれば自動的にMS SQLサーバーによるデータベースが利用可能になります。

　ただし、既に使用するデータベースなどが決まっている場合は、そのデータベースを利用するようにパッケージを構成することになるでしょう。この場合、SqlServerをインストールする必要はありません。代わりに、使用するデータベース用のプロバイダをインストールして使うことになります。

SQLite を利用する場合

　では、その他のデータベースを利用する場合について簡単に触れておきましょう。まずはSQLiteからです。

　SQLiteを利用するには、そのためのプロバイダをインストールします。これはNuGetパッケージ管理ツールを利用し、以下のパッケージをインストールします。

- Microsoft.EntityFrameworkCore.Sqlite
- Microsoft.EntityFrameworkCore.SqliteCore

図5-8：SQLiteのプロバイダをインストールする。

▌MySQL を利用する場合

　MySQLを使うには、MySQL用のプロバイダをインストールします。「**プロジェクト**」
メニューの「**NuGetパッケージの管理...**」を選び、現れたウィンドウで以下のパッケージ
をインストールします。

- ・ Microsoft.EntityFrameworkCore.Relational
- ・ Pomelo.EntityFrameworkCore.MySql

▌**図5-9**：MySQLのプロバイダをインストールする。

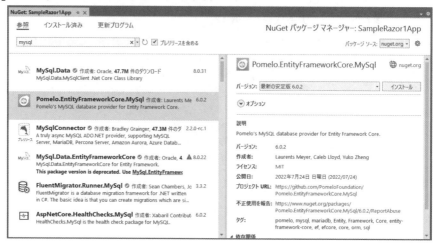

モデルを作成する

　これで必要なパッケージが用意できました。では、プロジェクトにデータベース関連
のコードを作成しましょう。

　データベースを利用する際には、まず最初に「**モデル**」というクラスを作成します。こ
れは、利用するテーブルの構造をそのままにC#のクラス化したものです。データベース
アクセスを行う際には、どのようなデータが必要になるかを考え、それらを扱うための
モデルを設計します。

　ここでは、ごく簡単な「**Person**」というモデルを作成することにしましょう。これには、
以下のような値を保管することにします。

PersonId	それぞれのデータに割り当てるID番号。整数値。
Name	名前。テキスト値。
Mail	メールアドレス。テキスト値。
Age	年齢。整数値。

　これらの値をまとめて扱うモデルを作成することにします。モデルは、ごく一般的な
C#のクラスとして作ります。

プライマリキーの名前について

　モデルを作成する際、頭に入れておいてほしいのが「**プライマリキー**」についてです。

　データベーステーブルでは、通常、すべてのレコードに異なる値を割り当てる「**プライマリキー**」と呼ばれるカラムが用意されます。モデルを作成する場合も、必ずこのプライマリキーを保管するためのプロパティを用意します。

　ここでは、「**PersonId**」という項目がプライマリキーに相当するプロパティになります。この名前を見て、違和感を覚えた人もいるかもしれません。

　通常、プライマリキーとなるカラムは、「**id**」というような名前をつけることが多いでしょう。このPersonでも、単純に「**id**」でOKなのです。これで全く問題なくプライマリキーとして認識し動作します。

　が、ここではあえて「**PersonId**」という名前にしています。その理由は、実は次の章で説明する「**モデルの連携**」に関連します。

　複数のテーブルが連携して動くような処理を作成する場合、当然ですがモデルも複数定義します。このとき、すべてのモデルのプライマリキー用プロパティが全部「**id**」だったりすると、連携の際に「**このidはどのモデルのidだ？**」というような混乱が起こります。

　こうしたことを考え、プライマリキーとなるプロパティには「**モデル名Id**」という形で名前をつけるようにしています。この命名方式は、Entity Framework Coreでは一般的に用いられています。

「Models」フォルダの作成

　では、モデルを作成しましょう。モデルは、プロジェクトの「**Models**」フォルダに用意します。プロジェクト内に「**Models**」という名前でフォルダを作成しておきます。

　Visual Studio Communityを利用している場合は、ソリューションエクスプローラーからプロジェクトのアイコンを右クリックし、「**追加**」メニューから「**新しいフォルダー**」を選び、フォルダ名を「**Models**」と設定します。このフォルダにモデルを作成していきます。それ以外の環境では、プロジェクト内に直接「**Models**」フォルダを作成しておいてください。

■図5-10：「追加」メニュー内の「新しいフォルダー」でフォルダを作る。

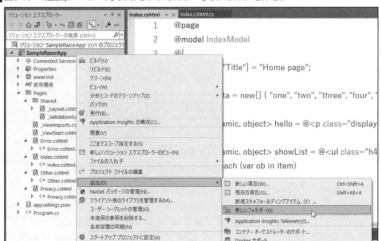

■Visual Studio Community for Windowsの場合

プロジェクト内にある「**Models**」というフォルダを右クリックします。現れたメニューから、「**追加**」内の「**クラス...**」を選びます。

図5-11：「追加」メニューから「クラス」を選択する。

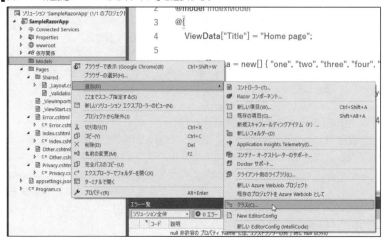

新しい項目作成のためのウィンドウが現れます。ここで、表示されている項目から「**クラス**」が選択されているはずですので、そのままにしておきます。ウィンドウ下部の「**名前**」フィールドには、「**Person**」と入力します。これが今回作るモデルクラスの名前になります。入力したら、「**追加**」ボタンをクリックします。

図5-12：クラスの名前を「Person」と記入して追加する。

■Visual Studio Community for Macの場合

プロジェクトから「**Models**」フォルダを右クリックし、現れたメニューから「**追加**」内の「**新しいファイル...**」を選びます。

現れたウィンドウで、左側のリストから「**General**」を選び、その右側に現れる「**空のクラス**」を選択します。下部にある「**名前**」には「**Person**」と入力し、「**新規**」ボタンをクリッ

クします。

図5-13：「空のクラス」を選び、「Person」と名前をつけて新規作成する。

■Visual Studio Codeまたはdotnetコマンドの場合

Visual Studio Codeでは、「**Models**」フォルダを選び、「**ファイル**」メニューから「**新規ファイル**」を選びます。コマンドベースの場合は、手作業で「**Models**」フォルダ内に「**Person.cs**」という名前でファイルを作成してください。

Personクラスの作成

では、作成されたPerson.csの内容がどのようになっているか見てみましょう。デフォルトでは以下のようなコードが記述されているでしょう（新規ファイルを作成した場合は、手作業でコードを記述してください）。

リスト5-1

```
namespace SampleRazorApp.Models;


public class Person
{
}
```

　　見ればわかるように、モデルクラスはプロジェクト名の中のModels名前空間に配置する
るシンプルなクラスです。ここに値を保管するプロパティを追加することでモデルが完
成します。

　　では、修正してモデルを完成させましょう。Personクラスを以下のように書き換えて
ください。

リスト5-2

```
namespace SampleRazorApp.Models;

public class Person
{
    public int PersonId { get; set; }
    public string Name { get; set; }
    public string? Mail { get; set; }
    public int Age { get; set; }
}
```

　　見ればわかるように、先ほど「**モデルに用意する項目**」として考えたものをそのままプ
ロパティとして用意しただけです。値にはすべて{ get; set; }をつけ、値の読み書きを可
能にしてあります。モデルに必要なクラスやインターフェイスを追加したりもしていま
せん。ただのシンプルなクラスのままです。

　　これで、モデルクラスが用意できました。

スキャフォールディングの生成

　　続いて、スキャフォールディングで基本的なファイル類を自動生成します。スキャ
フォールディングというのは、建築などの足場のことです。アプリケーション開発にお
いては、土台となるコードを意味します。データベース利用のもっとも基礎的な部分を
自動生成することで、それをベースにしてさまざまなデータベースアクセスの処理を組
み立てていけるように用意されます。

　　Visual Studio Communityを利用している場合は、ソリューションエクスプローラーで
「**Pages**」フォルダを右クリックし、「**追加**」メニューから「**新規スキャフォールディングア
イテム...**」(macOS版では「**新しいスキャフォールディング...**」)を選びます。

■図5-14：「新規スキャフォールディングアイテム...」メニューを選ぶ。

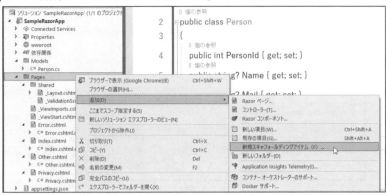

画面にテンプレートがリスト表示されるので、ここから「**Entity Frameworkを使用する Razorページ(CRUD)**」という項目を選んで「**追加**」ボタンをクリックします。

■図5-15：「Entity Frameworkを使用するRazorページ(CRUD)」を選ぶ。

画面に設定を行うダイアログウィンドウが現れるので、以下のように設定を行い「**追加**」ボタンをクリックします。

モデルクラス	「Person(SampleRazorApp.Models)」を選ぶ
データコンテキストクラス （使用するDbContextクラス）	「＋」をクリックし、現れたダイアログでデフォルトのまま追加。これで「SampleRazorApp.Data.SampleRazorAppContext」とクラスが設定される。
部分ビューとして生成	OFF
スクリプトライブラリの参照	ON
レイアウトページを使用する	ON。（下のファイル名部分は空のまま）

図5-16：モデルクラスから「Person」を選び、データコンテキストクラスを追加する。

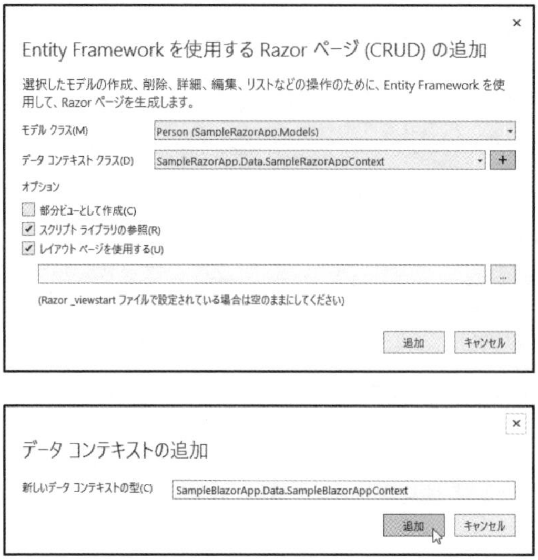

追加しようとすると、「**Index.cshtmlとIndex.cshtml.csは既に存在します**」という警告が現れるでしょう。そのまま「**はい**」ボタンをクリックして、ファイルを上書きして作成してください。

なお、モデルクラスやデータコンテキストクラスについては後ほど改めて説明するので、ここでは「**そういうものが作られるんだ**」という程度に考えてください。

図5-17：Indexページは上書きして置き換える。

（※Visual Studio Community for Macの場合、スキャフォールディングの機能は用意されていますが、2022年11月の時点ではEntity Frameworkを利用したスキャフォールディングの生成が正しく行えない現象が確認されました。もし、正常に実行できているのにファイルが生成されない場合は、内部で何らかの問題が発生している可能性があります。内蔵のスキャフォールディング機能は諦め、今後のアップデートを確認してください）

その他の環境の場合

それ以外の環境の場合は、dotnetコマンドを利用してスキャフォールディングを作成することになります。まずコードジェネレータ・ツールをインストールします。

```
dotnet tool install -g dotnet-aspnet-codegenerator
```

　続いて、スキャフォールディングのファイルを生成します。以下のようにコマンドを実行してください。

```
dotnet aspnet-codegenerator razorpage -m Person -dc SampleRazorAppContext
—relativeFolderPath Pages —useDefaultLayout
```

マイグレーションとアップデート

　これでデータベースアクセスのためのコードは自動生成されましたが、まだ実際にデータベースにアクセスはできません。なぜなら、データベースが用意されていないからです。

　では、生成されたコードからデータベースを生成しましょう。これにはマイグレーションファイルの作成と、データベースの更新作業が必要になります。

　では、マイグレーションとデータベースのアップデートを行いましょう。Visual Sutdio Community for Windows利用の場合、「**ツール**」メニューから「**NuGetパッケージマネージャ**」内にある「**パッケージマネージャコンソール**」を選んでパッケージマネージャコンソールを呼び出します。

図5-18：「パッケージマネージャコンソール」メニューを選ぶ。

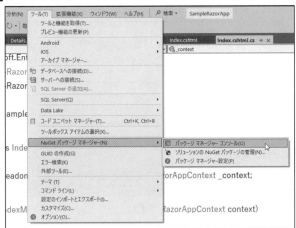

　画面にコンソールウィンドウが現れます。この中に以下のコマンドを記述し、実行してください。

```
Add-Migration Initial
Update-Database
```

　「**Add-Migration**」は、マイグレーションファイルを生成するコマンドで、「**Initial**」という引数はマイグレーションに付ける名前です。これを実行すると、「**20221001_Initial.cs**」というように年月日のあとにマイグレーション名をつけた名前のファイルが「**Migrations**」フォルダに作成されます。

その後の「**Update-Database**」は、作成されたマイグレーションファイルをもとにデータベースを更新するものです。これを実行しないとデータベースは変更されません。

図5-19：コンソールからコマンドを実行する。

その他の環境の場合

それ以外の環境の場合は、ターミナルまたはコマンドプロンプトからdotnet-efをインストールしてください。

```
dotnet tool install ―global dotnet-ef
```

これでマイグレーションのためのdotnet efコマンドが使えるようになります。では、以下のコマンドを実行してマイグレーションとデータベース更新を行いましょう。

```
dotnet ef migrations add Initial
dotnet ef database update
```

プロジェクトを実行しよう

一通りの作業が完了したら、実際にプロジェクトを実行して表示を確認しましょう。トップページにアクセスすると、保存されたPersonの一覧リストが表示されます。まだ何も登録していないので空のリストのはずですね。

図5-20：トップページ。まだデータはなにもない。

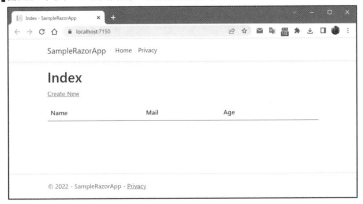

　「**Create New**」リンクをクリックするとPerson登録のページに移動します。実際にいくつかレコードを登録してみてください。

図5-21：「Create New」ページでデータを作成する。

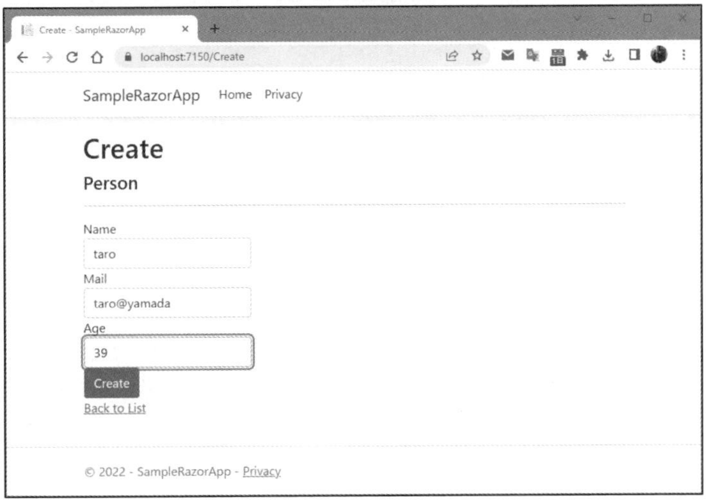

　いくつかダミーのデータを作成すると、トップのIndexに作成したデータが一覧表示されるようになります。各データの右側には「**Edit**」「**Detail**」「**Delete**」といったリンクがあり、これらでデータの編集や詳細表示（全データを1ページで表示する）、削除などが行えます。
　実際にこれらを使ってデータベースが操作できることを確認しましょう。

図5-22：いくつかのデータを作成したところ。編集やデータの詳細表示、削除などがリンクから行える。

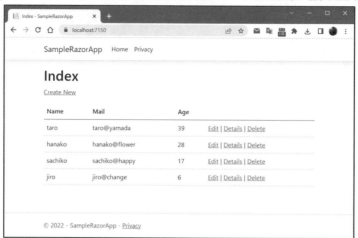

生成されるテーブルについて

これでPersonモデルクラスを使い、データベース上のテーブルにレコードとして保管されているデータをやり取りできるようになりました。が、ここまでデータベース川の話は全く出てきていません。実際問題として、本当にデータベースにPersonのデータを扱えるように用意できているのでしょうか。

デフォルトのデータベースの場合、ユーザのホームディレクトリに「**プロジェクト名.Data.mdf**」という名前でデータベースファイルが作られ、そこにテーブルが作成されます。これは、SQL言語で表すと以下のようになっています。

リスト5-3

```
CREATE TABLE "Person" (
        "PersonId"    INTEGER PRIMARY KEY AUTOINCREMENT,
        "Name"        TEXT NOT NULL,
        "Mail"        TEXT,
        "Age"         INTEGER
)
```

作成したPersonのクラス名とプロパティ名がそのままテーブル名とカラム名として使われていることがわかります。また、特に設定はしていませんでしたが、最初のPersonIdがプライマリキーとして設定されていることもわかります。

デフォルトのSQLデータベース以外のものでも基本は同じです。例えばMySQLであれば、アクセスしているMySQLサーバーに同様のPersonテーブルが作成されています。

Program.csの処理を確認する

では、データベースアクセスの処理部分を見てみましょう。まずは、Program.csです。Startupクラスに用意されているConfigureServicesメソッドの中で、データベースのための設定が自動追記されています（☆の部分）。

リスト5-4
```
using Microsoft.EntityFrameworkCore; // ☆
using Microsoft.Extensions.DependencyInjection;
using SampleRazorApp.Data;
var builder = WebApplication.CreateBuilder(args);

builder.Services.AddRazorPages();
builder.Services.AddDbContext<SampleRazorAppContext>(options =>
    options.UseSqlServer(builder.Configuration
    .GetConnectionString("SampleRazorAppContext") ?? throw new
        InvalidOperationException("Connection string …略…"))); // ☆

var app = builder.Build();

……以下略……
```

builder.Services.AddDbContextという文が追加になっていることがわかります。非常に長くてわかりにくいのですが、ここではAddDbContextメソッドの中にラムダ式を用意し、その中でSQLデータベースの利用設定を行っています。

AddDbContext メソッドについて

ここで生成されているコードは、データベースによって変化します。中には、上記のコードとは異なるものが出力された人もいることでしょう。デフォルトのSQLデータベースサーバーへの接続では、AddDbContext部分は以下のように変化します。

```
AddDbContext<SampleRazorAppContext>(options =>
    options.UseSqlServer(builder.Configuration
        .GetConnectionString("SampleRazorAppContext")
```

なお、ここではGetConnectionStringというメソッドの引数にテキスト値が指定されていますが、これはスキャフォールディングを追加する際に「**データベースコンテキストクラス**」にデフォルトで追加されるクラス名を指定してあります。このデータコンテキストクラスの名前次第で、この値は変化します。サンプルでは「**SampleRazorAppContext**」という名前でクラスを作成しているので、この名前のクラスが用意されている前提で掲載してあります。

▋DbContextOptionsBuilder について

このAddDbContextの引数には関数が設定されており、このラムダ式にはoptionsという引数が渡されます。

これは、**DbContextOptionsBuilder**というクラスのインスタンスです。これは**DbContextOptions**というクラスを生成するビルダークラスです。このクラスにあるメソッドを使って、接続するデータベースに関する設定を作成し、それをもとにAddDbContextでデータベースコンテキストを追加しているのです。

このoptionsにある接続データベースの設定を作成するメソッドは以下のようになっています。

```
UseSqlServer( 接続テキスト )
```

引数には、接続のための情報を示すテキストが用意されます。これは通常、**builder.Configuration**の**GetConnectionString**というメソッドを使います。これは引数に指定した名前の接続情報のテキストを取り出すものです。データベースの接続情報のテキストは、データベースの設定がされた際にプロジェクトに用意されています。それを、このメソッドで取り出しているのです。

▋appsettings.json の ConnectionStrings

では、このGetConnectionStringで得られる接続情報のテキストはどこに保管されているのでしょうか。これは、プロジェクトに用意されている「**appsettings.json**」というファイルにあります。

これを開くと、以下のような値が記述されているのがわかるでしょう。

リスト5-5
```
"ConnectionStrings": {
    "SampleRazorAppContext": "Server=(localdb)\\mssqllocaldb;
        Database=SampleRazorApp.Data;…略…" ↵
}
```

これは、ASP.NET Coreにデフォルトで設定されるmssqllocaldbという名前のMS SQLサーバーを使った場合の設定テキストです。これで、SampleRazorAppContextという名前のデータベースに接続する設定が用意されます。

データベースが変わると、ここに用意されるテキストも変わります。言い換えれば、データベースが変更される場合、ここで接続テキストを変える必要があります。

なお、SQLサーバー名は、ここでは例として「**mssqllocaldb**」という値を設定しています。これはデフォルトで使われる名前ですが、この名前はそれぞれの環境等によって変わる場合があります。これは用意されるSQLサーバーのインスタンス名なので、必ずしもすべての環境で同じ名前というわけではありません。違う名前になってても、何か問題があるわけではなく、「**自分の環境では、○○という名前でSQLサーバーのインスタンスが動いているんだな**」と理解してください。

（※なお、各環境で用意されているMS SQLサーバーについては、サーバーエクスプローラーを

使って確認することができます。これについては4-3「サーバーエクスプローラーについて」で簡
単に説明しています）

serviceDependencies.json について

データベースに関する設定情報はもう1つあります。それは、「**Properties**」フォルダ
内にある「**serviceDependencies.json**」というファイルです。これは、アプリケーション
のサービスの依存情報を記したものです。わかりやすくいえば、サービスで使われるプ
ログラム（クラス）の設定情報が用意されているのです。ASP.NET Coreでは、データベー
スもAddDbContextでサービスに組み込まれます。そこで必要となるクラスの設定情報
をここに用意しているのです。

リスト5-6

```
{
  "dependencies": {
    "mssql1": {
      "type": "mssql",
      "connectionId": "ConnectionStrings:SampleRazorAppContext"
    }
  }
}
```

typeでデータベースの種類を、connectionIdで接続テキストの情報（ここでは
SampleRazorAppContextという名前）をそれぞれ指定してあります。typeにある"mssql"
というのが実際に利用されるデータベースの種類です。"mssql"は、MS SQLデータベー
スを示す値だったのですね。

その後のconnectionIdで指定しているSampleRazorAppContextというのは、先ほど
appsettings.jsonに用意されていた接続文字列の名前です。

データベースを変更する

データベース接続の設定がどのように行われているのかわかってきました。では、デー
タベースをデフォルトのものから他のものへ変更する場合はどうすればいいか整理しま
しょう。

まず、大前提として「**データベースプロバイダのパッケージをインストールする**」とい
う作業を行っておく必要があります。これについては、データベース関連のNuGetパッ
ケージをインストールするところで説明しましたね。

そして、マイグレーションの実行とデータベースのアップデートを行います。ここまで
の作業で、使いたいデータベースにアクセスするためのプログラムがプロジェクトに
セットアップされていなければ、いくら設定を書き換えてもデータベースは使えないの
で注意してください。

appsettings.json の修正

接続文字列の設定を記述しているappsettings.jsonの内容を修正します。使うデータ

ベースに応じてConnectionStringsの値を以下のように修正します。

リスト5-7──SQLiteの場合

```
"ConnectionStrings": {
    "SampleRazorAppContext": "Data Source=データベースファイル"
}
```

リスト5-8──MySQLの場合

```
"ConnectionStrings": {
    "SampleRazorAppContext": "server=ホスト名;port=3306;
        database=データベース;userid=利用者;password=パスワード"
}
```

　MySQLとSQLiteを利用する場合の例を挙げておきました。いずれもConnectionStringsの名前はSampleRazorAppContextにしてあります。
　SQLiteの場合は、使用するデータベースのファイルパスを指定すればいいのですが、MySQLの場合はホスト名、ポート番号、データベース名、アクセスに使う利用者とパスワードといったものをすべて指定する必要があります。

serviceDependencies.json の修正

　続いて、serviceDependencies.jsonを修正します。ここでは、typeとconnectionIdの値を設定していました。では、appsettings.jsonでConnectionStringsの値を"SampleRazorAppContext"と設定している前提で修正を挙げておきましょう。

リスト5-9──SQLiteの場合

```
{
  "dependencies": {
    "sqlite1": {
      "type": "sqlite",
      "connectionId": "ConnectionStrings:SampleRazorAppContext"
    }
  }
}
```

リスト5-10──MySQLの場合

```
{
  "dependencies": {
    "mysql1": {
      "type": "mysql",
      "connectionId": "ConnectionStrings:SampleRazorAppContext"
    }
  }
}
```

typeをデータベースに合わせて変更してやるだけです。connectionIdには、appsettings.jsonに用意したConnectionStringsの値を指定するようにします。ConnectionStringsの名前が統一されていれば、connectionIdは変更する必要がありません。

Program.cs の修正

続いてProgram.csの修正を行います。ConfigureServicesメソッド内のbuilder.services.AddDbContext部分を以下のように修正します。

リスト5-11——SQLiteの場合

```
builder.services.AddDbContext<SampleRazorAppContext>(options =>
  options.UseSqlite(Configuration.GetConnectionString
    ("SampleRazorAppContext")));
}
```

リスト5-12——MySQLの場合

```
builder.services.AddDbContext<SampleRazorAppContext>(options =>
  options.UseMySql(Configuration.GetConnectionString
    ("SampleRazorAppContext")));
}
```

SQLiteの場合は「**UseSqlite**」メソッド、MySQLの場合は「**UseMySql**」メソッドを呼び出していますね。これにより、SQLiteやMySQLにアクセスするためのDbContextOptionsBuilderインスタンスが返されるようになります。なお、いずれもデータコンテキストのクラスはSampleRazorAppContextという名前としてあります(データコンテキストクラスは後ほど説明します)。

利用可能なデータベースプロバイダ

Entity Framework Coreでは、さまざまなデータベースが利用できるようになっています。が、その多くはマイクロソフト純正ではなく、サードパーティによるプロバイダを利用します。

どのようなプロバイダが用意されているかは、以下にまとめられています。SQLite以外のデータベース利用を考えている人は、対応しているか確認をしておきましょう。

https://docs.microsoft.com/ja-jp/ef/core/providers/

5.2 RazorアプリのCRUD

データコンテキストの確認

　データベース接続関係の説明を一通り行ったところで、再びアプリケーションのコードに戻りましょう。

　既にProgram.csについては内容を確認しましたが、もう1つ確認しておく必要があるのが「**データコンテキスト**」のコードです。このデータコンテキストというのは、ここまでのデータベースに関する設定部分で何度も登場しました。

　データコンテキストは、データベースとやり取りするための基本的な機能を提供するためのクラスです。モデルは、データベースに保管されているレコードをC#のオブジェクトとして扱うためのものですが、このデータコンテキストは検索やレコード作成／更新／削除といった基本的なデータベース操作を行うのに使うものです。

　ここでは「**Data**」フォルダ内にSampleRazorAppContext.csという名前でファイルが作成されています。このファイルのコードは以下のようになります。

リスト5-13

```
using System;
using System.Collections.Generic;
using System.Linq;
using System.Threading.Tasks;
using Microsoft.EntityFrameworkCore;
using SampleRazorApp.Models;

namespace SampleRazorApp.Data;

public class SampleRazorAppContext : DbContext
{
    public SampleRazorAppContext (DbContextOptions<SampleRazorAppContext>
        options)
        : base(options)
    {
    }

    public DbSet<SampleRazorApp.Models.Person> Person { get; set; }
        = default!;
}
```

　データコンテキストは、「**DbContext**」というクラスを継承して作成されます。コンストラクタと「**Person**」というプロパティが用意されます。これが、データコンテキストクラスに最低限用意される内容です。

▌コンストラクタについて

クラスには、まずコンストラクタが用意されています。ここでは、以下のような引数が設定されています。

```
DbContextOptions<SampleRazorAppContext> options
```

DbContextOptionsというのは、名前のとおり、データコンテキストのオプション設定などを扱うためのクラスです。このDbContextOptionsを引数にしてインスタンスを作成するようになっています。

（実際にデータコンテキストをアプリケーションに組み込む処理は、Program.csで行っています）

▌Person プロパティについて

SampleRazorAppContextには、このデータコンテキストで利用するモデルクラスと同名のプロパティが用意されます。ここでは、Personプロパティが以下のように定義されています。

```
public DbSet<SampleRazorApp.Models.Person> Person { get; set; }
```

Personをジェネリックスとして指定する**DbSet**インスタンスが値に設定されています。このDbSetというのが、データコンテキストで実際にデータベースにアクセスするための機能を提供するものです。

例えば、ここではPersonというプロパティとして用意されていますが、その中にあるメソッドを呼び出すことでPersonモデル（と、データベースにあるPersonでやり取りされるテーブル）を操作することができます。

これから先、Personのテーブルにあるレコードをいろいろと操作しますが、それらもすべてこのPerson内にあるメソッドを利用することになります。

スキャフォールディングで生成されたCRUDページ

では、生成されたCRUDのRazorページについて見ていきましょう。Razorページでは、CSHTMLによるページファイルと、C#のページモデルがセットで作成されます。スキャフォールディングにより生成されたのは以下のページです。

Index	レコードの一覧表示。これは新しく生成されたファイルに置き換えられました。
Create	レコードの新規作成。
Details	レコードの内容表示。
Edit	レコードの編集。
Delete	レコードの削除。

　これらそれぞれでページファイルとページモデルが作成されています。これらの内容がわかれば、データベースの基本操作はほぼできるようになります。

Indexでの全レコード表示

　では、順に処理を見ていきましょう。まずは、トップページからです。Index.cshtml.csを開くと、以下のように作成されています。

リスト5-14

```csharp
using System;
using System.Collections.Generic;
using System.Linq;
using System.Threading.Tasks;
using Microsoft.AspNetCore.Mvc;
using Microsoft.AspNetCore.Mvc.RazorPages;
using Microsoft.EntityFrameworkCore;
using SampleRazorApp.Data;
using SampleRazorApp.Models;

namespace SampleRazorApp.Pages;

public class IndexModel : PageModel
{
    private readonly SampleRazorApp.Data.SampleRazorAppContext _context;

    public IndexModel(SampleRazorApp.Data.SampleRazorAppContext context)
    {
        _context = context;
    }

    public IList<Person> Person { get;set; } = default!;

    public async Task OnGetAsync()
    {
        if (_context.Person != null)
        {
            Person = await _context.Person.ToListAsync();
        }
    }
}
```

　IndexModelクラスには、データコンテキストであるSampleRazorAppContextインスタンスを保管する「**_context**」というプロパティが用意されています。これは、コンストラクタで渡される引数の値を代入して設定しています。

　この他、IList<Person>のプロパティ「**Person**」も用意されています。このPersonプロパティは、Index.cshtmlでレコードの一覧リストを表示する際に利用されます。

ToListAsync でレコードを取得する

　GETアクセス時にレコードを取得する処理を行っているのが、「**OnGetAsync**」メソッドです。これは、GETアクセス時の処理を実行するための非同期メソッドです。

　先にRazorアプリケーションを作成したとき、ページモデルに「**OnGet**」というメソッドを用意して処理を実装しました。OnGetAsyncは、あのOnGetメソッドの非同期版と考えていいでしょう。非同期なので、Taskインスタンスが戻り値として設定されています。

　なぜ非同期メソッドなのか？ それは、ここで実行している処理が非同期であるからです。ToListAsyncメソッドは非同期で実行されます。データベース関連は非同期のメソッドが多く、こうしたものを利用することを考えPageModelには同期と非同期の両方のメソッドが用意されているのです。

　ここで実行しているのは、_context.PersonのToListAsyncメソッドです。データコンテキストであるSampleRazorAppContextクラスには、DbSetインスタンスが設定されているPersonプロパティが用意されていました。このPersonプロパティのDbSetインスタンスからレコード取得のためのメソッドを呼び出します。

Index.cshtmlでデータを表示する

　では、Index.cshtmlの内容を見てみましょう。ここではレコードを出力している部分だけ挙げておきましょう。

リスト5-15

```
<table class="table">
    <thead>
        <tr>
            <th>
                @Html.DisplayNameFor(model => model.Person[0].Name)
            </th>
            <th>
                @Html.DisplayNameFor(model => model.Person[0].Mail)
            </th>
            <th>
                @Html.DisplayNameFor(model => model.Person[0].Age)
            </th>
            <th></th>
        </tr>
    </thead>
    <tbody>
@foreach (var item in Model.Person) {
        <tr>
            <td>
```

```
                    @Html.DisplayFor(modelItem => item.Name)
            </td>
            <td>
                    @Html.DisplayFor(modelItem => item.Mail)
            </td>
            <td>
                    @Html.DisplayFor(modelItem => item.Age)
            </td>
            <td>
                <a asp-page="./Edit" asp-route-id="@item.PersonId">
                    Edit</a> |
                <a asp-page="./Details" asp-route-id="@item.PersonId">
                    Details</a> |
                <a asp-page="./Delete" asp-route-id=
                    "@item.PersonId">Delete</a>
            </td>
        </tr>
}
    </tbody>
</table>
```

▌@ model へのモデル設定

　では、ソースコードのポイントを説明しましょう。掲載リストにはありませんが、最初に@modelにIndexModelが設定されています。この@modelを使って、データベースから取得したデータを出力していきます。

　レコードの出力は、<table>によるテーブルを使っています。まずヘッダーとなる表示が以下のように用意されています。

```
<th>@Html.DisplayNameFor(model => model.Person[0].Name)</th>
<th>@Html.DisplayNameFor(model => model.Person[0].Mail)</th>
<th>@Html.DisplayNameFor(model => model.Person[0].Age)</th>
```

　DisplayNameForは、Htmlヘルパーで名前を表示するためのものでしたね。ここで、model.Personの最初のデータからプロパティ（Name, Mail, Age）の名前をそれぞれヘッダーとして表示しています。Personは、IndexModelに用意したプロパティで、データベースから取得したPersonインスタンスのリストが保管されていました。その最初のPersonを取り出し、その中のName, Mail, Ageの名前を表示していたのですね。

▌テーブルのボディ表示

　テーブルのボディは、@foreachを使ってModelから順にモデルクラスのインスタンスを取り出して表示を行っています。

```
@foreach (var item in Model.Person) {
    ……表示……
}
```

Model.Personには、ToListAsyncで返されたリストが設定されていますから、そこから順にPersonインスタンスが取り出され、変数itemに渡されることになります。このitemを使い、項目の値を表示していきます。

```
<td>@Html.DisplayFor(modelItem => item.Name)</td>
<td>@Html.DisplayFor(modelItem => item.Mail)</td>
<td>@Html.DisplayFor(modelItem => item.Age)</td>
```

このように、DisplayForを使い、itemのName, Mail, Ageの各プロパティの値を表示しています。

Edit/Details/Delete へのリンク

各Personの内容を出力している<tr>では、最後にEdit/Details/Deleteの3つのリンクが用意されています。

```
<a asp-page="./Edit" asp-route-id="@item.PersonId">Edit</a> |
<a asp-page="./Details" asp-route-id="@item.PersonId">Details</a> |
<a asp-page="./Delete" asp-route-id="@item.PersonId">Delete</a>
```

ここでは、<a>タグの属性にタグヘルパーによる値が用意されています。用意されているのは以下の2つです。

| asp-action="アクション" | 指定のアクションへのリンクを生成するためのもの。 |
| asp-route-id="ID値" | ルートのIDとして渡される値。 |

これらの属性を指定することで、指定したページに指定のIDをパラメータとしてつけてアクセスされるようになります。

Createによる新規作成

続いて、レコードの新規作成です。新規作成はCreateページとして作成されています。まずはページモデルであるCreate.cshtml.csのコードから見ていきましょう。

リスト5-16
```
using System;
using System.Collections.Generic;
using System.Linq;
using System.Threading.Tasks;
```

```
using Microsoft.AspNetCore.Mvc;
using Microsoft.AspNetCore.Mvc.RazorPages;
using Microsoft.AspNetCore.Mvc.Rendering;
using SampleRazorApp.Data;
using SampleRazorApp.Models;

namespace SampleRazorApp.Pages;

public class CreateModel : PageModel
{
    private readonly SampleRazorApp.Data.SampleRazorAppContext _context;

    public CreateModel(SampleRazorApp.Data.SampleRazorAppContext context)
    {
        _context = context;
    }

    public IActionResult OnGet()
    {
        return Page();
    }

    [BindProperty]
    public Person Person { get; set; } = default!;

    public async Task<IActionResult> OnPostAsync()
    {
        if (!ModelState.IsValid || _context.Person == null ||
            Person == null)
        {
            return Page();
        }

        _context.Person.Add(Person);
        await _context.SaveChangesAsync();

        return RedirectToPage("./Index");
    }
}
```

　ここでは、_contextを用意しているコンストラクタの他に、GETとPOSTのそれぞれの
処理用メソッドが用意されています。GETは、単純にページファイルを使った表示を作
成するだけですから、OnGet同期メソッドとして用意しています。

▌OnPostAsync の処理

　問題は、フォーム送信された処理を行うOnPostAsyncメソッドです。これは非同期メソッドを利用しています。ここではまず、送信された内容に問題がないか検証をしています。

●値の検証

```
if (!ModelState.IsValid)
{
    return Page();
}
```

　ModelState.IsValidは、既に登場しましたね。IsValidは送信された値の検証結果を表すプロパティで、これがtrueならば値に問題がないことがわかります。問題がある場合は、return Page();で再度このページを表示しています。

●Personインスタンスを追加する

```
_context.Person.Add(Person);
```

　_context.PersonのAddメソッドを使い、Personプロパティの値をデータコンテキストに追加します。

●データコンテキストを反映させる

```
await _context.SaveChangesAsync();
```

　SaveChangesAsyncを呼び出し、データコンテキストの更新内容をデータベースに反映させます。

●トップページにリダイレクト

```
return RedirectToPage("./Index");
```

　RedirectToPageは、リダイレクトのためのPageクラス（Pageのサブクラス）です。引数にパスを指定することで、そのページへのリダイレクトを行うことができます。

▌Person はどこで作られる？

　_contextのPerson.Addでインスタンスを追加し、SaveChangesAsyncでデータベースに反映する。基本的な処理はMVCプリケーションのIndexアクションとほぼ同じですね。ただし、ここでは肝心の部分が隠されています。

　それは、「**そもそもどうやって送信されたフォームからPersonインスタンスを作っているか**」です。ここまで説明した処理には、Personインスタンスを作る処理が全く書かれていないのです。

　その秘密は、Personプロパティの宣言部分にあります。

```
[BindProperty]
public Person Person { get; set; }
```

　BindPropertyという属性は、送られてくる値をこのPersonプロパティのインスタンスにバインドする働きをします。わかりやすくいえば、「**BindPropertyをつけることで、送信された値をもとにPersonインスタンスが自動設定される**」と考えればいいでしょう。このBindPropertyのおかげで、フォームからPersonインスタンスを作成する処理が不要になったのです。

Create.cshtmlの新規作成フォーム

　では、Create.cshtmlの内容を見てみましょう。ここでは新しいPersonを作るためのフォームが以下のように用意されています。

リスト5-17
```
<form method="post">
    <div asp-validation-summary="ModelOnly" class="text-danger"></div>
    <div class="form-group">
        <label asp-for="Person.Name" class="control-label"></label>
        <input asp-for="Person.Name" class="form-control" />
        <span asp-validation-for="Person.Name" class="text-danger"></span>
    </div>
    <div class="form-group">
        <label asp-for="Person.Mail" class="control-label"></label>
        <input asp-for="Person.Mail" class="form-control" />
        <span asp-validation-for="Person.Mail" class="text-danger"></span>
    </div>
    <div class="form-group">
        <label asp-for="Person.Age" class="control-label"></label>
        <input asp-for="Person.Age" class="form-control" />
        <span asp-validation-for="Person.Age" class="text-danger"></span>
    </div>
    <div class="form-group">
        <input type="submit" value="Create" class="btn btn-primary" />
    </div>
</form>
```

フォームのバリデーション

　<form>には、送信先の情報が用意されていません。スキャフォールディングで生成されるフォームは、このようにactionなどの送信先などを用意せず、ただ<form method="post">だけで動作します。

　フォーム内には、まず以下のようなタグが用意されています。

```
<div asp-validation-summary="ModelOnly" class="text-danger"></div>
```

　asp-validation-summaryという属性が用意されていますね。これは、フォームの入力値のチェック結果のためのものです。asp-validation-summaryにより、フォームの入力値に何らかの問題があった場合、そのエラー内容が出力されるようになります。

　このasp-validation-summaryは、フォーム全体のエラー内容をまとめたテキストを表示するものです。それぞれの入力フィールドのエラーは、各フィールドで表示されるようになっています。

▌入力フィールド

　では、入力フィールドがどのようになっているか見てみましょう。例として、Nameの値を入力するフィールド部分を見てみましょう。

```
<input asp-for="Person.Name" class="form-control" />
<span asp-validation-for="Person.Name" class="text-danger"></span>
```

　入力フィールドには、asp-for="Person.Name" というようにしてasp-forという属性が用意されています。これでモデルクラスであるPersonのプロパティを指定することで、その入力フィールドがモデルのどのプロパティの値に相当するものかを示します。

　その下には、<span>が用意されていますね。ここには、asp-validation-for="Person.Name"といった属性が用意されています。これは、Person.Nameのチェック結果を表示することを示しています。このasp-validation-forで指定したプロパティで何らかのエラーが発生した場合、その内容がここに表示されます。

Detailsによるレコードの内容表示

　続いて、データの詳細表示のためのページです。Detailsページは、Indexで表示された項目の「**Details**」リンクをクリックすると表示されるページです。ここで、選択したレコードの内容が表示されます。

　これもC#のコードから見ていきましょう。

リスト5-18

```
using System;
using System.Collections.Generic;
using System.Linq;
using System.Threading.Tasks;
using Microsoft.AspNetCore.Mvc;
using Microsoft.AspNetCore.Mvc.RazorPages;
using Microsoft.EntityFrameworkCore;
using SampleRazorApp.Data;
using SampleRazorApp.Models;

namespace SampleRazorApp.Pages;
```

```
public class DetailsModel : PageModel
{
    private readonly SampleRazorApp.Data.SampleRazorAppContext _context;

    public DetailsModel(SampleRazorApp.Data.SampleRazorAppContext context)
    {
        _context = context;
    }

    public Person Person { get; set; } = default!;

    public async Task<IActionResult> OnGetAsync(int? id)
    {
        if (id == null || _context.Person == null)
        {
            return NotFound();
        }

        var person = await _context.Person.FirstOrDefaultAsync
            (m => m.PersonId == id);
        if (person == null)
        {
            return NotFound();
        }
        else
        {
            Person = person;
        }
        return Page();
    }
}
```

　コンストラクタで_contextを用意する部分はこれまでのものと同じですね。他、
Personインスタンスを保管するPersonプロパティが用意されています。そして、
OnGetAsyncには、引数としてidの値が用意されています。この値をもとに、指定IDの
Personを取得しています。

```
var person = await _context.Person.FirstOrDefaultAsync(m => m.PersonId ==
id);
```

　FirstOrDefaultAsyncメソッドは、引数に指定されたラムダ式の条件をもとにレコー
ドを検索し、その結果から最初のレコードをモデルクラスのインスタンスとして取り出

します。ここでは、m.PersonId == idの条件をチェックし、モデルのPersonIdの値が引数idと等しいものを取り出しています。

Details.cshtmlのレコード表示

では、詳細情報を表示しているDetails.cshtmlの内容を見てみましょう。基本的なデータ表示の仕組みは既に説明していますからだいたい理解できるはずですね。

リスト5-19

```
<div>
    <h4>Person</h4>
    <hr />
    <dl class="row">
        <dt class="col-sm-2">
            @Html.DisplayNameFor(model => model.Person.Name)
        </dt>
        <dd class="col-sm-10">
            @Html.DisplayFor(model => model.Person.Name)
        </dd>
        <dt class="col-sm-2">
            @Html.DisplayNameFor(model => model.Person.Mail)
        </dt>
        <dd class="col-sm-10">
            @Html.DisplayFor(model => model.Person.Mail)
        </dd>
        <dt class="col-sm-2">
            @Html.DisplayNameFor(model => model.Person.Age)
        </dt>
        <dd class="col-sm-10">
            @Html.DisplayFor(model => model.Person.Age)
        </dd>
    </dl>
</div>
<div>
    <a asp-page="./Edit" asp-route-id="@Model.Person?.PersonId">Edit</a> |
    <a asp-page="./Index">Back to List</a>
</div>
```

変数@modelからプロパティやメソッドを呼び出せるようにしています。実際にデータを表示している部分を見てみるとこのようになっていますね。

```
<dt class="col-sm-2">
    @Html.DisplayNameFor(model => model.Person.Name)
</dt>
```

```
<dd class="col-sm-10">
    @Html.DisplayFor(model => model.Person.Name)
</dd>
```

　これは、Nameの値を出力するものです。@Html.DisplayNameForを使って項目の名前を表示し、更に@Html.DisplayForで項目の値を表示しています。引数には、いずれもmodel => model.Person.Nameというようにして、渡される引数modelのPersonからプロパティを指定しています。model.Personには、取得したPersonインスタンスが保管されています。ここからプロパティの値を取り出し利用しているのです。

Editによるレコードの編集

　Editページは、トップページ(Index)で表示されるリストにある「**Edit**」リンクから呼び出されます。そのEdit.schtml.csではどのような処理を行っているのか見てみましょう。

リスト5-20

```
using System;
using System.Collections.Generic;
using System.Linq;
using System.Threading.Tasks;
using Microsoft.AspNetCore.Mvc;
using Microsoft.AspNetCore.Mvc.RazorPages;
using Microsoft.AspNetCore.Mvc.Rendering;
using Microsoft.EntityFrameworkCore;
using SampleRazorApp.Data;
using SampleRazorApp.Models;

namespace SampleRazorApp.Pages;

public class EditModel : PageModel
{
    private readonly SampleRazorApp.Data.SampleRazorAppContext _context;

    public EditModel(SampleRazorApp.Data.SampleRazorAppContext context)
    {
        _context = context;
    }

    [BindProperty]
    public Person Person { get; set; } = default!;

    public async Task<IActionResult> OnGetAsync(int? id)
    {
```

```
        if (id == null || _context.Person == null)
        {
            return NotFound();
        }

        var person =  await _context.Person.FirstOrDefaultAsync
            (m => m.PersonId == id);
        if (person == null)
        {
            return NotFound();
        }
        Person = person;
        return Page();
    }

public async Task<IActionResult> OnPostAsync()
{
        if (!ModelState.IsValid)
        {
            return Page();
        }

        _context.Attach(Person).State = EntityState.Modified;

        try
        {
            await _context.SaveChangesAsync();
        }
        catch (DbUpdateConcurrencyException)
        {
            if (!PersonExists(Person.PersonId))
            {
                return NotFound();
            }
            else
            {
                throw;
            }
        }
        return RedirectToPage("./Index");
    }

private bool PersonExists(int id)
{
```

```
        return (_context.Person?.Any(e => e.PersonId == id))
            .GetValueOrDefault();
    }
}
```

　Personプロパティには、[BindProperty]がつけられています。これにより、POST送信された際にはその送信内容によってインスタンスが用意されます。
　また、最後にPersonExistsというメソッドを用意し、指定したIDのPersonが存在するかどうかをチェックできるようにしています。

OnGetAsync で指定 ID の Person を得る

　OnGetAsyncでは、引数にidが用意されています。これを使い、指定IDのPersonインスタンスを取得しています。

```
var person =  await _context.Person.FirstOrDefaultAsync(m => m.PersonId
== id);
```

　これは、先ほどのDetailsで行っていたことと全く同じですね。これでPresonIdと引数idが等しいPersonインスタンスが得られます。

OnPostAsync で Person を更新する

　POST送信の処理では、BindPropertyにより送信されたフォームの値をバインドしてPersonインスタンスが用意されます。OnPostAsyncメソッドでは、用意されたPersonを更新し保存する処理だけを用意すればいいわけです。

```
_context.Attach(Person).State = EntityState.Modified;
```

　ここでは、MVCアプリケーションのEditとは違うやり方をしています。DbContextの「**Attach**」は、引数に指定したオブジェクトの更新を追跡するものです。つまり、このAttachでデータコンテキストにオブジェクトを追加することで、SaveChangesAsyncの際にそのオブジェクトの更新がチェックされデータベースに反映されるようになります。
　Stateは、その状態を示すプロパティで、この値をEntityState.Modifiedに設定することで、このオブジェクト（Personプロパティの値）は更新されたと判断されるようになります。

```
await _context.SaveChangesAsync();
```

　そして、SaveChangesAsyncを呼び出すことで、AttachしたPersonが現在の状態をデータベースに反映します。これでレコードが更新されます。

Edit.cshtmlによる編集フォーム

では、Edit.cshtmlの内容を見てみましょう。ここでは、レコードを編集するための
フォームが用意されています。

リスト5-21

```html
<form method="post">
    <div asp-validation-summary="ModelOnly" class="text-danger"></div>
     <input type="hidden" asp-for="Person.PersonId" />
    <div class="form-group">
        <label asp-for="Person.Name" class="control-label"></label>
        <input asp-for="Person.Name" class="form-control" />
        <span asp-validation-for="Person.Name" class="text-danger"></span>
    </div>
        <div class="form-group">
        <label asp-for="Person.Mail" class="control-label"></label>
        <input asp-for="Person.Mail" class="form-control" />
                <span asp-validation-for="Person.Mail"
                    class="text-danger"></span>
            </div>
            <div class="form-group">
                <label asp-for="Person.Age" class="control-label">
                    </label>
                <input asp-for="Person.Age" class="form-control" />
                <span asp-validation-for="Person.Age"
                    class="text-danger"></span>
            </div>
            <div class="form-group">
                <input type="submit" value="Save
                    " class="btn btn-primary" />
            </div>
        </form>
```

フォームには、新規作成のときと同じasp-validation-summary属性を持った\<div\>と、
非表示のフィールドがあります。

```html
<div asp-validation-summary="ModelOnly" class="text-danger"></div>
<input type="hidden" asp-for="Person.PersonId" />
```

asp-validation-summaryは、値の検証結果を表示するためのものでした。そして
type="hidden"の\<input\>は、レコードのIDを入力するためのものです。asp-for="Person.
PersonId"により、PersonIdの値がこの非表示フィールドに保管されます。
あとは、フォーム内にレコードの各プロパティの値を編集するためのフィールドを用
意しておくだけです。例としてName値のフィールドを挙げておきましょう。

```
<input asp-for="Person.Name" class="form-control" />
<span asp-validation-for="Person.Name" class="text-danger"></span>
```

asp-for="Person.Name"でPersonのNameプロパティを指定し、asp-validation-for="Person.Name"でその検証結果を表示させています。既に新規作成のときに同じことを行いましたね。こちらは編集なので編集するデータをモデルとして表示しますが、テンプレート側に用意した処理はほとんど同じことがわかるでしょう。

Deleteによるレコードの削除

残るは、レコードの削除を行うDeleteページです。これもC#コードからチェックしておきましょう。

リスト5-22
```csharp
using System;
using System.Collections.Generic;
using System.Linq;
using System.Threading.Tasks;
using Microsoft.AspNetCore.Mvc;
using Microsoft.AspNetCore.Mvc.RazorPages;
using Microsoft.EntityFrameworkCore;
using SampleRazorApp.Data;
using SampleRazorApp.Models;

namespace SampleRazorApp.Pages;

public class DeleteModel : PageModel
{
    private readonly SampleRazorApp.Data.SampleRazorAppContext _context;

    public DeleteModel(SampleRazorApp.Data.SampleRazorAppContext context)
    {
        _context = context;
    }

    [BindProperty]
    public Person Person { get; set; } = default!;

    public async Task<IActionResult> OnGetAsync(int? id)
    {
        if (id == null || _context.Person == null)
        {
            return NotFound();
```

```
        }

        var person = await _context.Person.FirstOrDefaultAsync
            (m => m.PersonId == id);

        if (person == null)
        {
            return NotFound();
        }
        else
        {
            Person = person;
        }
        return Page();
    }

    public async Task<IActionResult> OnPostAsync(int? id)
    {
        if (id == null || _context.Person == null)
        {
            return NotFound();
        }
        var person = await _context.Person.FindAsync(id);

        if (person != null)
        {
            Person = person;
            _context.Person.Remove(Person);
            await _context.SaveChangesAsync();
        }

        return RedirectToPage("./Index");
    }
}
```

　ここでは、[BindProperty]がつけられたPersonプロパティが用意されています。クラスにはGETとPOSTのためのメソッドが2つ用意されています。
　まず、Getメソッドからです。OnGetAsyncメソッドには、引数にidが用意されています。これを使い、Personインスタンスを取得しPersonプロパティに設定します。

```
var person = await _context.Person.FirstOrDefaultAsync(m => m.PersonId ==
id);
```

　FirstOrDefaultAsyncを使い、PersonIdの値がidと等しいものを取り出しています。このやり方は既に何度も登場しましたからもうわかりますね。

　では、POST処理はどうなっているでしょうか。OnPostAsyncでは、以下のようにPersonインスタンスを取得しています。

```
var person = await _context.Person.FindAsync(id);
```

　ここでは、FindAsyncメソッドを使っています。これは引数にプライマリキーのID値を指定すると、そのインスタンスを返すものです。これで削除するPersonインスタンスを取得し、削除を行います。

```
Person = person;
_context.Person.Remove(Person);
await _context.SaveChangesAsync();
```

　Removeは、引数に指定したモデルクラスのインスタンスを削除するものです。これでデータコンテキストに削除処理を追加し、SaveChangesAsyncでそれを反映させて削除を行います。

　これでRazorのCRUD処理がほぼ理解できました。

5.3 MVCアプリケーションのデータベース利用

MVCアプリケーションを開く

　RazorページアプリのCRUDまでが一通りわかったところで、次はMVCアプリケーションを使ってのデータベースアクセスについて説明しましょう。

　2章で作成した「**SampleMVCApp**」プロジェクトを開いて用意してください。Visual Studio Communityを利用している場合は、「**ファイル**」メニューから「**ソリューションを閉じる**」を選んで現在開いているソリューションを閉じます。これで、画面にスタートウィンドウが現れるので、その左側に表示されている使用したプロジェクトのリストから「**SampleMVCApp**」を選択してください。

図5-23：スタートウィンドウで、「SampleMVCApp」を選択する。

　プロジェクトを開いたら、「**プロジェクト**」メニューの「**NuGetパッケージの管理**」メニューを選んで、Entity Framework関連のパッケージをインストールしてください。作業は、Razorアプリケーションのところで既に説明済みですね。あれと全く同じことを行うだけです。

●以下のパッケージをインストールする
- ・Microsoft.EntityFrameworkCore
- ・Microsoft.EntityFrameworkCore.Design
- ・Microsoft.EntityFrameworkCore.SqlServer
- ・Microsoft.EntityFrameworkCore.Tools
- ・Microsoft.VisualStudio.Web.CodeGeneration.Design

図5-24：「NuGetパッケージの管理」で必要なパッケージをインストールする。

Personモデルの作成

　プロバイダが用意できたら、データベースアクセスのための「**モデル**」を作成しましょう。Visual Studio Communityを利用している場合は、「**Models**」フォルダを右クリックし、「**追加**」メニューから「**クラス**」を選んで「**Person**」クラスを作成してください。それ以外の環境では、「**Models**」フォルダに直接「**Person.cs**」という名前でファイルを追加しましょう。

図5-25：Personという名前でクラスを作成する。

Person クラスを完成させる

　ファイルが用意できたら、Personクラスを完成させましょう。以下のようにソースコードを修正します。

リスト5-23

```
namespace SampleMVCApp.Models;

public class Person
{
    public int PersonId { get; set; }
    public string Name { get; set; }
    public string? Mail { get; set; }
    public int Age { get; set; }
}
```

　モデルクラスは、Razorページアプリケーションで用意したものと同じです。Razorページアプリケーションも MVC アプリケーションも、どちらも Entity Framework Core を使っていますから、基本的な仕組みは同じなのです。従って、モデルの作成も、作成する内容も全く同じものになります。

　ここでは、「**PersonId**」「**Name**」「**Mail**」「**Age**」の4つのプロパティを持った Person クラスを用意しています。これをベースに、テーブルを作成しデータベースを利用します。

スキャフォールディングの生成

　モデルクラス作成の次に行うことは？　そう、データベースの基本操作であるCRUDについて理解することですね。では、スキャフォールディングを作成しましょう。

■Visual Studio Communityの場合

　ソリューションエクスプローラーで、「**Controllers**」フォルダを右クリックしてメニューを呼び出します。そして、「**追加**」から「**新規スキャフォールディングアイテム**」（macOS版では「**新しいスキャフォールディング...**」）を選びます。

図5-26：「新規スキャフォールディングアイテム」メニューを選ぶ。

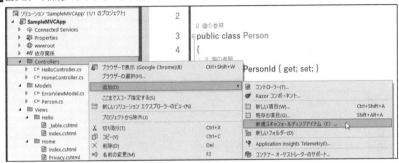

　画面に現れたウィンドウに表示されている項目から、「**Entity Framework を使用したビューがある MVC コントローラー**」を選んで「**追加**」ボタンを押します。

図5-27：ウィンドウから項目を選んで追加する。

　追加の設定を行うダイアログウィンドウが現れます。ここで以下のように設定を行います。

モデルクラス	「Person(SampleMVCApp.Models)」を選ぶ
データコンテキストクラス (使用するDbContextクラス)	「＋」をクリックし、現れたダイアログでデフォルトのまま追加。これで「SampleMVCApp.Data.SampleMVCAppContext」と設定される。なお既に述べたようにmacOS版は事前にファイルを用意する必要がある
ビューの生成	ON
スクリプトライブラリの参照	ON
レイアウトページを使用する	ON(下のファイル名部分は空のまま)
コントローラー名	PeopleController

　すべて入力し、「**追加**」ボタンをクリックすると、スキャフォールディングのファイル類が生成されます。

■図5-28：モデルクラスから「Person」を選び、データコンテキストクラスをデフォルトのまま追加する。その他はすべてデフォルトのままでOK。

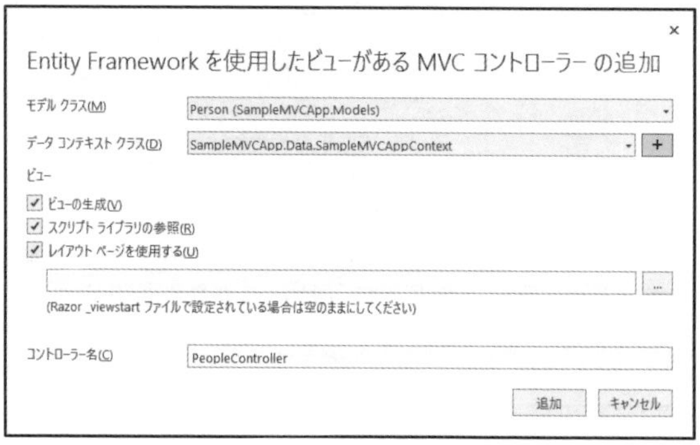

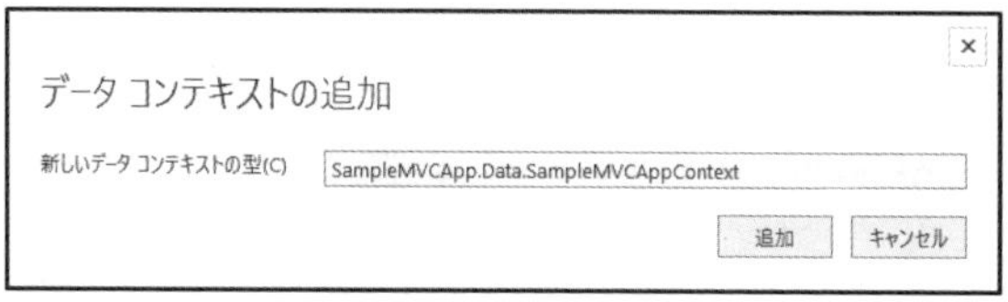

■それ以外の環境の場合

　Visual Studio Community for Windows以外では、dotnetコマンドを利用してスキャフォールディングを作成することになります。まず、コードジェネレータ・ツールをインストールします。以下のコマンドを実行してください。

```
dotnet tool install -g dotnet-aspnet-codegenerator
dotnet add package Microsoft.VisualStudio.Web.CodeGeneration.Design
```

　これでコードジェネレータが用意できました。これを利用し、スキャフォールディングのファイルを生成します。以下のようにコマンドを実行しましょう。

```
dotnet aspnet-codegenerator controller -name PeopleController -m Person
-dc SampleMVCAppContext —relativeFolderPath Controllers —useDefaultLayout
—referenceScriptLibraries
```

　長い命令文ですが、カスタマイズしなければならない箇所はそう多くありません。以下の部分に注意して書けば、その他部分は上記の文をそのまま移して書くだけです。

```
controller
 -name  コントローラー
 -m  モデル
 -dc  データコンテキスト
```

　ここでは、Personモデルを参照し、PeopleControllerを作成するようにしています。またデータコンテキストにはSampleMVCAppContextと指定してあります。これでファイル類が生成されます。

マイグレーションとアップデート

　基本的な部品が一通り準備できたら、パッケージマネージャコンソールをマイグレーションを行いましょう。Visual Studio Communityを「**ツール**」メニューから、「**NuGetパッケージマネージャ**」内にある「**パッケージマネージャコンソール**」を選んでください。そして以下のコマンドを実行してください。

```
Add-Migration Initial
Update-Database
```

　これでマイグレーションファイルを生成し、データベースを更新します。これで、データベースが使える状態になりました。

図5-29：パッケージマネージャコンソールからコマンドでマイグレーションを行う。

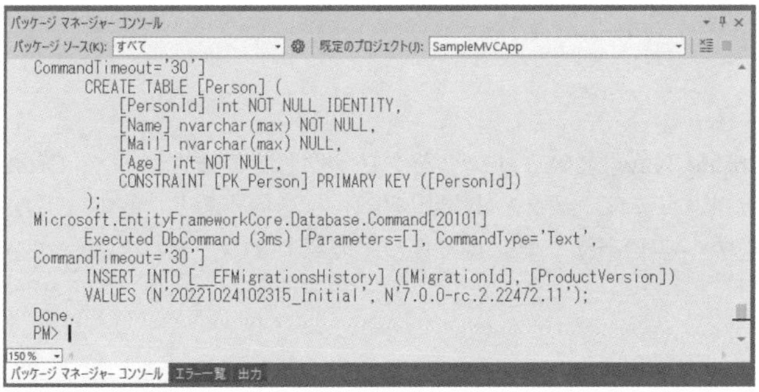

▌Visual Studio Community 以外の場合

　dotnetコマンドベースで開発を行っている場合、dotnet-efというツールをインストー

ルして使います。ターミナルやコマンドプロンプトなどから以下のように実行してください。

```
dotnet tool install —global dotnet-ef
```

これで、dotnet efコマンドが利用できるようになります。以下のようにコマンドを実行してマイグレーションとデータベース更新を行ってください。

```
dotnet ef migrations add InitialCreate
dotnet ef database update
```

動作を確認する

では、実際にプロジェクトを実行してみましょう。トップページがWebブラウザで開かれたら、/peopleにアクセスしてみてください。「**Index**」と表示されたページが現れます。

ここでは、まだ何もデータがありません。実際にデータを追加していくと、ここにそれらの内容がリスト表示されるようになります。

図5-30：/peopleの画面。まだデータはなにもない。

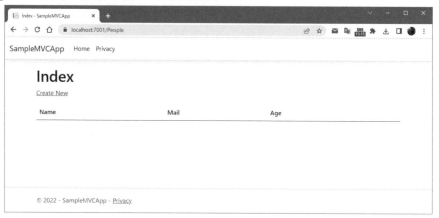

では、「**Create New**」というリンクをクリックしてみましょう。「**Create**」というページに移動します。ここで、フォームに値を記入し送信すると、レコードが作成されます。実際にいくつかレコードをサンプルで作ってみましょう。

図5-31：Createページ。フォームに入力してレコードを作成する。

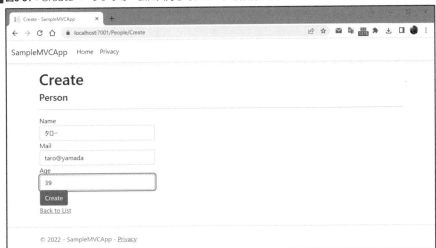

　いくつかサンプルレコードを追加していくと、/peopleのページにレコードデータが
リスト表示されていきます。ちゃんとレコードの作成や表示といった基本機能が動いて
いることがわかるでしょう。

　リストに表示されるレコードには、「**Edit**」「**Details**」「**Delete**」といったリンクが用意さ
れます。これらを使って、レコードの更新や内容表示、削除などが行えます。実際にレコー
ドをいろいろと操作して動作を確認してみてください。

　実際に動かしてみるとわかりますが、スキャフォールディングで作成されるサンプル
ページは、Razorページアプリで作成したものと全く同じです。スキャフォールディン
グはテンプレートをもとに自動生成する機能なので、作られる機能や表示は基本的にど
れもだいたい同じものになります。

図5-32：/peopleのリスト。登録したレコードがリスト表示される。

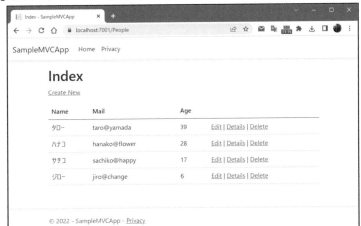

スキャフォールディングで生成されるもの

では、スキャフォールディングでどのようなファイルが作成されるのか、整理しましょう。これは、大きく2つの部分で構成されます。「**データベースを利用できるようにするための部分**」と、「**実際にデータベースを利用するサンプルの部分**」です。

● データベースを利用できるようにするためのもの

Person.cs	これは最初に作りましたね。モデルクラスです。
SampleMVCAppContext.cs	これは「Data」フォルダの中に作成されています。「データコンテキスト」というクラスです。
Program.cs, appsettings.json	これらはプロジェクトにもともとあるファイルですが、データベース関連の記述が追加されています。

● データベースを利用するサンプル部分

PeopleController	「Controllers」フォルダ内に作成されるコントローラークラスです。Personモデルを利用した基本的なCRUDのためのアクションが生成されています。
「People」フォルダ	「Views」フォルダ内に追加されるフォルダです。この中には、作成されたPeopleControllerから利用するためのビューテンプレートのファイルがまとめられています。

データベースを利用するためには、まずモデルクラスとデータコンテキストのクラスを用意し、Program.csとappsettings.jsonに必要な情報を追記します。これらが用意できたら、マイグレーションを行いデータベースを更新すれば、データベースがセットアップされます。

その後のコントローラーとビューは、データベースの利用例ですから、必ずしもないと動かないわけではありません。「**MVCアプリでは、データベースをこう利用する**」というサンプルコードです。

データコンテキストについて

では、ファイル類について見ていきましょう。まずはデータコンテキストからです。

このデータコンテキストは、「**Data**」フォルダの中に「**SampleMVCAppContext.cs**」という名前で作成されています。その内容は以下のようになります。

リスト5-24

```
using System;
using System.Collections.Generic;
using System.Linq;
using System.Threading.Tasks;
using Microsoft.EntityFrameworkCore;
using SampleMVCApp.Models;
```

```
namespace SampleMVCApp.Data;

public class SampleMVCAppContext : DbContext
{
    public SampleMVCAppContext (DbContextOptions<SampleMVCAppContext>
        options)
        : base(options)
    {
    }

    public DbSet<SampleMVCApp.Models.Person> Person { get; set; } =
default!;
}
```

　データコンテキストは、Microsoft.EntityFrameworkCore名前空間の「**DbContext**」とい
うクラスを継承して作られます。クラス名は違いますが、先にRazorページアプリケー
ションで作成されていたSampleRazorAppContextクラスとほぼ同じ内容であることがわ
かりますね。
　コンストラクタでは、DbContextOptionsインスタンスが引数に渡されます。また
DbSetを保管するPersonというプロパティも用意されています。これらが実際のデータ
ベース利用の際に使われることになります。具体的な処理などは特にありません。

Program.csの修正

　このデータコンテキストが実際にアプリケーションに組み込まれているのは、
Program.csの中です。スキャフォールディングにより、以下のコードが追加されていま
す。

リスト5-25

```
// using Microsoft.EntityFrameworkCore; 追加
// using SampleMVCApp.Data; 追加

builder.Services.AddDbContext<SampleMVCAppContext>(options =>
    options.UseSqlServer(builder.Configuration
    .GetConnectionString("SampleMVCAppContext") ??
    throw new InvalidOperationException("Connection string …略…")));
```

　builder.ServicesのAddDbContextによりデータコンテキスト(ここでは
SampleMVCAppContext)をサービスに組み込んでいます。引数のラムダ式では、options
のUseSqlServerでSQLサーバーのDbContextOptionsBuilderを作成しています。このあた
りの処理は、RazorアプリのProgram.csにあったものとほぼ同じです。
　ここではUseSqlServerを呼び出すコードを掲載してありますが、これは使用するデー

タベースによってUserSqliteになったりUseMysqlになったりする、というのは先に説明したとおりです。

appsettings.json の修正

では、プロジェクトフォルダにある「**appsettings.json**」ファイルの内容を見てみましょう。ここに、データベースアクセスを行うための設定情報が以下のように用意されています。

リスト5-26

```
"ConnectionStrings": {
  "SampleMVCAppContext": "Server=(localdb)\\mssqllocaldb;Database=SampleMVCA
pp.Data;T…略…"
}
```

ConnectionStringsには、接続テキストが設定されています。これは、データベースに接続するときに用いられる設定情報のテキストでしたね。ここでは、SampleMVCAppContextという名前で設定情報のテキストが用意されています。この値は、使用するデータベースにより内容が変更されます。ここではmssqllocaldb（MS Sql）を利用する場合の値を挙げてあります。

PeopleControllerクラスについて

データベースアクセスを実現するための基本的な実装はわかりました。続いて、具体的にどのようにしてデータベースアクセスを行っているか、サンプルとして生成されているコントローラーとビューについて見ていきましょう。

まず、生成されたPeopleControllerクラスがどのようになっているのか見てみましょう。アクション関係はあとで個々に説明するとして、クラスのコードの概要は以下のようになっています。

リスト5-27

```
using System;
using System.Collections.Generic;
using System.Linq;
using System.Threading.Tasks;
using Microsoft.AspNetCore.Mvc;
using Microsoft.AspNetCore.Mvc.Rendering;
using Microsoft.EntityFrameworkCore;
using SampleMVCApp.Data;
using SampleMVCApp.Models;

namespace SampleMVCApp.Controllers;


public class PeopleController : Controller
```

```
{
    private readonly SampleMVCAppContext _context;

    public PeopleController(SampleMVCAppContext context)
    {
        _context = context;
    }

    ……アクションメソッド……

}
```

　コンストラクタが用意されており、データコンテキストであるSampleMVCAppContext
インスタンスが引数として渡されています。これをそのまま_contextプロパティに代入
しています。こうして、いつでもデータコンテキストが利用できるようにしています。
　あとは、個々のアクションから_contextを利用したデータベースアクセスを行ってい
く、というわけです。

全レコードの表示（Indexアクション）

　では、Indexアクションから見てみましょう。/peopleにアクセスすると、登録
されたPersonに対応しているテーブルのレコードが一覧表示されました。これは、
PeopleControllerクラスのIndexアクションメソッドで行っています。

リスト5-28
```
public async Task<IActionResult> Index()
{
    return _context.Person != null ?
            View(await _context.Person.ToListAsync()) :
            Problem("Entity set 'SampleMVCAppContext.Person'  is null.");

}
```

▌Viewにモデルを指定する

　このIndexには、return Viewする文が1つあるだけです。これは整理すると、以下のよ
うな形になっているのがわかります。

```
return _context.Person != null ? View(……) : Problem(……);
```

　_context.Personがnullでなければ、Viewを返すようになっているのがわかります。こ
のViewの使い方は初めて登場するものでしょう。
　Viewの引数には、いままで"Index"などのアクション名を指定して使用するテンプレー

トを設定することはありましたが、こうしたオブジェクトを引数に指定するのは初めてですね。

　このようにオブジェクトを引数として指定した場合、テンプレートファイル側に用意される@Modelにモデルとして渡されるオブジェクトを指定できます。通常、デフォルトではページモデルがそのまま渡されますが、このようにオブジェクトを指定することで、特定のオブジェクトを@Modelに渡すことができるようになります。

ToListAsyncメソッドについて

　ここでは、Viewの引数に_context.Personの「**ToListAsync**」というメソッドの戻り値を指定しています。これは既にRazorアプリのところで使いましたね。

　このToListAsyncは、名レコードをモデルのリストとして返すメソッドです（正確には、非同期メソッドであるためListを値として用意するTaskインスタンスが返されます）。ここではPersonプロパティから呼び出していますから、Personインスタンスのリストが返されます。

その他のレコード取得メソッド

　このToListAsyncの他にも、レコードをモデルクラスのインスタンスとして取り出すためのメソッドはいろいろと用意されています。以下に主なものを簡単にまとめておきましょう。

● 配列として取得

```
モデル.ToArray()
```

● 辞書として取得

```
モデル.ToDictionary()
```

● HashSetとして取得

```
モデル.ToHashSet()
```

　いずれも、最後に「**Async**」をつけると非同期処理になります。このあたりはToListAsyncと全く同じですね。モデルから取得したレコードをさまざまな形で取り出せるようになります。

Index.cshtml の内容

　では、Indexで利用しているテンプレートを見てみましょう。ここでは以下のような形で@modelがされています。

リスト5-29

```
@model IEnumerable<SampleMVCApp.Models.Person>
```

　モデルには、先にコントローラーのIndexメソッドでToListAsyncを使い取り出したリ

ストが渡されています。

あとは、<table>を使って@modelから順にPersonを取り出し、テーブルにまとめていくだけです。

リスト5-30

```
@foreach (var item in Model) {
    <tr>
        <td>
            @Html.DisplayFor(modelItem => item.Name)
        </td>
        <td>
            @Html.DisplayFor(modelItem => item.Mail)
        </td>
        <td>
            @Html.DisplayFor(modelItem => item.Age)
        </td>
        <td>
            <a asp-action="Edit" asp-route-id="@item.PersonId">Edit</a> |
            <a asp-action="Details" asp-route-id="@item.PersonId">Details
                </a> | <a asp-action="Delete" asp-route-id="@item.PersonId">
                    Delete</a>
        </td>
    </tr>
}
```

テーブル出力している部分は、このようになっています。@foreach (var item in Model)でModelから順にPersonを取り出し、その値を出力していきます。例えば名前ならば、@Html.DisplayFor(modelItem => item.Name)というようにして値を書き出せばいいわけです。

@modelにPersonのリストが渡されることさえわかっていれば、その出力部分はだいたい理解できることでしょう。

<a> タグのヘルパー属性

ここでは、「**Edit**」「**Details**」「**Delete**」といったリンクが<a>タグで用意されています。この属性にはタグヘルパーによる値が用意されています。用意されているのは以下の2つです。

asp-action="アクション"	指定のアクションへのリンクを生成するためのもの。
asp-route-id="ID値"	ルートのIDとして渡される値。

先にProgram.csの内容を説明したとき、app.UseEndpointsを使ってエンドポイントの設定を行っていました。その中で、endpoints.MapControllerRouteでルートの設定を行うとき、patternに以下のような値を指定していました。

```
"{controller=Home}/{action=Index}/{id?}"
```

　これにより、/コントローラー /アクション/id という形でパスが扱われるようになっていたわけです。ここでのasp-actionはこのパスのactionを、またasp-route-idはパスのidをそれぞれ指定するもの、と考えると理解しやすいでしょう。

レコードの新規作成（Create）

　続いて、レコードの新規作成です。これは、Createアクションとして用意されています。
　今回は、テンプレートファイルから見てみましょう。「**People**」フォルダ内のCreate.cshtmlには以下のような形で送信フォームが記述されます。

リスト5-31

```
<form asp-action="Create">
    <div asp-validation-summary="ModelOnly" class="text-danger"></div>
    <div class="form-group">
        <label asp-for="Name" class="control-label"></label>
        <input asp-for="Name" class="form-control" />
        <span asp-validation-for="Name" class="text-danger"></span>
    </div>
    <div class="form-group">
        <label asp-for="Mail" class="control-label"></label>
        <input asp-for="Mail" class="form-control" />
        <span asp-validation-for="Mail" class="text-danger"></span>
    </div>
    <div class="form-group">
        <label asp-for="Age" class="control-label"></label>
        <input asp-for="Age" class="form-control" />
        <span asp-validation-for="Age" class="text-danger"></span>
    </div>
    <div class="form-group">
        <input type="submit" value="Create" class="btn btn-primary" />
    </div>
</form>
```

　asp-forを使い、Name, Mail, Ageの各プロパティの値を設定する<input>タグを生成しています。既にこのやり方はおなじみとなっていますから特に補足することはないでしょう。

検証メッセージの表示

　この他、検証のエラーメッセージを表示するためのタグも用意されています。<form>の下には、asp-validation-summary属性を指定した<div>タグが用意されていますね。こ

れで検証の概要を表示します。

そして各<input>にはその項目で発生した検証エラーを表示する<span>を用意してあります。例えばNameの値を入力する<input>タグの下には、以下のようなタグが用意されていますね。

```
<span asp-validation-for="Name" class="text-danger"></span>
```

asp-validation-for="Name"という属性が用意されていますが、これにより「**このタグはNameの検証結果を表示するものだ**」ということを指定しています。

このあたりの検証のメッセージ表示も、既にRazorアプリで使っていました。やっていることはRazorもMVCも全く同じことがわかります。

PeopleControllerのCreateアクション

では、コントローラー側に用意されるアクションをチェックしましょう。今回は、2つのCreateメソッドがPeopleControllerクラスに用意されています。それらは以下のように記述されています。

リスト5-32──Createメソッド(GET用)

```
public IActionResult Create()
{
    return View();
}
```

リスト5-33──Createメソッド(POST用)

```
[HttpPost]
[ValidateAntiForgeryToken]
public async Task<IActionResult> Create
    ([Bind("PersonId,Name,Mail,Age")] Person person)
{
    if (ModelState.IsValid)
    {
        _context.Add(person);
        await _context.SaveChangesAsync();
        return RedirectToAction(nameof(Index));
    }
    return View(person);
}
```

GET用のCreateは、説明の要はないですね。単にreturn Viewしているだけのシンプルなものです。

問題は、POST送信の処理を行うCreateです。こちらはいろいろと機能が組み込まれています。

▌POST 用メソッドの属性

POST処理用のCreateでは、メソッドの前に以下のような属性が用意されています。

```
[HttpPost]
[ValidateAntiForgeryToken]
```

[HttpPost]は、POST送信を受け付けるためのものでしたね。もう1つの[ValidateAntiForgeryToken]というのは、「クロスサイトリクエストフォージェリ（XSRF）と呼ばれる攻撃のための対策です。これをつけることで、外部からのフォーム送信を拒否し、Createアクションからの送信のみを受け付けるようになります。

▌Create メソッドの定義

肝心のメソッドの定義は、以下のような非常にわかりにくい形になっています。

```
public async Task<IActionResult> Create([Bind("PersonId,Name,Mail,Age")]
Person person)
{
    ……実行内容……
}
```

このCreateは非同期になっており、戻り値はIActionResultを値として受け付けるTaskになっています。引数には、Personインスタンスが渡されていますが、その前に以下のような属性が付けられています。

```
[Bind("PersonId,Name,Mail,Age")]
```

フォーム送信を受け取るPOST用アクションでは、フォームの送信内容を引数として受け取ることができました。例えば、こんな具合ですね。

```
Create( int PersonId, string Name, string Mail, int Age)
```

これで、フォームのPersonId, Name, Mail, Ageという値をそのまま引数として受け取れました。が、今回のメソッドはこれを更に一歩進めて「**送信されたフォームをPersonインスタンスとして引数で受け取る**」という使い方をしています。これには、Bindという属性を使います。

```
[Bind( 引数) ] Person person
```

このようにすることで、Bindの引数に用意された値をPersonインスタンスとしてまとめたものが引数に渡されます。つまり、フォームに値を記入して送信すると、既にこのCreateメソッドが呼び出された時点で、それらのフォームの値はPersonインスタンスの形に変換されているのです。

このBind属性は、もちろんPersonインスタンスを作成するのに必要な値がフォームに

まとめられているからこそ利用可能な機能です。フォームの内容が違っていると、うまくモデルクラスのインスタンスが取り出せないので注意が必要です。

モデルの検証処理

続いて行っているのは、値の検証です。値が問題なく入力されていたら、レコードをデータベースのテーブルに保存する処理を実行します。

```
if (ModelState.IsValid)
{
    ……検証を通過した際の処理……
}
```

これが、値の検証を行っている部分です。**ModelState**というクラスの「**IsValid**」プロパティには、すべての値が正常に入力されていたならtrue、そうでなければfalseが設定されています。これにより、正常な入力がされたか確認できます。

レコードの保存

IsValidがtrueだった場合、レコードを保存します。これは、先にRazorアプリでも行ったものですね。AddでPersonインスタンスを追加し、変更を保存します。

```
_context.Add(person);
await _context.SaveChangesAsync();
```

「**_contextにAddする**」「**SaveChangesAsyncで保存する**」という2つの作業で、新しいレコードをテーブルに保存することができました。

リダイレクトについて

最後に、保存したらトップページ(Indexアクション)にリダイレクトをしています。これは以下のように行っています。

```
return RedirectToAction(nameof(Index));
```

RedirectToActionが、リダイレクトの実行をするためのメソッドです。これは、リダイレクト情報を含むRedirectToActionResultというインスタンスを返します。これは、ActionResultのサブクラスです。

RedirectToActionの引数には、リダイレクト先のパスを指定します。ここでは、Indexアクションの名前をnameofで取り出し、引数に指定しています。これによりIndexアクションにリダイレクトされます。

レコードの詳細表示(Details)

続いて、レコードの内容を表示するDetailsアクションです。基本的に、CRUDの処理はRazorアプリとMVCアプリでほとんど違いがないことがわかってきましたから、以後

はcshtmlのテンプレート部分については省略し、C#コードの部分だけ処理内容を確認していくことにしましょう。

　Detailsのポイントは、どうやって特定のIDのレコードをモデルクラスのインスタンスとして取り出すかです。PeopleControllerクラスのDetailsアクションを見てみましょう

リスト5-34

```csharp
public async Task<IActionResult> Details(int? id)
{
    if (id == null || _context.Person == null)
    {
        return NotFound();
    }

    var person = await _context.Person
        .FirstOrDefaultAsync(m => m.PersonId == id);
    if (person == null)
    {
        return NotFound();
    }

    return View(person);
}
```

　まず、引数のidがnullならば、NotFoundを返しています。NotFoundは、データが見つからなかった場合のActionResult（正確には、そのサブクラスであるNotFoundResult）です。

指定 ID のレコードを取得する

　if文のあとにあるのが、引数で渡されたidのPersonインスタンスを取得する処理です。このようになっていますね。

```csharp
var person = await _context.Person.FirstOrDefaultAsync(m => m.PersonId ==
id);
```

　_context.Personの「**FirstOrDefaultAsync**」というメソッドを呼び出しています。これは、引数をもとに、特定のモデルクラスのインスタンスを取り出すものです。複数のインスタンスが得られる場合は最初の1つだけが取り出されます。

　引数はラムダ式になっています。これは、取り出すインスタンスの条件となるものを指定しており、ここでは「**m.PersonId == id**」という式が指定されています。これにより、引数のモデル（モデルクラスのインスタンスが渡される）のPersonIdの値がidと等しいものを取り出します。

　これで、PersonIdがidのPersonインスタンスが取り出されました。が、Personが見つからない場合も考えられるので、その後で取り出した変数personがnullだった場合は

NotFoundするようにしてあります。

　そして、無事Personが得られた場合は、return View(person); で得られたPersonインスタンスを引数に指定してViewを呼び出します。この引数のPersonインスタンスが、Details.cshtml

の@model SampleMVCApp.Models.Personに渡されていた、というわけです。

　「**指定のIDのPersonを取り出すだけなのに、ラムダ式とかけっこう面倒だな**」と思ったかもしれませんね。でも、心配はいりません。このあとのEditでは、もっとシンプルな方法が使われていますから。

レコードの更新（Edit）

　続いて、レコードの更新です。これは、/Edit/番号 という形でアクセスすると、そのレコードの内容が設定されたフォームが表示され、中身を書き換えて送信するとレコードが更新される、というように動きます。つまりEditアクションは、GET用とフォーム送信後のPOST用の2つのメソッドを組み合わせて動いているわけですね。

　まずは、GET用のEditアクションメソッドから見ていきましょう。

リスト5-35

```
public async Task<IActionResult> Edit(int? id)
{
    if (id == null || _context.Person == null)
    {
        return NotFound();
    }

    var person = await _context.Person.FindAsync(id);
    if (person == null)
    {
        return NotFound();
    }
    return View(person);
}
```

　引数には、編集するPersonのIDが渡されます。これがnullならばNotFoundを返し、そうでなければ指定のIDのPersonインスタンスを取得します。

```
var person = await _context.Person.FindAsync(id);
```

　_context.Personにある「**FindAsync**」というメソッドは、引数に指定されたIDのPersonインスタンスを取り出して返します。特定のIDのモデルクラスインスタンスを取り出すには、このメソッドを使うのがもっとも簡単でしょう。

　これも非同期になっているため、ここではawaitして値を取り出すようにしてあります。

Column　FirstOrDefaultAsyncとFindAsync

「指定のIDのモデルクラスインスタンスを取り出す」ということだと、先にDetailsで使った「**FirstOrDefaultAsync**」というメソッドもありました。FindAsyncと何が違うのでしょうか。

FirstOrDefaultAsyncは、条件を指定し、それに合致するインスタンスを1つだけ取り出すものです。これに対し、FindAsyncは「**プライマリキーのIDを指定してインスタンスを取り出す**」というものです。つまり、プライマリキーに限定された検索機能なのです。

Edit のフォーム送信処理（POST）

続いてPOST処理を行うEditメソッドです。これはEdit.cshtmlに用意されたフォームを送信されたあとの処理を行うものですね。

リスト5-36

```
[HttpPost]
[ValidateAntiForgeryToken]
public async Task<IActionResult> Edit(int id,
        [Bind("PersonId,Name,Mail,Age")] Person person)
{
    if (id != person.PersonId)
    {
        return NotFound();
    }

    if (ModelState.IsValid)
    {
        try
        {
            _context.Update(person);
            await _context.SaveChangesAsync();
        }
        catch (DbUpdateConcurrencyException)
        {
            if (!PersonExists(person.PersonId))
            {
                return NotFound();
            }
            else
            {
                throw;
            }
        }
        return RedirectToAction(nameof(Index));
```

```
        }
        return View(person);
}
```

このEditメソッドも、CreateのPOST処理を行ったメソッドと同様に属性が付けられています。以下の2つです。

```
[HttpPost]
[ValidateAntiForgeryToken]
```

これらにより、POST処理を行うものであること、またクロスサイトリクエストフォージェリへの対処を行うことが設定されます。

Edit メソッドについて

このEditメソッドは、引数にIDとPersonインスタンスが用意されています。定義部分を見るとこのようになっていますね。

```
public async Task<IActionResult> Edit(int id,
        [Bind("PersonId,Name,Mail,Age")] Person person)
```

idは、アクセス時のパスに追加されたIDが渡されます。その後のPersonは、フォームから送られたPersonId, Name, Mail, Ageといったコントロールの値をバインドしてPersonインスタンスを生成したものが渡されます。

このあたりはPOST処理用のCreateメソッドと同じですが、Createと異なり、PersonIdの値も用意されています。これにより、Createでは新しいPersonインスタンスが作成されるのに対し、Editでは指定のPersonIdのPersonインスタンスが渡されるようになります。

メソッドでは、まずModelState.IsValidで値の検証を行い、正しく入力されていることを確認の上で保存の処理を行っています。新規作成と違い、既にあるレコードを更新する場合は、正しく更新作業が行えない可能性もあります。そのため、保存作業は以下のような例外処理の中で行います。

```
try
{
        ……保存処理……
}
catch (DbUpdateConcurrencyException)
{
        ……例外処理……
}
```

try内で行っている更新処理は、「**インスタンスを更新する**」「**更新内容を反映する**」という2段階の作業になります。

```
_context.Update(person);
await _context.SaveChangesAsync();
```

更新は、_contextの「**Update**」というメソッドを使って行います。その後、SaveChangesAsyncにより、更新内容がデータベースに反映されます。

保存作業後、RedirectToActionでIndexにリダイレクトして作業は終了です。

レコードの削除（Delete）

残るは、レコードの削除を行うDeleteアクションだけですね。これもGETアクセス時に呼び出されるDeleteから見てみましょう。PeopleControllerにあるDeleteアクションは以下のようになっています。

リスト5-37

```
public async Task<IActionResult> Delete(int? id)
{
    if (id == null || _context.Person == null)
    {
        return NotFound();
    }

    var person = await _context.Person
        .FirstOrDefaultAsync(m => m.PersonId == id);
    if (person == null)
    {
        return NotFound();
    }

    return View(person);
}
```

これは比較的シンプルですね。引数でidの値が渡されるので、それがnullではないことを確認した上で指定IDのPersonを取得しています。

```
var person = await _context.Person
        .FirstOrDefaultAsync(m => m.PersonId == id);
```

このFirstOrDefaultAsyncメソッドは、更新のときにも使ったものですね。引数のラムダ式で、m.PersonId == idの式が成立するPersonインスタンスを取得しています。

そして、取り出したPersonインスタンスを引数に指定してreturn Viewします。これで、渡されたPersonインスタンスが、Delete.cshtml側の@modelに設定され、表示に使われるようになります。

POST 送信時の DeleteConfirmed アクション

　では、POST送信されたあとの処理を行うDeleteConfirmedアクションを見てみましょう。以下のような処理が用意されています。

リスト5-38

```
[HttpPost, ActionName("Delete")]
[ValidateAntiForgeryToken]
public async Task<IActionResult> DeleteConfirmed(int id)
{
    if (_context.Person == null)
    {
        return Problem("Entity set 'SampleMVCAppContext.Person'
            is null.");
    }
    var person = await _context.Person.FindAsync(id);
    if (person != null)
    {
        _context.Person.Remove(person);
    }

    await _context.SaveChangesAsync();
    return RedirectToAction(nameof(Index));
}
```

　ここでも、メソッドの前に2つの属性が用意されています。いずれも今まで登場したものですからわかるでしょう。

```
[HttpPost, ActionName("Delete")]
[ValidateAntiForgeryToken]
```

　今回は、メソッド名がDeleteではなくDeleteConfirmedとなっています。そのため、HttpPostでは、ActionName("Delete")というものをつけて、これがDeleteアクションであることを指定しています。

　では、メソッド内で行っていることをまとめておきましょう。

●指定IDのPersonインスタンスを取得する

```
var person = await _context.Person.FindAsync(id);
```

●Personインスタンスを取り除く

```
_context.Person.Remove(person);
```

●変更内容をデータベースに反映する

```
await _context.SaveChangesAsync();
```

●Indexアクションにリダイレクトする

```
return RedirectToAction(nameof(Index));
```

　非常に単純ですね。削除は、_context.Personの「**Remove**」メソッドで行います。引数には、削除するPersonインスタンスを指定します。これはデータコンテキストに削除処理を追加しますが、まだデータベースには反映されていません。その後でSaveChangesAsyncを呼び出すことでデータベースに反映され、レコードが削除されます。

　最後にRedirectToActionでIndexにリダイレクトして作業完了です。

Personの存在チェック

　これでCRUDの処理は終わりですが、もう1つ、これらから利用しているユーティリティ的メソッドが残っているので掲載しておきましょう。

リスト5-39
```
private bool PersonExists(int id)
{
    return _context.Person.Any(e => e.PersonId == id);
}
```

　このPersonExistsは、指定IDのレコードが存在するかどうかを調べるものです。ここでは、_context.Personの「**Any**」というメソッドを使っています。これは、対象となるレコードが存在するかどうかを返すものです。引数にはラムダ式が用意され、そこで条件を設定します。

　ここでは、e.PersonId == idがtrueのもの（つまり、PersonIdがidと同じもの）を検索し、Anyの結果を返しています。このPersonExistsを呼び出せば、指定のIDのレコードが既にあるかどうかすぐにわかります。こうした便利なメソッドをいろいろと用意していくと、データベース利用も更に便利になりますね！

5.4 Blazorアプリケーションのデータベース利用

Blazorアプリケーションでデータベースを準備する

　最後に、Blazorアプリケーションでのデータベース利用についても触れておきましょう。Blazorアプリの場合、2022年11月現在ではRazorやMVCのようなCRUDを自動生成するスキャフォールディングが用意されていません。従って、これらはすべて自分で作成していく必要があります。

　では、先に作成したBlazorアプリケーションを開きましょう。Visual Studio

Communityを利用している場合は「**ファイル**」メニューから「**ソリューションを閉じ
る**」を選んで現在開いているソリューションを閉じます。画面にスタートウィンド
ウが現れるので、その左側に表示されている使用したプロジェクトのリストから
「**SampleBlazorApp**」を選択して開いてください。

　プロジェクトを開いたら、「**プロジェクト**」メニューの「**NuGetパッケージの管理**」メ
ニューを選んで、SQLiteプロバイダとEntity Framework関係のパッケージをインストー
ルしてください。作業は、既にRazorページとMVCのアプリで行いました。あれと全く
同じです。

Personモデルの作成

　準備できたら、データベースアクセスのための「**モデル**」を作成しましょう。 Visual
Studio Communityを利用している場合は、ソリューションエクスプローラーからプロ
ジェクトのアイコンを右クリックし、「**追加**」メニューから「**新しいフォルダー**」を選び、
フォルダ名を「**Models**」と設定します。このフォルダにモデルを作成していきます。
　では「**Models**」フォルダ内に、「**Person.cs**」という名前でC#ファイルを作成しましょう。

■**図5-33**：「Models」フォルダを作り、その中に「Person.cs」ファイルを作成する。

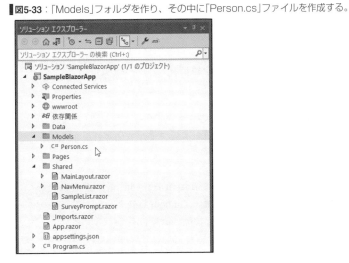

▌Person クラスを完成させる

　ファイルが用意できたら、Personクラスを完成させましょう。以下のようにソースコー
ドを修正します。

リスト5-40

```
namespace SampleBlazorApp.Models;

public class Person
{
    public int PersonId { get; set; }
```

```
        public string Name { get; set; }
        public string? Mail { get; set; }
        public int Age { get; set; }
}
```

　モデルクラスは、RazorアプリやMVCアプリで用意したものと同じです。Blazorも Entity Framework Coreを使っていますから、基本的な仕組みは同じです。従って、モデルの作成も、作成する内容も全く同じものになります。
　ここでは、「**PersonId**」「**Name**」「**Mail**」「**Age**」の4つのプロパティを持ったPersonクラスを用意しています。これをベースに、テーブルを作成しデータベースを利用します。
　モデルクラスが用意できたら、マイグレーションの生成と実行を行ってPersonモデルが使えるようにしておきましょう。

データベース利用の準備

　では、アプリケーションからデータベースを利用するために用意されているコードを確認しましょう。まず、Program.csからです。ここでは、データベース利用のための using文が以下のように追加されます。

リスト5-41

```
using Microsoft.EntityFrameworkCore;
using SampleBlazorApp.Data;
```

　SampleBlazorApp.Modelsは、Personモデルクラスを配置した名前空間ですね。そしてサービスにデータコンテキストを組み込む処理が追加されます。

リスト5-42

```
builder.Services.AddDbContext<SampleBlazorAppContext>(options =>
    options.UseSqlServer(builder.Configuration
    .GetConnectionString("SampleBlazorAppContext") ??
    throw new InvalidOperationException("Connection string …略…")));
```

　既におなじみとなった処理ですね。builder.ServicesのAddDbContextメソッドを使い、データベース利用の機能を登録します。ここでは、UseSqlServerを使っているデフォルトのコードを挙げてあります。メソッドの引数に用意されるラムダ式では、GetConnectionStringで"SampleBlazorAppContext"の値を取り出し、UseSqlServerの引数に指定しています。

▌appsettings.json の追記

　このSampleBlazorAppContextの値は、appsettings.jsonに用意されています。以下が ConnectionStringsで得られるSampleBlazorAppContextの値です。

リスト5-43

```
"ConnectionStrings": {
    "SampleBlazorAppContext": "Server=(localdb)\\mssqllocaldb;Database=
        SampleBlazorApp.Data;…略…"
}
```

これもデフォルトのmssqllocaldb（MS Sql）利用の形になっています。ここで用意する接続テキストにより、データベースの接続が行われます。

SampleBlazorAppContextクラス

Program.csで使っているSampleBlazorAppContextクラスは、「**Data**」フォルダにSampleBlazorAppContext.csというファイルとして用意されています。これは以下のように記述されています。

リスト5-44

```
using System;
using System.Collections.Generic;
using System.Linq;
using System.Threading.Tasks;
using Microsoft.EntityFrameworkCore;
using SampleBlazorApp.Models;

namespace SampleBlazorApp.Data
{
    public class SampleBlazorAppContext : DbContext
    {
        public SampleBlazorAppContext (DbContextOptions
            <SampleBlazorAppContext> options)
            : base(options)
        {
        }

        public DbSet<Person> Person { get; set; } = default!;
    }
}
```

DbContextOptionsを引数に持つコンストラクタと、DbSetが保管されるPersonプロパティが用意されています。

ここまでのコード（Program.cs、appsettings.json、SampleBlazorAppContext.cs）の内容は、既に作成したRazorページアプリやMVCアプリに用意されていたものとほぼ同じです。どんなアプリでも、データベース利用に必要となる基本コードはほぼ同じであることがわかるでしょう。Blazorでも、こうした基本のコードはRazorやMVCと何ら変わるところはないのです。

Sampleでテーブルの一覧を表示する

　では、実際にBlazorからデータベースアクセスを行ってみましょう。まずは基本の「**レコード一覧表示**」からです。

　スキャフォールディング機能がないので、データベース利用はすべて自分で作る必要があります。ここでは、先に作成した「**Pages**」フォルダのSample.razorを書き換えて、Personのレコードを一覧表示するページを作成することにしましょう。

リスト5-45

```
@page "/sample"
@using Microsoft.EntityFrameworkCore
@using SampleBlazorApp.Data
@using SampleBlazorApp.Models
@inject SampleBlazorAppContext _context


<h1>Sample</h1>

@if (People != null)
{
    <table class="table">
        <thead>
        <tr>
            <th>Name</th>
            <th>Mail</th>
            <th>Age</th>
        </tr>
    </thead>
    <tbody>
    @foreach (var item in People)
    {
        <tr>
            <td>@item.Name</td>
            <td>@item.Mail</td>
            <td>@item.Age</td>
        </tr>
    }
    </tbody>
    </table>
}
else
{
    <div class="text-primary">please wait...</div>
}
```

```
@code {
    public IList<Person> People { get; set; }

    protected override async Task OnInitializedAsync()
    {
        People = await _context.Person.ToListAsync<Person>();
    }
}
```

図5-34：「Sample」を選択するとレコードが一覧表示される。なお図はこのあとのAddでいくつかサンプルレコードを追加した状態のもの。

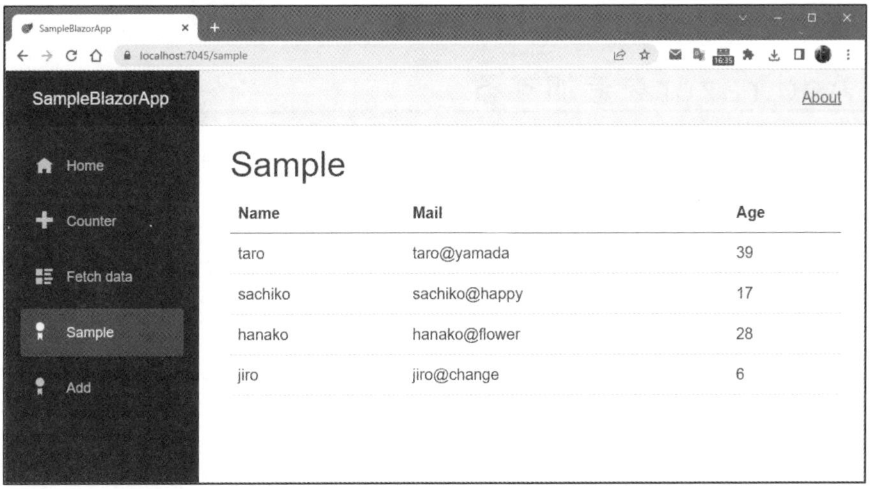

　記述したらアプリを実行して動作を確認しましょう。左側にある「**Sample**」をクリックすると、データベースに保存されているレコードがテーブルにまとめられて一覧表示されます。もちろん、現時点では何もレコードが用意されていないので何も表示されないでしょう。

　（このあとでレコード作成のページを作成するので、そこでサンプルのレコードをいくつか作ってみると、この「**Sample**」でどのように表示されるのかがわかるでしょう）

@code で行っていること

　では、作成したコードを見てみましょう。まず、冒頭でデータコンテキストを依存性の注入で用意しています。

```
@inject SampleBlazorAppContext _context
```

　これで、SampleBlazorAppContextが_contextという変数に用意されました。これを利用してデータベースアクセスを行います。

　では、@codeを見てみましょう。データベースからレコードを取得し保管する処理を用意していますね。この部分です。

```
public IList<Person> People { get; set; }

protected override async Task OnInitializedAsync()
{
    People = await _context.Person.ToListAsync<Person>();
}
```

　IList<Person>型のPeopleプロパティを用意し、OnInitializedAsyncメソッドでこの
PeopleにPersonのレコード一覧を設定しています。SampleBlazorAppContextのPersonか
らToListAsyncメソッドを呼び出してPersonのリストを取り出していますね。この処理
は、RazorやMVCアプリでも使いました。レコード一覧を取得する基本のやり方といえ
ます。

Add.razorを追加する

　続いて、Personレコードを新規追加するページを作りましょう。これは、「**Add**」とい
うRazorコンポーネントとして用意します。
　「**Pages**」フォルダを右クリックし、「**追加**」メニューから「**Razorコンポーネント**」を選
びます。そして現れたダイアログで、一覧リストから「**Razorコンポーネント**」を選択し、
名前に「**Add**」と入力してコンポーネントを作成してください。

図5-35：Razorコンポーネントを新たに作成する。

　「**Pages**」フォルダ内に「**Add.razor**」ファイルが作成されたら、これを開いてソースコー
ドを以下のように記述しましょう。

リスト5-46

```
@page "/add"
@inject NavigationManager NavManager
@using Microsoft.EntityFrameworkCore
@using SampleBlazorApp.Data
@using SampleBlazorApp.Models
@inject SampleBlazorAppContext _context
```

```
<h3>Add</h3>

<EditForm Model="@person" OnSubmit="OnAdd" >
    <div class="text-danger">@errorMessage</div>
    <div class="form-group">
        <label asp-for="Person.Name" class="control-label"></label>
        <input asp-for="Person.Name" class="form-control"
            @bind-value="@person.Name" />
    </div>
    <div class="form-group">
        <label asp-for="Person.Mail" class="control-label"></label>
        <input asp-for="Person.Mail" class="form-control"
            @bind-value="@person.Mail" />
    </div>
    <div class="form-group">
        <label asp-for="Person.Age" class="control-label"></label>
        <input asp-for="Person.Age" class="form-control"
            @bind-value="@person.Age" />
    </div>
    <div class="form-group">
        <button class="btn btn-primary">Create</button>
    </div>
</EditForm>

@code {
    private Person person = new Person();
    private string errorMessage = "";

    private void OnAdd()
    {
        errorMessage = "add person...";
        try
        {
            _context.Add(person);
            _context.SaveChanges();
            NavManager.NavigateTo("/sample");
        }
        catch (Exception e)
        {
            errorMessage = e.Message + " の問題が起こりました。";
        }
    }
}
```

　コードの内容はあとで確認するとして、作ったAddコンポーネントを左側のリストに追加しておきましょう。「**Shared**」フォルダにある「**NavMenu.razor**」ファイルを開き、<nav class="flex-column"> ～ </nav>内に以下のようにコードを追記しておきます。

リスト5-47

```
<div class="nav-item px-3">
    <NavLink class="nav-link" href="add">
        <span class="oi oi-badge" aria-hidden="true"></span> Add
    </NavLink>
</div>
```

　これで保存すれば、リストに「**Add**」が追加されます。この「**Add**」をクリックすると、レコード作成のためのフォームが表示されます。ここに値を入力して「**Create**」ボタンをクリックすれば、レコードが追加されます。作成後、「**Sample**」に表示が切り替わるので、レコードが追加されているのを確認しましょう。

図5-36：フォームに値を入力し「Create」ボタンを押せばレコードが追加される。

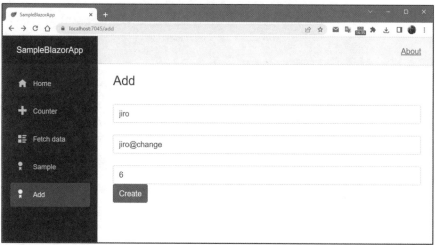

　なお、今回はごく簡単な検証機能を追加しています。レコードの新規作成時に問題が起こると、発生した例外のメッセージを表示するようにしてあります。といっても、各項目の検証などを行うのではなく、発生した例外を表示するだけのものです。

図5-37：例外が発生するとそのメッセージが表示される。

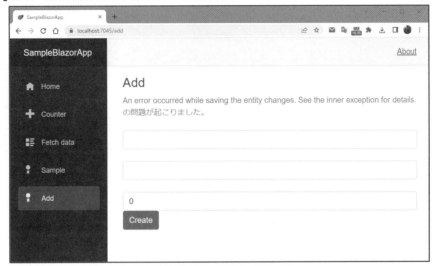

▌Person の保管とフォームの設定

　Add.razorで行っている処理は、@codeにまとめられています。ここでは、まずPersonインスタンスを保管する変数personと、例外のエラーメッセージを保管する変数errorMessageを用意しています。

```
private Person person = new Person();
private string errorMessage = "";
```

　そして、フォーム送信の処理を用意します。これは、まず以下のような形でフォームを作成します。

```
<EditForm Model="@person" OnSubmit="OnAdd" >
```

　Model属性に、用意した変数personを指定します。これにより、このフォームではpersonの値をフォームモデルとして使うようになります。フォーム内にある入力フィールドを見ると、例えばこのようになっています。

```
<input asp-for="Person.Name" class="form-control" @bind-value="@person.
Name" />
```

　asp-forでPersonのプロパティを指定し、@bind-valueで変数personのプロパティにバインドをします。これで、入力した値がpersonに保管され、personがフォームから入力されたPersonインスタンスとして使えるようになります。

▌OnAddでレコードを保存する

あとは、OnSubmit="OnAdd"で送信時に実行する処理として指定されているOnAddメソッドを作成するだけです。このメソッドでは以下のように保存を行っています。

```
try
{
    _context.Add(person);
    _context.SaveChanges();
    NavManager.NavigateTo("/sample");
}
```

_contextから「**Add**」を呼び出してpersonを追加し、「**SaveChanges**」で変更を更新します。この手順は、RazorやMVCでも使ったものですから改めて説明するまでもないでしょう。ただし、ここでは非同期のSaveChangesAsyncではなく、同期処理のSaveChangesを使っています。同期処理なのでawaitなども必要ありません。

また、表示を「**Sample**」に切り替えるのに「**NavManager**」というクラスの「**NavigateTo**」というメソッドを使っています。これはBlazorでナビゲーション（ページ移動）を管理するためのもので、「**NavigateTo**」メソッドを使うことで、"/sample"にリダイレクトすることができます。

Blazorでは実際に異なるページをロードするのではなく、1枚のページ内に用意したコンポーネントを切り替えることでページ移動を実現しています。このため、一般的なリンクやリダイレクトは使えません。NavManager.NavigateToを使うことで、表示するコンポーネントを切り替えて表示するページを変更することができます。

Blazorでもコードの基本は同じ！

とりあえず、データの一覧表示と新規作成を作ってみましたが、いずれもRazorページアプリやMVCアプリと基本的なコードは同じことがわかったでしょう。この他のページ（Details、Edit、Delete）についても、それぞれで作成してみてください。考え方は同じですから、RazorページやMVCのコードをコピー＆ペーストし、若干Blazor用にアレンジするだけで作れるはずですよ。

Chapter 6

データベースを使いこなす

データベースはCRUDができれば完璧ではありません。それ
以上に重要なのが「検索」です。またデータの並べ替えや、複
数のテーブルを連携して処理する方法なども知る必要がある
でしょう。こうしたデータベースを使いこなすための知識を
ここで身につけましょう。

6.1 レコードの検索処理

レコードの検索

前章で、データベースをセットアップし、CRUDといった基本的なデータベースアクセスを行うやり方を一通り説明しました。が、CRUDさえできればデータベースは使えるというわけではありません。それ以上にもっと重要なものがあります。それは「**検索**」です。

例えば、Amazonのようなオンラインショップを想像してみてください。商品のデータを登録したり編集したりする、いわゆるCRUDの機能は、実はユーザーが見ることはありません。それは内部の人間が利用するだけのものです。

私達がオンラインショップにアクセスしたとき目にするのは、例えばジャンルや金額などさまざまな条件に応じて必要な商品を検索して表示する、そういう機能です。この部分は、スキャフォールディングでは作れません。そのサイトに必要な独自の検索処理を自分で作らなければいけないのです。

■ Entity Framework Core と「LINQ」

Entity Framework Coreのデータベース検索は、「**LINQ**」と呼ばれる機能を使います。LINQは「**Language INtegrated Query（統合言語クエリ）**」の略で、さまざまなデータにアクセスするために用意されている仕組みです。

LINQは、データベースだけに限らず、オブジェクトやXMLなどさまざまなデータソースから必要なデータを取り出すことができます。アクセスする対象がどんなものであれ、全く同じ形でデータを取り出せるのです。

ここではデータベースアクセスを中心に説明していきますが、「**LINQはデータベースに限った機能ではない**」ということは頭に入れておきましょう。

Findページを作成する（Blazorアプリ）

では、既に作成してあるプロジェクトを利用して、実際に簡単なサンプルを作成しながら検索の処理について説明していきましょう。

まずは、Blazorアプリケーションでの検索用ページ作成についてです。今回は「**Find**」という名前でRazorコンポーネントを作りましょう。

Visual Studio Communityを利用している場合、ソリューションエクスプローラーから「**Pages**」フォルダを右クリックして、現れたメニューの「**追加**」メニュー内から「**Razorコンポーネント**」を選びます。そして現れたダイアログで、リストから「**Razorコンポーネント**」が選択された状態で、名前を「**Find**」と入力し、追加してください。

それ以外の環境の場合は、「**Pages**」フォルダ内に「**Find.razor**」という名前でファイルを作成してください。

図6-1：「Razorコンポーネント」メニューを選んで現れるダイアログで「Find」と名前を入力する。

NavMenu に Find を追加する

　続いて、「**Shared**」フォルダのNavMenu.razorにFind.razorのリンクを追加しておきましょう。<nav class="flex-column"> ～ </nav>内に以下のコードを追加してください。

リスト6-1

```
<div class="nav-item px-3">
    <NavLink class="nav-link" href="find">
        <span class="oi oi-badge" aria-hidden="true"></span> Find
    </NavLink>
</div>
```

　これで「**Find**」リンクが画面左側のリストに追加され、クリックしてFindコンポーネントが表示されるようになります。

Find.razor を作成する

　では、Find.razorのコードを作成しましょう。ファイルを開き、以下のようにコードを記述してください。

リスト6-2

```
@page "/find"
@using Microsoft.EntityFrameworkCore
@using SampleBlazorApp.Data
@using SampleBlazorApp.Models
@inject SampleBlazorAppContext _context

<h1>Find</h1>

<div class="input-group">
    <input type="text" class="form-control me-1" @bind="FindStr" />
    <span class="input-group-btn">
```

```
                <button class="btn btn-primary px-4" @onclick="OnClickAction">
                    Click
                </button>
            </span>
</div>

<hr />

@if (People != null)
{
    <table class="table">
        <thead>
            <tr>
                <th>Name</th>
                <th>Mail</th>
                <th>Age</th>
            </tr>
        </thead>
        <tbody>
            @foreach (var item in People)
            {
                <tr>
                    <td>@item.Name</td>
                    <td>@item.Mail</td>
                    <td>@item.Age</td>
                </tr>
            }
        </tbody>
    </table>
}
else
{
    <div class="text-primary">please wait...</div>
}

@code {
    private string? FindStr { get; set; }
    private IList<Person>? People { get; set; }

    protected override async Task OnInitializedAsync()
    {
        People = await _context.Person.ToListAsync<Person>();
    }
```

```
    void OnClickAction()
    {
        People = _context.Person.Where(m => m.Name == FindStr).ToList();
    }
}
```

図6-2：「Find」で表示されるフィールドに検索テキストを記入しボタンを押すと、Nameがそのテキストのレコードを検索し表示する。

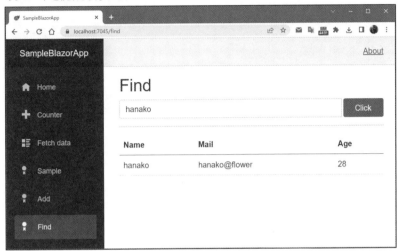

　作成したら実際にプロジェクトを実行し、「**Find**」ページを表示してみましょう。入力フィールドとボタンがあり、その下に保存されているPersonのレコードがテーブルにまとめて表示されています。

　フィールドに名前を記入してボタンをクリックすると、Nameがその値のレコードを検索して表示します。

　検索のコードについては後ほど触れますが、ここで行っているのは「**レコードを検索してリストにまとめ、Peopleに代入する**」という作業です。そしてこのPeopleから順に値を取り出してその内容をテーブルとして表示させています。

Findページを作成する（Razorページアプリ）

　Blazor以外のアプリでも、Findページ作成の手順を説明しておきましょう。次はRazorページアプリです。SampleRazorAppプロジェクトを開き、使える状態にしておいてください。

　Visual Studio Communityを利用している場合は、ソリューションエクスプローラーで「**Pages**」フォルダを右クリックし、現れたメニューから「**追加**」内の「**Razorページ**」を選びます。

　画面にテンプレートを選択するダイアログウィンドウが現れるので、「**Razorページ - 空**」を選択し、次に進みます。そして次のダイアログで「**Find**」と名前を入力して追加します。

図6-3：リストから「Razorページ- 空」を選び、名前を「Find」と入力する。

　その他の環境の場合は、dotnetコマンドを使います。コンソールまたはコマンドプロンプトを開き、プロジェクトのフォルダにカレントディレクトリを設定して以下を実行してください。

```
dotnet new page —name Find —namespace SampleRazorApp.Pages —output
Pages
```

Find.cshtml を作成する

　これでFindというページのファイルが作成されます。ではCSHTMLファイルを用意しましょう。以下のように内容を修正してください。

リスト6-3

```
@page
@model SampleRazorApp.Pages.FindModel;

@{
    ViewData["Title"] = "Find";
}
```

```
<h1>Find</h1>

<form asp-page="Find">
    <div class="input-group">
        <input type="text" name="FindStr" class="form-control me-1" />
        <span class="input-group-btn">
            <input type="submit" class="btn btn-primary px-4"
                name="Click" />
        </span>
    </div>
</form>
<hr />
<table class="table mt-5">
    <thead>
        <tr>
            <th>PersonId</th>
            <th>Name</th>
            <th>Mail</th>
            <th>Age</th>
        </tr>
    </thead>
    <tbody>
        @foreach (var item in Model.People)
        {
            <tr>
                <td>
                    @Html.DisplayFor(modelItem => item.PersonId)
                </td>
                <td>
                    @Html.DisplayFor(modelItem => item.Name)
                </td>
                <td>
                    @Html.DisplayFor(modelItem => item.Mail)
                </td>
                <td>
                    @Html.DisplayFor(modelItem => item.Age)
                </td>
            </tr>
        }
    </tbody>
</table>
```

　ここでは、フォームとレコードの一覧表示テーブルが用意されています。ここでは、@modelにFindModelが設定されており、その中のPeopleに検索結果が保管されています。これを使い、@foreach (var item in Model.People)というようにしてPeopleプロパティから値を順に取り出して表示を行うようにしています。

　ということは、ページモデル側では、ModelのPeopleプロパティに表示したい内容を設定するような処理を用意すればいいわけですね。

FindModel クラスの作成

　続いて、ページモデル「**FindModel**」クラスを作成しましょう。Find.cshtml.csファイルを開き、以下のように修正してください。

リスト6-4

```
using Microsoft.AspNetCore.Mvc.RazorPages;
using Microsoft.EntityFrameworkCore;
using SampleRazorApp.Data;
using SampleRazorApp.Models;

namespace SampleRazorApp.Pages;

public class FindModel : PageModel
{
    private readonly SampleRazorAppContext _context;
    public IList<Person> People { get; set; }

    public FindModel(SampleRazorAppContext context)
    {
        _context = context;
    }

    public async Task OnGetAsync()
    {
        People = await _context.Person.ToListAsync();
    }

    public async Task OnPostAsync(string FindStr)
    {
        People = await _context.Person.Where(m => m.Name == FindStr)
            .ToListAsync();
    }
}
```

　修正したら、プロジェクトを実行して/Findにアクセスしてください。入力フィールドとボタンが表示されます。ここから名前を入力して送信すると、検索結果がテーブル

に表示されます。

図6-4：/Findにアクセスし、フィールドに名前を書いて送信すると、その名前のレコードを表示する。

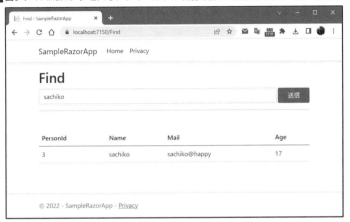

Findアクションを作成する（MVCアプリ）

残るは、MVCアプリケーションですね。これの検索作成についても整理しておきましょう。今回は、PeopleControllerに「**Find**」というアクションとして検索を用意します。

これには、まず「**Views**」フォルダ内の「**People**」内に「**Find.cshtml**」ファイルを作成し、それからPeopleController.csにそのためのアクションメソッドを追加します。

では、Find.cshtmlテンプレートファイルから作りましょう。Visual Studio Communityを使っている場合は、ソリューションエクスプローラーで「**Views**」フォルダ内の「**People**」フォルダを右クリックし、現れたメニューで「**追加**」内の「**ビュー**」を選びます。画面にダイアログが現れるので、左側の「**MVC**」内にある「**表示**」を選択し、中央のリストから「**Razorビュー - 空**」を選んで追加します。再びダイアログが現れるので、「**Razorビュー - 空**」を選び、名前を「**Find**」と入力して追加をしてください。

それ以外の環境では、「**Views**」フォルダ内の「**People**」フォルダの中に、「**Find.cshtml**」という名前でファイルを作成してください。

図6-5：「Razorビュー - 空」を選び、名前を「Find」として追加する。

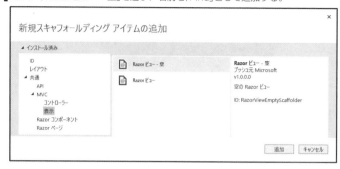

Find.cshtml を作成する

ファイルが作成されたら、内容を記述しましょう。テンプレートの内容は、先ほどリスト6-1で記述したものとほぼ同じです。ただし、以下の部分は修正をしましょう。

● 冒頭の1 ～ 2行目

```
@page
@model SampleRazorApp.Pages.FindModel;
```

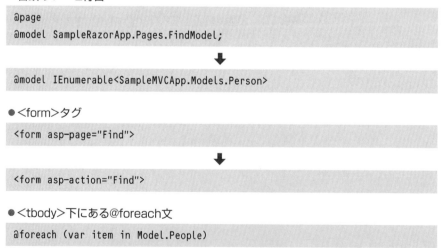

```
@model IEnumerable<SampleMVCApp.Models.Person>
```

● <form>タグ

```
<form asp-page="Find">
```

```
<form asp-action="Find">
```

● <tbody>下にある@foreach文

```
@foreach (var item in Model.People)
```

↓

```
@foreach (var item in Model)
```

PeopleControllerにFindアクションを追加する

続いて、アクションの用意です。PeopleController.csを開き、PeopleControllerクラスに以下のメソッドを追加しましょう。

リスト6-5

```
public async Task<IActionResult> Find()
{
    return View(await _context.Person.ToListAsync());
}


[HttpPost]
[ValidateAntiForgeryToken]
public async Task<IActionResult> Find(string FindStr)
{
    var People = await _context.Person.Where(m => m.Name == FindStr)
        .ToListAsync();
    return View(People);
}
```

一通りできたら、プロジェクトを実行し、/People/Findにアクセスしましょう。入力フィールドとボタンが表示されるので、検索する名前を記入しボタンを押せば、その名前のレコードを表示します。

図6-6：/People/Findにアクセスし、フィールドから検索テキストを送信すると、その名前のレコードが検索される。

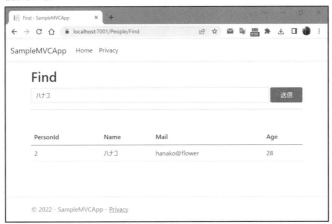

Whereによるフィルター処理

これでBlazor、Razorページ、MVCのそれぞれでFindのページが用意できました。いずれも用意されている機能は同じです。ページの上部に検索のための入力フィールドとボタンが用意され、その下にはレコードをまとめて表示するテーブルが表示されます。最初にアクセスしたときは全レコードが表示され、検索のフォームを送信すると検索されたレコードだけが表示されます。

検索の基本的な働きがわかったら、どのように検索を行っているのか、コードを調べていきましょう。

Where メソッドについて

Blazorではボタンのonclickで呼び出されるメソッドで、Razor/MVCではFindページからPOST送信された場合に呼ばれるメソッドで検索の処理が実行されています。これらには、それぞれ以下のような処理が実行されています。

●同期処理（Blazor）

```
People =  _context.Person.Where(m => m.Name == FindStr).ToList();
```

●非同期処理（Razor/MVC）

```
People = await _context.Person.Where(m => m.Name == FindStr).ToListAsync();
```

最後にリストを取得するのに、ToListまたはToListAsyncを使っています。これらは前者が同期処理、後者が非同期処理であるため若干コードが変わっていますが、その前の検索に関する部分は全く同じです。

_context.Personには、DbSetというクラスのインスタンスが設定されている、と説明しましたね。この中の「**Where**」というメソッドが検索を行っている部分です。

●検索の実行

```
《DbSet》.Where( ラムダ式 )
```

引数には、ラムダ式が用意されます。このラムダ式では、検索対象となるモデルクラス（ここではPerson）インスタンスが引数として渡されます。それを利用して条件となる式を用意します。その式の結果がtrueとなるレコードを検索します。

先のサンプルでは、以下のようなラムダ式が引数として用意されました。

```
m => m.Name == FindStr
```

ラムダ式の引数（m）は、Whereで検索される対象のモデル（ここではPersonクラス）のインスタンスです。これにより、PersonインスタンスのNameプロパティがFindStrと等しいものが検索されていたのです。この条件の用意の仕方により、さまざまな検索が行えるというわけです。

●検索結果の取得

```
《IQueryable》.ToList();
《IQueryable》.ToListAsync();
```

Whereの戻り値は、**IQueryable**というインターフェイス（実装はQuaryable）のインスタンスになっています。この時点では、実はまだデータベースにはアクセスしていません。IQueryableは、SQLのクエリに相当する情報をまとめたものです。ここから、ToListやToListAsyncを呼び出すことで、実際にIQueryableに構築されたSQLクエリがデータベースに送信され、その結果を受け取り、リストとして返します。

Column なぜ、Blazorは同期処理？

今回のサンプルでは、BlazorではToListを使い、Razor/MVCではToListAsyncを使っています。これを見て、「**Blazorは同期処理にしないといけないんだ**」「**RazorやMVCは非同期を使うのか**」などと思ったかもしれません。が、これは違います。

BlazorでもRazorでもMVCでも、ToListとToListAsyncのどちらも使えます。ここでは同期と非同期の両方のコードサンプルを掲載したかったので、BlazorでToListを、Razor/MVCでToListAsyncを使った、ただそれだけのことです。

また、実際に試してみるとわかりますが、Blazorはフォーム送信をせずJavaScriptでAjax通信しているため、すべて非同期処理で結果を受け取ると結果表示までに結構時間がかかってしまう場合があります。それもあって、敢えて同期処理にしています。

指定したAge以下のレコードを取り出す

では、Whereによる実際の検索例を見てみましょう。まず、数値による絞り込みを行ってみます。PersonにはAgeというプロパティがありました。これを使い、フォームで入力した値以下のものを取り出してみましょう。

Blazor、Razorページ、MVBのそれぞれの実装を以下に上げておきます。

リスト6-6——Find.razorの@code(Blazor)

```
void OnClickAction()
{
    int n = Int32.Parse(FindStr ?? "0");
    People = _context.Person.Where(m => m.Age <= n).ToList();
}
```

リスト6-7——Findページ(Razor)

```
public async Task OnPostAsync(string FindStr)
{
    int n = Int32.Parse(FindStr);
    People = await _context.Person.Where(m => m.Age <= n).ToListAsync();
}
```

リスト6-8——PeopleController(MVC)

```
[HttpPost]
[ValidateAntiForgeryToken]
public async Task<IActionResult> Find(string FindStr)
{
    int n = Int32.Parse(FindStr);
    var People  = await _context.Person.Where(m => m.Age <= n)
        .ToListAsync();
    return View(People);
}
```

図6-7：フィールドに整数値を記入し送信すると、Ageがそれ以下のものを検索する。

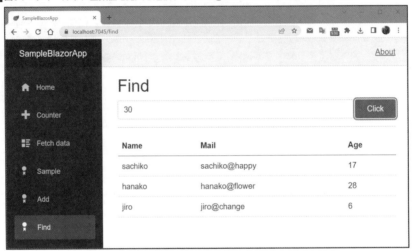

実際にアクセスして動作を確かめましょう。フィールドに「**30**」と記入し送信すると、Ageの値が30以下のレコードだけが表示されます。

ここでは、int n = Int32.Parse(FindStr);で引数FindをInt32に変換し、それを使ってWhereを実行しています。

```
Where(m => m.Age <= n)
```

見ればわかるように、「**m.Age <= n**」という式により、Ageプロパティが変数n以下のものを検索しています。等号不等号を使えば非常に簡単に数値による検索が行えます。

複数条件を設定する

数値を使った検索では、「**〇〇以上、以下**」という単純なものの他に、「**〇〇以上××以下**」というように一定の範囲の値に絞り込むこともよくあります。こうしたものも、全く同じやり方で検索できます。

Whereの部分を以下のように書き換えてみましょう。

リスト6-9——同期の場合

```
People = _context.Person.Where(m => m.Age >= n - 5 &&
    m.Age <= n + 5).ToList();
```

リスト6-10——非同期の場合

```
People = await _context.Person.Where(m => m.Age >= n - 5 &&
    m.Age <= n + 5).ToListAsync();
```

図6-8：「40」と入力すると、Ageの値が35以上45以下のものが表示される。

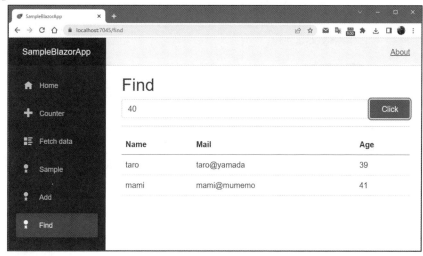

これは、入力した数値±5の範囲を検索する例です。例えば「**40**」と入力すると、Age
の値が35以上45以下のものを表示します。

ここでは、「**m.Age >= n - 5**」と「**m.Age <= n + 5**」の2つの条件がtrueならば検索され
るように式を用意しています。&&を使って複数条件をつなげてチェックしているので
す。

こうした式は、&&または||といった論理演算子を使って複数をつなげることができま
す。こうした演算子による複数条件式の接続も、Whereでは問題なく動くのです。

テキストの検索

続いて、テキストの検索を考えてみましょう。テキストの検索を行う場合、==による
比較だけでは思うような検索が行えません。テキストは、完全一致による検索より、部
分一致の検索が多用されます。

● 検索テキストで始まるもの

```
《モデル・プロパティ》.StartsWith( 値 )
```

● 検索テキストで終わるもの

```
《モデル・プロパティ》.EndsWith( 値 )
```

● 検索テキストを含むもの

```
《モデル・プロパティ》.Contains( 値 )
```

これらを使って検索条件を指定することで、より柔軟な検索が行えるようになります。

Mail をドメインで検索する

実際の利用例として、「**Mailの値をドメイン名で検索する**」というものを考えてみましょう。例としてToListAsyncで変数FindStrで終わるテキストを検索する文を挙げておきます（だいぶ同期と非同期の書き方の違いもわかってきたので、以後は非同期のコードのみ掲載します）。

リスト6-11

```
People = await _context.Person.Where(m => m.Mail.EndsWith(FindStr)).
    ToListAsync();
```

図6-9：「.jp」と入力すると、Mailが.jpで終わるものを検索する。

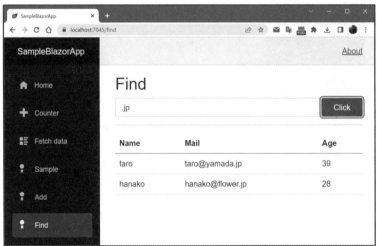

検索フィールドに「**.jp**」と入力して送信すると、Mailのメールアドレスが.jpで終わるものを検索します。検索条件を「**m.Mail.EndsWith(FindStr)**」とすることで、Mailの値が変数FindStrで終わるものを検索しています。

より複雑な検索を考える

&&や||といった論理演算子を使うことで、複数の項目で検索を行わせることもできるようになります。例えば検索テキストを入力したとき、NameとMailの両方から検索し

てみましょう。

リスト6-12

```
People = await _context.Person.Where(m => m.Name.Contains(FindStr) ||
        m.Mail.Contains(FindStr)).ToListAsync();
```

図6-10：フィールドにテキストを書いて送信すると、NameかMailにそのテキストを含むレコードをすべて検索する。

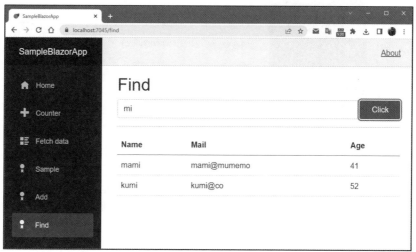

入力フィールドにテキストを書いて送信すると、NameとMailのどちらかにそのテキストを含むものをすべて検索します。ここでは、m => m.Name.Contains(FindStr)とm.Mail.Contains(FindStr)の条件を||で接続して条件を設定しています。

複数の検索テキストを用意する

例えば、「**Nameの値がTaro, Jiro, Saburoのものをすべて検索する**」というような場合はどうすればいいでしょうか。

これには検索対象をstring配列として用意し、そのContainsを使って「**配列に指定の値が含まれているか**」をチェックすることで可能になります。やってみましょう。

リスト6-13

```
string[] arr = FindStr.Split(" ");
People = await _context.Person.Where(m => arr.Contains(m.Name)).
    ToListAsync();
```

図6-11：名前を半角スペースでつなげて入力するとそれらのNameのレコードがすべて表示される。

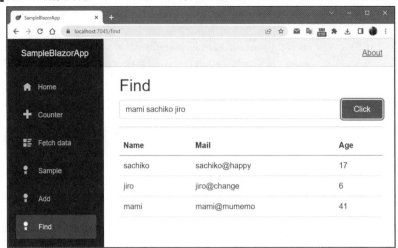

フィールドに「**mami sachiko jiro**」と入力し送信すると、Nameの値が「**mami**」「**sachiko**」「**jiro**」のものをすべて検索します。

ここではSplitを使い、検索テキストを半角スペースで配列に分割しています。そして、arr.Contains(m.Name)と条件を設定することで、配列arrにNameの値が含まれるものをすべて検索しています。

このように、配列を検索の値として利用することで、複数の値を同時に検索させることができるようになります。この他にも検索のテクニックは色々とあります。興味がある人はWhereメソッドについて調べてみましょう。

6.2 LINQに用意される各種の機能

クエリ式構文について

Whereを使ったさまざまな検索について説明をしてきました。これでWhereによる基本的な検索はだいたいできるようになったのではないでしょうか。

基本的な検索処理ができるようになったところで、LINQ（統合言語クエリ）に用意されている、もう1つのアクセス法についても触れておくことにしましょう。

ここまでの検索は、基本的に「**C#のオブジェクトの利用に沿ったやり方**」でした。オブジェクトにあるメソッドを呼び出し、そこに引数で条件を指定して検索を行いました。これは「**メソッドベース**」のクエリ構文と呼ばれます。

この方式は、SQLなどとはかなり違います。メソッド名などはSQLの句と同じようなものを使っていますが、感覚的にはSQLのクエリとは相容れないものである感じがするでしょう。

そこでLINQでは、もっとSQLに近い感覚で記述できる構文も用意しています。これは、

「**クエリ式**」の構文と呼ばれます。

クエリ式構文では、以下のような句を使って実行するLINQの文を作成します。

from in	SQLのfromに相当するもの。from 変数 in DbSetという形で記述する。
where	SQLのwhereに相当するもの。where 条件 という形で記述する。
select	SQLのselectに相当するもの。selectのあとにfromの変数を指定する。

これらを組み合わせることでSQLクエリと同じ感覚で検索処理を作成します。戻り値として、IQueryableというインターフェイス（実装はQueryable）が返されます。これは、SQLクエリに相当するもので、これ自体はまだデータベースアクセスはしていません。

作成できたIQueryからToListAsyncなどを呼び出して結果を取得します。このとき、実際にデータベースアクセスが実行されます。

ごく一般的な検索のための書き方を以下にまとめておきましょう。

●IQueryableの作成

```
変数 = from 《変数》 in 《DbSet》 where 条件 select 《変数》;
```

（※右辺にある2つの《変数》は同じ変数。これは《DbSet》から得られるインスタンスが代入されるもので、whereの条件などで利用される）

●リストで結果を取得

```
変数 =《IQueryable》.ToListAsync();
```

> **Column** DbSetとIQueryable
>
> クエリの構文を使った戻り値は、IQueryableインターフェイスの実装インスタンスです。これに対し、_context.PersonはDbSetですから、メソッド利用の場合はDbSetからWhereなどのメソッドを呼び出すことになります。このあたりで、「**データベースアクセスの機能はIQueryableなのか、DbSetなのか？**」と混乱している人もいるのではないでしょうか。
>
> DbSetとIQueryable。これらは別のものと思いがちですが、実は内容的にはほぼ同じものなのです。
>
> IQueryableは、SQLのクエリに相当するものを扱うための機能を提供するインターフェイスです。そしてこのIQueryableは、DbSetにも実装されています。つまり、DbSetも、IQueryableの一種なのです。ですから、DbSetインスタンスから呼び出していくデータベースアクセスに関する構文やメソッドは、基本的にすべて「**IQueryableインスタンスで定義されている**」と考えていいでしょう（ただしIQueryableはインターフェイスですから、実際の処理はDbSetに実装されています）。

Personから検索を行う

では、クエリ式構文を使ってPersonから検索を行ってみましょう。今回はわかりやすいように、アプリの種類ごとに整理して掲載しておきます。

リスト6-14——Findコンポーネントの@codeに記述（Blazor）

```csharp
protected override async Task OnInitializedAsync()
{
    IQueryable<Person> result = from p in _context.Person select p;
    People = result.ToList();
}


void OnClickAction()
{
    IQueryable<Person> result = from p in _context.Person
            where p.Name == FindStr select p;
    People = result.ToList();
}
```

リスト6-15——Findページに記述（Razorページ）

```csharp
public async Task OnGetAsync()
{
    IQueryable<Person> result = from p in _context.Person select p;
    People = await result.ToListAsync();
}

public async Task OnPostAsync(string FindStr)
{
    IQueryable<Person> result = from p in _context.Person
            where p.Name == FindStr select p;
    People = await result.ToListAsync();
}
```

リスト6-16——PeopleControllerに記述（MVC）

```csharp
public async Task<IActionResult> Find()
{
    IQueryable<Person> result = from p in _context.Person select p;
    return View(await result.ToListAsync());
}


[HttpPost]
[ValidateAntiForgeryToken]
public async Task<IActionResult> Find(string FindStr)
{
    IQueryable<Person> result = from p in _context.Person
            where p.Name == FindStr select p;
    return View(await result.ToListAsync());
}
```

全レコードの検索

　では、簡単に説明をしておきましょう。まず、GETアクセス時の処理です。これは、whereによる条件設定が必要ないので比較的簡単な記述になります。

●全レコードを検索するIQueryableの作成

```
IQueryable<Person> result = from p in _context.Person select p;
```

●リストの取得

```
People = result.ToList();
People = await result.ToListAsync();
```

　from p in _context.Personで、Personを変数pとして扱うようになります。そして、select pでp（つまりPerson）のレコードをすべて取り出します。
　これで作成されたIQueryableから、ToList/ToListAsyncを呼び出してデータベースからレコードを取得し、それをリストとして変数に取り出します。

条件による検索

　FindStrで検索する処理は、全レコード取得の文をベースにして、更に検索条件を設定するwhereが追加されます。

●Name == Findを検索するIQueryableの作成

```
IQueryable<Person> result = from p in _context.Person where p.Name ==
FindStr select p;
```

　from p in _context.Personのあと、検索条件として where p.Name == FindStr を用意しています。そして、レコードの取得を行う select p を用意します。あとは、ToListAsyncを使ってレコードをリストとして取り出すだけです。

1 文にまとめると？

　ここでは、わかりやすいようにクエリの構文の実行結果を変数に代入し、そこからToListAsyncを呼び出しています。が、もちろん1文にまとめて記述することもできます。例えば、全レコードを取得する文は以下のようになります。

リスト6-17──同期処理の場合
```
People = (from p in _context.Person select p).ToList();
```

リスト6-18──非同期処理の場合
```
People = await (from p in _context.Person select p).ToListAsync();
```

　from p in _context.Person select pで返される結果に対しToListAsyncが呼び出されます。したがって、クエリの構文の部分を（）でまとめ、そこからToListAsyncを呼び出せばいいでしょう。（）がないと、クエリの構文の部分を正しく処理できない（最後のpから

ToListAsyncを呼び出していると判断される)ので、必ず()でまとめて記述してください。

Selectメソッドについて

クエリの構文による記述では、メソッドを使ったやり方にはないものがつけられていました。それは「**select**」です。クエリの構文では、最後に「**select p**」が必ずつけられていました。

が、SQLでは、selectには「**取得するカラムの指定**」という役割がありました。このためのSelectに相当する機能は、メソッドを使った方法にもちゃんと用意されています。

●取得するプロパティを指定する

```
《IQuery》.Select( ラムダ式 )
```

Selectの引数は、Whereと同じラムダ式になります。引数に渡されるモデルクラスのインスタンスから取り出したいプロパティを返せば、その項目のレコードのみを取り出すクエリを生成できます。

では、実際に利用例を上げておきましょう。ここではFindにアクセスした際にNameのデータだけを一覧表示させてみます。

まず、検索結果を保管しておくための変数を用意します。

リスト6-19
```
private string[] Pdata { get; set; }
```

続いて、アクセスした際にNameのリストとPersonレコードのリストをそれぞれ変数に取り出す処理を用意します。これは、アクセス時に実行されるメソッドの内容を以下のように書き換えて実装します。

リスト6-20──同期処理
```
Pdata = _context.Person.Select(m => m.Name).ToArray();
People = _context.Person.ToList();
```

リスト6-21──非同期処理
```
Pdata = await _context.Person.Select(m => m.Name).ToArrayAsync();
People = await _context.Person.ToListAsync();
```

そして、ページ表示の適当なところに、Pdataの内容を出力するタグを以下のように追記しておきます。

リスト6-22──Blazor
```
<pre class="h5">
@string.Join(",", Pdata)
</pre>
```

リスト6-23——Razor

```
<pre class="h5">
@string.Join(",", Model.Pdata)
</pre>
```

図6-12：アクセスすると、PersonのNameの値だけを取り出しまとめて表示する。

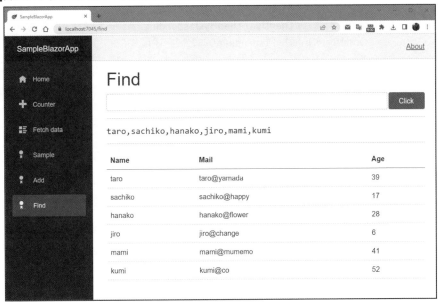

　実際にアクセスしてみると、追記した\<pre\>タグにPersonのNameプロパティの値だけがカンマで区切って表示されます。

　ここでは、以下のようにSelectメソッドを呼び出していますね。

```
Select(m => m.Name)
```

　これで、Nameの値だけを取り出すクエリが用意されます。ToArrayListAsyncを実行すると、Personのリストではなく、Nameの値(string)のリストが値として返されるようになるのです。

レコードの並べ替え

　レコードを取得するとき、「**どのような並び順で表示するか**」は意外と重要です。これには専用のメソッドが用意されています。以下にまとめておきましょう。

●昇順に並べ替える

```
《IQueryable》.OrderBy( ラムダ式 )
```

●降順に並べ替える

```
《IQueryable》.OrderByDescending( ラムダ式 )
```

どちらも引数にはラムダ式を指定します。Selectメソッドと同様、並べ替えの基準となるプロパティを指定することで、そのプロパティを使いリストの項目を並べ替えます。

また、並べ替えは複数の項目を指定することも可能です。例えば、まずA項目を基準に並べ替え、同じ値があった場合はB項目を基準に並べ替える、というような具合です。これには「**ThenBy**」「**ThenByDescending**」といったメソッドを使います。これらは、OrderBy、OrderByDescendingのあとに記述します。

●昇順に並べ替える

```
《IQueryable》.OrderBy( ラムダ式 ).ThenBy( ラムダ式 )
```

●降順に並べ替える

```
《IQueryable》.OrderBy( ラムダ式 ).ThenByDescending( ラムダ式 )
```

このThenBy、ThenByDescendingは連続して複数を用意することも可能です。いずれの場合も、並べ替えの最初に用意するのはOrderBy/OrderByDescendingであり、2番目以降にThenBy/ThenByDescendingを記述します。

年齢順にソートする

では、実際の利用例を上げておきましょう。Findにアクセスした際に実行する文と、フォーム送信後に実行する文をそれぞれ挙げておきます。これらを各アプリのメソッドに組み込んでください。

（なお、前のサンプルで作成したPdataの表示処理は削除しておいてください）。

リスト6-24——Findアクセス時の実行文（同期）
```
People = _context.Person.OrderBy(m => m.Age).ToList();
```

リスト6-25——Findアクセス時の実行文（非同期）
```
People = await _context.Person.OrderBy(m => m.Age).ToListAsync();
```

リスト6-26——フォーム送信後の実行文（同期）
```
People = _context.Person
    .Where(m => m.Name.Contains(FindStr))
    .OrderBy(m => m.Age).ToList();
```

リスト6-27——フォーム送信後の実行文（非同期）
```
People = await _context.Person
    .Where(m => m.Name.Contains(FindStr))
    .OrderBy(m => m.Age).ToListAsync();
```

図6-13：Findにアクセスすると、Ageの小さいものから順に並べ替えて表示される。検索結果も同様に並べられる。

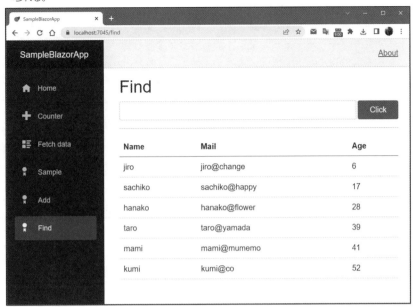

　ここでは、Findにアクセスした際の全レコード表示と、フォーム送信後の検索テキストを含むレコードの表示をすべてAgeプロパティの値が小さい順に並べ替えています。
　まず、アクセス時の実行文を見てみましょう。同期と非同期でそれぞれ以下のように実行していますね。

```
People = _context.Person.OrderBy(m => m.Age).ToList();
People = await _context.Person.OrderBy(m => m.Age).ToListAsync();
```

　Personから直接OrderByが呼び出されています。引数には、m => m.Ageとラムダ式が用意され、これによりAge順に並べ替えが行われるようになります。実際のレコード類は、OrderByからToList/ToListAsyncを呼び出して取得されます。
　フォーム送信後の実行文は、以下のようになっています。

```
People = _context.Person.Where(m => m.Name.Contains(Find))
        .OrderBy(m => m.Age).ToList();
People = await _context.Person.Where(m => m.Name.Contains(Find))
        .OrderBy(m => m.Age).ToListAsync();
```

　ここでは、PersonからWhereを呼び出して、そこから更にOrderByが呼び出されています。そして最後にToList/ToListAsyncを呼び出して結果を取得しています。ToList/ToListAsyncでレコードを取得する前にOrderByは記述する、と考えるとよいでしょう。

> **Column** メソッドチェーンの呼び出し順について
>
> ToListAsyncの手前までの部分は、いくつメソッドがつながっていようと「**IQueryable を返す**」という点では同じです。WhereもOrderByもIQueryableを返します。だからこそメソッドチェーンでいくつもつなげて呼び出せたのです。そして最後にToList/ToListAsyncを呼び出したところで結果のリスト（IList<Person>）が返されます。
>
> つまり、一連のメソッドは、「**IQueryableを返すもの**」と「**そうでないもの**」に分けて考えることができるのです。IQueryableを返すメソッドは、基本的にどういう順番でメソッドを呼び出しても問題ありません（OrderByとThenByのように例外はあります）。そして、IQueryableを返す一連のメソッドがすべて呼び出し終わったあとで、そこから必要な結果を取り出すメソッド（ToList/ToListAsyncなど）が呼び出されるのです。

一部のレコードを抜き出す「Skip/Take」

ToListAsyncでは、検索されたすべてのレコードをリストとして取り出します。が、データが多量になると「**すべて取り出す**」というやり方はあまりよい方法ではなくなってきます。多くのオンラインショップなどでは、扱う商品をページ単位で分けて表示します。データ数が増えると、こうした「**一部分だけを抜き出して表示する**」というやり方が一般的になるでしょう。

このような「**一部だけを取り出す**」というためには、2つのメソッドを組み合わせて行います。それは「**Skip**」と「**Take**」です。

● レコードの取得位置を変更する

```
《IQueryable》.Skip( 整数 )
```

● 指定した数だけレコードを取得する

```
《IQueryable》.Take( 整数 )
```

Skipは、引数に指定した数だけレコードをスキップして取得します。例えば、Skip(10)とすれば、最初から10個のレコードをスキップし、11個目から取り出します。

Takeは、引数に指定した個数だけレコードを取り出します。Take(10)とすれば、最大10個のレコードを取り出します。

ページ単位でレコードを取り出す

では、実際の利用例を挙げておきましょう。Razor Pageのアプリを使ってサンプルを作成します。それぞれの環境で以下掲載のコードを追記します。いずれもパラメータを保管する変数2つ（p, n）と、Findにアクセスした際に呼び出されるメソッドを用意しているので、それらを適切に組み込んでください。

リスト6-28——Blazor

```
[SupplyParameterFromQuery]
[Parameter]
public int p { get; set; }
[SupplyParameterFromQuery]
[Parameter]
public int n { get; set; }

protected override async Task OnInitializedAsync()
{
    n = n <= 0 ? 3 : n;
    People =  _context.Person.OrderBy(m => m.Age)
        .Skip(p * n).Take(n).ToList();

}
```

リスト6-29——Razor

```
[BindProperty(SupportsGet = true)]
public int p { get; set; }
[BindProperty(SupportsGet = true)]
public int n { get; set; }

public async Task OnGetAsync()
{
    n = n <= 0 ? 3 : n;
    People = await _context.Person.OrderBy(m => m.Age)
        .Skip(p * n).Take(n).ToListAsync();
}
```

リスト6-30——MVC

```
[BindProperty(SupportsGet = true)]
public int p { get; set; }
[BindProperty(SupportsGet = true)]
public int n { get; set; }

public async Task<IActionResult> Find()
{
    n = n <= 0 ? 3 : n;
    var People = await _context.Person.OrderBy(m => m.Age)
        .Skip(p * n).Take(n).ToListAsync();
    return View(People);
}
```

図6-14：引数にpとnのパラメータを用意することで指定したページのレコードが表示できる。

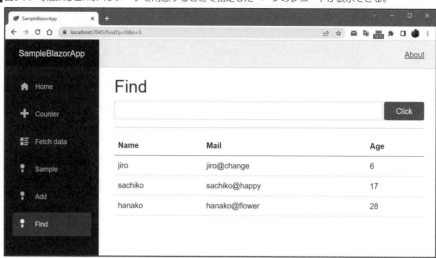

　ここでは、pとnの2つの値を使ってレコードを取り出します。pはページ番号、nはページあたりの個数を指定します。nは省略すると3個になります。

　例えば、/Find?p=0とすると、最初のページである1〜3番目のレコードが表示されます。p=1とすれば、4〜6個目のレコードが表示されます。/Find?p=0&n=5とすれば、1ページのレコード数が5個となり、最初の1〜5個のレコードが取り出されます。

　ここでは、以下のようにしてレコード取得の処理を用意しています。

```
_context.Person.OrderBy(m => m.Age).Skip(p * n).Take(n)……
```

　OrderBy, Skip, TakeといったIQueryableを返すメソッドをメソッドチェーンで呼び出したあと、ToList/ToListAsyncでリストを取り出します。SkipとTakeはセットで利用されることが多いので、上記のような書き方を基本として覚えてしまってよいでしょう。

生のSQLを実行する

　Entity Frameworkは、直接SQLを使わず、LINQの構文を使ってメソッドやキーワードなどでデータベースにアクセスをします。が、何らかの理由で、直接SQLのクエリを送信し実行したいこともあるかもしれません。

　そのような場合は、「**FromSqlRaw**」メソッドを利用します。

● 生のSQLクエリを実行する

```
《DbSet》.FromSqlRaw( クエリ文 )
```

　FromSqlRawの使い方は簡単で、引数に実行するSQLクエリをテキストとして用意するだけです。戻り値は、やはりIQueryableインスタンスになります。したがって、そこからToListAsyncなどでリストを取得し利用すればいいでしょう。

　簡単な利用例を挙げておきましょう。Findページにアクセスした際に実行されるメ

ソッドの処理を以下のように変更してください。

リスト6-31
```
IQueryable<Person> result = _context.Person
    .FromSqlRaw("select * from person order by PersonId desc");
People = await result.ToListAsync();
```

■図6-15：アクセスすると、PersonIdが大きいものから順にリスト表示される。

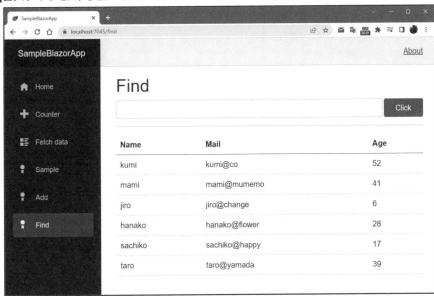

アクセスすると、PersonIdが大きいものから順に一覧表示されます。ここでは、以下のようにしてSQLクエリを実行しています。

```
FromSqlRaw("select * from person order by PersonId desc")
```

引数には、「**select * from person order by PersonId desc**」というクエリ文が用意されています。これを実行するためのIQueryableが変数resultに代入され、そこから更にToListAsyncを呼び出してPersonのリストを取得しています。

このFromSqlRawを使いこなすためには、当然ですがSQLについてしっかりと理解する必要があります。SQLは、データベースによって微妙に違いがありますので、まずは使用するデータベースのSQLについて調べることから始めるとよいでしょう。

6.3 値の検証

入力値の検証について

レコードを新しく作成したり編集したりするとき、注意しなければいけないのが「**正しく値を入力する**」ということです。レコードによっては、特定の形式の値が必要なこともありますし、数値の値でも入力可能な範囲が限られることもあります。このようなとき、正しく値が入力されているかをチェックし、その上でレコードの作成などを行う必要があります。

こうした「**入力された値の検証**」のための機能は、Entity Framework Coreに標準で用意されています。これを利用することで、非常に簡単に値の検証を行うことができるようになります。

▌Person モデルクラスを修正する

では、実際に検証機能を使ってみましょう。これは、モデルクラスを利用します。Person.csファイルを開き、そこにあるPersonクラスを以下のように書き換えてみましょう。

リスト6-32

```
// using System.ComponentModel.DataAnnotations;

public class Person
{
    public int PersonId { get; set; }
    [Required]
    public string Name { get; set; }
    [EmailAddressAttribute]
    public string? Mail { get; set; }
    [Range(0, 200)]
    public int Age { get; set; }
}
```

これで、値の検証ルールがPersonモデルに設定されました。実際にCreateページ（Createアクション）にアクセスしてレコードの新規作成をしてみましょう。入力フィールドに正しく値が入力されていないと、レコードは作成されず、フォームが再表示されます。フォームの入力フィールドの下には、発生した問題の内容が赤いテキストで表示されます。

図6-16：フォームを送信し、値に問題があるとエラーメッセージが現れる。

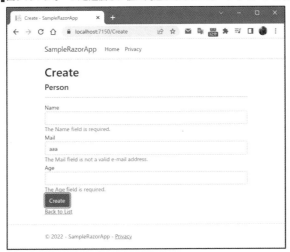

検証属性と検証結果の確認

　ここでは、Personクラスのプロパティに検証のための属性を追記しています。今回、用意したのは以下のような属性です。

[Required]	必須項目の指定。
[EmailAddressAttribute]	メールアドレス。
[Range(0,200)]	0以上200以下の範囲内。

　これらの属性を用意することで、そのプロパティに検証のルールが設定されます。そして、フォームが送信されPersonインスタンスが作成されるときになると、これらの検証ルールを元に値の内容がチェックされるのです。
　CreateでPOST送信されたときにどのような処理が行われていたか思い出してみましょう。RazorページアプリのCreate.cshtml.csを例にとると、CreateModelクラスには以下のような形で送信時の処理が用意されていました。

リスト6-33

```
public async Task<IActionResult> OnPostAsync()
{
    if (!ModelState.IsValid)
    {
        return Page();
    }
    _context.Person.Add(Person);
    await _context.SaveChangesAsync();
```

```
        return RedirectToPage("./Index");
    }
```

ifで、ModelState.IsValidの値をチェックしています。この「**IsValid**」は、検証に問題が発生しているかどうかを示すプロパティでした。この値がfalseだったならば、問題が発生したとして return Page(); を実行しています。これで、再度このページが表示されるようになります。

検証のタイミング

ここで重要なのは、「**ModelState.IsValidをチェックする際に検証が行われているわけではない**」という点です。

CreateModelクラスでは、送信されたフォームを以下のようなプロパティにバインドしていました。

リスト6-34

```
[BindProperty]
public Person Person { get; set; }
```

フォームが送信されると、送られた値を元にPersonプロパティに値がバインドされます。フォーム送信された値が、Personの各プロパティに設定されインスタンスが作られるわけですね。このとき、送られた値を取り出した段階で既に値の検証が行われています。

つまり、プログラマが自分で検証の作業をコーディングする必要はなく、ただモデルクラスに検証のための属性を用意するだけで、自動的に検証作業が行われるのです。

エラーメッセージの表示について

Createページでは、フォームに入力し送信すると自動的にエラーメッセージが表示されました。これは、スキャフォールディングにより生成されたフォームのコードに秘密があります。Razorページアプリに用意したCreate.cshtmlでは、以下のようにフォームが記述されていました。

リスト6-35

```
<form method="post">
    <div asp-validation-summary="ModelOnly" class="text-danger"></div>
    <div class="form-group">
        <label asp-for="Person.Name" class="control-label"></label>
        <input asp-for="Person.Name" class="form-control" />
        <span asp-validation-for="Person.Name" class="text-danger"></span>
    </div>
    <div class="form-group">
        <label asp-for="Person.Mail" class="control-label"></label>
        <input asp-for="Person.Mail" class="form-control" />
```

```
        <span asp-validation-for="Person.Mail" class="text-danger"></span>
    </div>
    <div class="form-group">
        <label asp-for="Person.Age" class="control-label"></label>
        <input asp-for="Person.Age" class="form-control" />
        <span asp-validation-for="Person.Age" class="text-danger"></span>
    </div>
    <div class="form-group">
        <input type="submit" value="Create" class="btn btn-primary" />
    </div>
</form>
```

▌エラーメッセージ用のタグ

ここでは、エラーメッセージのためのタグが全部で4つ用意されています。これは大きく2種類のものに分かれています。

● モデル全体に関するエラーメッセージ

```
<div asp-validation-summary="ModelOnly" class="text-danger"></div>
```

● モデルの各プロパティに関するエラーメッセージ

```
<span asp-validation-for="Person.Name" class="text-danger"></span>
<span asp-validation-for="Person.Mail" class="text-danger"></span>
<span asp-validation-for="Person.Age" class="text-danger"></span>
```

asp-validation-summaryは、検証に関するサマリーを表示するものです。ここでは"ModelOnly"と値が設定されており、これでモデル固有のメッセージのみが表示されるようになっています。

残りのasp-validation-forは、指定したモデルのプロパティに関するエラーメッセージを表示するものです。asp-validation-forを用意するだけで、特定のプロパティに関するエラーメッセージが表示されるようになります。

全エラーメッセージをまとめて表示する

ここでは各フィールドごとに個別にエラーメッセージが表示されました。が、すべてのエラーメッセージをまとめて表示させることも可能です。<form>タグの部分を以下のように修正してみましょう。

リスト6-36

```
<form method="post">
    <div asp-validation-summary="All" class="text-danger"></div>
    <div class="form-group">
        <label asp-for="Person.Name" class="control-label"></label>
```

```
            <input asp-for="Person.Name" class="form-control" />
        </div>
        <div class="form-group">
            <label asp-for="Person.Mail" class="control-label"></label>
            <input asp-for="Person.Mail" class="form-control" />
        </div>
        <div class="form-group">
            <label asp-for="Person.Age" class="control-label"></label>
            <input asp-for="Person.Age" class="form-control" />
        </div>
        <div class="form-group">
            <input type="submit" value="Create" class="btn btn-primary" />
        </div>
    </form>
```

図6-17：送信すると、発生したエラーメッセージをフォームの上にまとめて表示する。

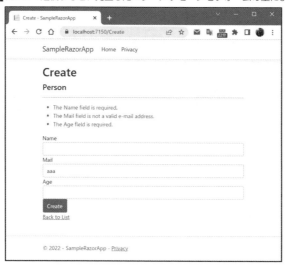

修正したら、実際にフォームを送信してみましょう。すると、発生したエラーがフォームの上部にまとめて表示されるようになります。

ここでは、<form>タグの一番上にある<div>タグに以下のようにディレクティブを指定しています。

```
asp-validation-summary="All"
```

値を"All"とすることで、発生したすべてのエラーメッセージを表示するようになります。したがって、各フィールドに用意したasp-validation-forを指定したタグは必要なくなります。フォーム内に余計なタグも減り、すっきりしますね！

フォームの表示名を変更する

スキャフォールディングのフォームでは、asp-forを使ってモデルのプロパティから自動的にコントロールの設定を行うようにしています。このやり方は非常に便利なのですが、「**モデルの内容そのままにしか表示されない**」という不満もあるでしょう。

各フィールドには、Name, Mail, Ageといった名前が表示されています。これらはPersonモデルクラスのプロパティ名がそのまま表示されているわけですが、日本人であればやはり日本語で表示したいものです。

このような場合、モデルクラスに[Display]という属性を用意することで、asp-forで表示されるDisplayNameを変更することができます。

●DisplayNameの設定

```
[Display(Name="名前")]
```

この[Display]属性を用意しておくことで、<label asp-for="プロパティ ">タグによるフィールド名の表示でこのNameのテキストが使われるようになります。

▌Person に Display 名を設定する

では、実際の例を挙げておきましょう。Personクラスを以下のように修正してみてください。

リスト6-37

```
public class Person
{
    public int PersonId { get; set; }

    [Display(Name="名前")]
    [Required]
    public string Name { get; set; }
    [Display(Name="メールアドレス")]
    [EmailAddress]
    public string Mail { get; set; }
    [Display(Name="年齢")]
    [Range(0,200)]
    public int Age { get; set; }
}
```

図6-18：各フィールドに表示される名前が日本語になった。

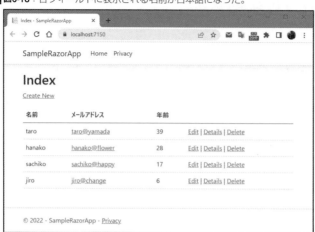

保存し、Createページにアクセスしてみましょう。すると各フィールドの上に表示されていた名前がすべて日本語に変わります。

エラーメッセージを変更する

フィールド名の表示が日本語にできるなら、エラーメッセージも日本語にしたいところですね。これは、各検証の属性に「**ErrorMessage**」という引数を用意することで可能になります。

●エラーメッセージの指定

```
[ 属性名 ( 引数, …… , ErrorMessage="エラーメッセージ" ]
```

検証用の属性に、このようにErrorMessageという引数を用意します。検証用の属性には、例えば [Required]の用に引数を持たないものもありますし、[Range(0, 200)]のように既に引数がつけられているものもあります。どのようなものであっても、()にErrorMessageと引数を追加すればメッセージを変更できます。

エラーメッセージを日本語化する

では、実際にエラーメッセージを日本語化しましょう。Personクラスを以下のように修正してください。

リスト6-38

```
public class Person
{
    public int PersonId { get; set; }
    [Display(Name="名前")]
    [Required(ErrorMessage = "必須項目です。")]
    public string Name { get; set; }
```

```
    [Display(Name="メールアドレス")]
    [EmailAddress(ErrorMessage = "メールアドレスが必要です。")]
    public string Mail { get; set; }
    [Display(Name="年齢")]
    [Range(0, 200, ErrorMessage = "ゼロ以上200以下の値にしてください。")]
    public int Age { get; set; }
}
```

図6-19：エラーメッセージが日本語になった。なおリスト6-36で変更したエラーメッセージの表示はデフォルトの状態に戻してある。

　実際にアクセスしてフォームを送信してみましょう。するとエラーメッセージがすべて日本語で表示されるようになります。

用意されている検証ルール

　検証を使いこなすためには、どのような検証ルールが用意されているのかがわからなければいけません。以下に、標準で用意されている検証ルールの属性を整理しておきましょう。

● [Compare(プロパティ)]
指定したプロパティと等しいかどうかを検証します。

● [CreditCard]
クレジット カードの番号であるか検証します。

● [DataType(種類)]
プロパティに関連付ける追加の型の名前を指定します。これにはDataType列挙型とし

て用意されている以下の値が利用できます。

●DataType列挙型の値

CreditCard	クレジット カード番号を表します。
Currency	通貨の値を表します。
Custom	カスタム データ型を表します。
Date	日付の値を表します。
DateTime	日時(日付と時刻)の値を表します。
Duration	日時の間隔を表します。
EmailAddress	電子メールアドレスを表します。
Html	HTML ファイルを表します。
ImageUrl	イメージのURLを表します。
MultilineText	複数行テキストを表します。
Password	パスワード値を表します。
PhoneNumber	電話番号の値を表します。
PostalCode	郵便番号を表します。
Text	表示されるテキストを表します。
Time	時刻値を表します。
Upload	ファイル アップロードのデータ型を表します。
Url	URL値を表します。

●[EmailAddress]

　電子メール アドレスであるかどうか検証します。

●[MaxLength(整数)]

　プロパティで許容される配列または文字列の最大長を指定します。

●[MinLength(整数)]

　プロパティで許容される配列または文字列の最小長を指定します。

●[Phone]

　データ フィールドの値が電話番号の形式であることを指定します。

●[Range(最小値 , 最大値)]

　入力可能な値の数値範囲を指定します。

●[RegularExpression(パターン)]

　指定した正規表現に一致するかどうかを指定します。

- [Required]

  値が必須であることを指定します。

- [StringLength(最大値 [, MinimumLength=最小値])]

  最小と最大の文字長を指定します。

- [Url]

  URLを表すテキストであることを指定します。

検証可能モデルについて

　これで一通りの検証ルールは使えるようになりました。が、それですべての検証が可能となるわけではありません。場合によっては独自のルールにしたがって値を検証しなければいけないこともあるでしょう。

　そのような場合、検証ルールの属性を使うのではなく、独自に値をチェックする処理を実装して検証を行うこともできます。このような場合には、モデルクラスを検証作業が可能な形に定義して、その中で検証作業を実装することができます。

　これには、以下のような形でモデルクラスを定義します。

- 検証可能モデルクラスの定義

```
public class モデルクラス :IValidatableObject
{

     ……モデルの内容……

    public IEnumerable<ValidationResult>
          Validate(ValidationContext validationContext)
    {
        ……検証処理……
    }
}
```

　検証可能なモデルクラスは、**IValidatableObject**というインターフェイスを実装して作成します。このインターフェイスには、「**Validate**」というメソッドが1つだけ用意されています。このメソッドで、値の検証作業を行います。このメソッドは引数にValidationContextというクラスのインスタンスを持っています。これは検証に関する機能(実行コンテキストと呼ばれるものです)を提供します。ただし、必ずしも検証にこのオブジェクトが必要にあるわけではありません。

　Validateは、**ValidationResult**というクラスのインスタンスをまとめたIEnumerableを返します。これは、ValidationResultインスタンスを**yield**で返すことで可能になります。

●検証処理の基本形

```
if （ 検証の条件 ）
{

    yield return new ValidationResult( エラーメッセージ );

}
```

　ifを使って値のチェックを行い、問題があると判断した場合は、yield return new ValidationResult を実行します。ValidationResultインスタンスは、引数にエラーメッセージを指定します。これで、設定したメッセージのエラーが戻り値のIEnumerableに追加されます。
　このIValidatableObjectを使った検証可能モデルクラスを作成する場合は、プロパティには検証用の属性を用意することはできません。つまり、すべての検証作業をValidateメソッドで行う必要があります。

Person で独自の検証を行う

　では、実際に独自の検証処理を行ってみましょう。Personを書き換え、Create時に独自の検証を行うようにしてみます。
　まず、Create.cshtmlの表示を修正しましょう。asp-validation-summaryを指定した<div>タグを以下のように変更してください。

リスト6-39
```
<div asp-validation-summary="All" class="text-danger"></div>
```

　わかりますか？ asp-validation-summaryの 値 を「**All**」に 変 更 し て い ま す。ValidationResultでは個々のプロパティに対しエラーメッセージを設定できないので、asp-validation-summaryですべてのメッセージをまとめて表示するようにします。
　では、Personクラスを修正しましょう。以下のように書き換えてください。

リスト6-40
```
// using System.Text.RegularExpressions; 追記する

public class Person: IValidatableObject
{
    public int PersonId { get; set; }
    [Display(Name="名前")]
    public string Name { get; set; }
    [Display(Name="メールアドレス")]
    public string Mail { get; set; }
    [Display(Name="年齢")]
    public int Age { get; set; }


    public IEnumerable<ValidationResult>
            Validate(ValidationContext validationContext)
```

```
    {
        if (Name == null)
        {
            yield return new ValidationResult
                ("名前は必須項目です。");
        }
        if (Mail != null && !Regex.IsMatch(Mail,
            "[a-zA-ZO-9.+-_%]+@[a-zA-ZO-9.-]+"))
        {
            yield return new ValidationResult
                ("メールアドレスが必要です。");
        }
        if (Age <  0)
        {
            yield return new ValidationResult
                ("年齢はマイナスにはできません。");
        }
    }
}
```

図6-20：フォーム送信すると、検証結果がフォーム上部にまとめて表示される。

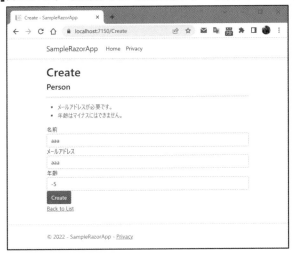

　修正したら、実際にフォームを送信して動作を確かめてみましょう。入力した値に応じて、ちゃんとエラーメッセージが表示されます。

Validate の検証内容をチェックする

　では、Personクラスの内容を見てみましょう。Validateメソッドに、値の検証をしているif文がいくつか並んでいるのがわかります。以下のようになっていますね。

●Nameがnullかどうか

```
if (Name == null)
{
    yield return new ValidationResult("名前は必須項目です。");
}
```

●Mailがメールアドレスの形式かどうか

```
if (Mail != null && !Regex.IsMatch(Mail, "[a-zA-ZO-9.+-_%]+@[a-zA-ZO-9.-]+"))
{
    yield return new ValidationResult("メールアドレスが必要です。");
}
```

●Ageの値がゼロ以上かどうか

```
if (Age < 0)
{
    yield return new ValidationResult("年齢はマイナスにはできません。");
}
```

　このように、ifで条件をチェックしては yield return new ValidationResult する、ということを必要なだけ繰り返していけばいいのです。1つ1つの検証作業を実装していくのはちょっと面倒ですが、その代わりにどのような検証でも自由に実装することができます。

■「モデルごと」検証する必要があるか？

　このIValidatableObjectを実装することによるモデルの検証は、モデル自身に検証機能がセットされるため、作ってしまえばあとは余計なことを考えずに検証が行えるようになります。ただし、汎用性はありません。

　作成したモデル固有の処理を作成することになるので、新しいモデルを作ればまたIValidatableObjectを実装し一から検証処理を書かなければいけません。各プロパティに検証の属性を指定するほうがわかりやすいのは確かでしょう。

　モデル自体に検証処理を実装するのは、例えば用意されている複数のプロパティの値が相互に関連し合うような値をチェックするような場合に限られるでしょう。プロパティに検証属性を指定すれば済むようなときにわざわざIValidatableObjectを実装してモデルクラスごと検証処理を用意するのはあまり意味がありません。

　IValidatableObjectは、「**そうしなければならないような検証なのか**」を考えた上で実施するかどうかを決めるべきでしょう。

6.4 複数モデルの連携

2つのモデルを関連付けるには？

　　データベースを利用する場合、複雑なデータを管理するようになると1つのテーブルだけですべてを扱うことができなくなってきます。複数のテーブルを作成し、それらが連携して動くような仕組みを作らなければいけないでしょう。

　　このような使い方をする場合、Entity Framework Coreでは複数のモデルをどのように連携し処理していけばいいのでしょうか。実際にサンプルを作成しながら連携の仕組みを説明していきましょう。

▌Message モデルの作成

　　まず、サンプルとなるモデルを1つ用意しましょう。ここでは、「**Message**」というモデルを作成してみます。これはメッセージを投稿するのに使うもので、投稿されたメッセージや投稿者の情報を管理します。

　　投稿者は、既に作成したPersonモデルを利用します。MessageとPersonを連携させることで、Messageから投稿者の情報を取り出したり、Personからその人の投稿したメッセージを取り出したりできるようにしよう、というわけです。

　　では、プロジェクトにMessageモデルを用意しましょう。Visual Studio Communityの場合は、プロジェクト内にある「**Models**」というフォルダを右クリックし、現れたメニューから「**追加**」内の「**クラス...**」を選びます。

　　新しい項目作成のためのウィンドウが現れるので、「**クラス**」を選択し、名前を「**Message**」と入力して追加してください。

　　その他の環境の場合は、手作業で「**Models**」フォルダ内に「**Message.cs**」という名前でファイルを作成してください。

▌図6-21：「クラス」を選択し、名前を「Message」と記入して追加する。

Messageモデルのソースコード

では、Messageモデルのソースコードを完成させましょう。作成されたMessage.csを開いて、以下のように記述をしてください。

リスト6-41

```
using System.ComponentModel.DataAnnotations;

namespace SampleRazorApp.Models;

public class Message
{
    public int MessageId { get; set; }
    [Display(Name = "メッセージ")]
    [Required]
    public string Comment { get; set; }
    [Display(Name = "投稿者")]
    public int PersonId { get; set; } // ☆
    public Person Person { get; set; } // ☆
}
```

ここでは、プライマリキーとなるMessageIdと、投稿するメッセージを保管するCommentというプロパティを用意しています。これらは、Messageモデルの基本的な要素です。

外部キーと連携するオブジェクト

この他に、重要な役割を果たすプロパティが2つ用意されています。☆マークの「**PersonId**」と「**Person**」です。

PersonIdは、連携するPersonクラスのプライマリキー（PersonIdプロパティの値）を保管するためのものです。そしてPersonは、PersonIdによって取得される関連Personインスタンスが保管されるプロパティです。

Entity Framework Coreでは、関連するモデルと連携する場合、そのモデルのプライマリキー用プロパティと同名のプロパティを用意します。これを「**外部キー**」といいます。この外部キーを用意することにより、他のモデルとの連携を自動的に認識できるようになっているのです。

▌外部キーとなるプロパティ名

このとき重要なのが、「**プロパティの名前**」です。先にPersonモデルを作成するとき、プライマリキーを保管するプロパティ名を「**PersonId**」と名付けました。これが、ここで活きてくるのです。

PersonIdという名前のキーは、自動的に「**PersonモデルのIdとなる値だ**」と判断されます。このため、ただ同じ名前の外部キー用プロパティを用意するだけで、Personと連携

は自動的に認識されます。

ナビゲーションプロパティ

　外部キーとは別に、連携するモデルのインスタンスを保管するプロパティも用意されています。Messageの「**Person**」がそれです。こうした関連モデルのインスタンスを保管するためのプロパティを「**ナビゲーションプロパティ**」と呼びます。

　外部キー用プロパティとナビゲーションプロパティは、通常セットで用意されます。こうすることにより、外部キーによって関連付けられたモデルのインスタンスがナビゲーションプロパティに自動的に代入されるようになります。

　ただし、実をいえばナビゲーションプロパティだけでも、連携モデルを設定することは可能です。プライマリキー用プロパティなどが正しく用意されていれば、外部キー用プロパティがなくとも連携モデルは取得できます。

外部キー用プロパティを変更する

　ここではPersonIdというプロパティを用意していますが、別の名前のプロパティに外部キーを保管したいこともあります。このような場合は、外部キーのための属性をナビゲーションプロパティに用意することで対応できます。

リスト6-42

```
public class Message
{
    public int MessageId { get; set; }

    [Display(Name="メッセージ")]
    [Required]
    public string Comment { get; set; }

    [Display(Name="投稿者")]
    public int PersonKey { get; set; }

    [ForeignKey("PersonKey")]
    public Person Person { get; set; }
}
```

　ここでは、ForeignKeyという属性をナビゲーションプロパティであるPersonにつけています。これにより、PersonKeyプロパティを外部キー用プロパティとして使用するようになります（したがって、Person側にはPersonKeyという名前でIDが保管されている必要があります）。

　プライマリキーの名前を「**モデル名Id**」という以外のものにしている場合には、このように外部キーを指定することで、そのプライマリキーを参照してモデルを連携することができるようになります。

Column 外部キーは、なくても必要！

　「ナビゲーションプロパティだけしか用意しなくても連携モデルのインスタンスが取れる」といいましたが、これはナビゲーションプロパティの型と名前から連携モデルが類推されるからです。そして連携モデルから関連するレコードのインスタンスを取得するために、背後で外部キーを使ったSQLクエリが正しく実行されているからこそ可能なことなのです。

　ということは、外部キー用のプロパティが用意されていなくとも、実際に連携するには外部キーとなる値が必要である、ということになります。ただ、自動的に取り出し処理しているからなくても得られる、というだけなのです。

Personモデルを修正する

　続いて、Personモデルの修正を行いましょう。MessageにPersonを関連付けるということは、Person側にも「**関連付けられたMessage**」の情報を得るためのプロパティを用意することができる、ということになります。

　では、Person.csを開き、Personクラスを以下のように修正してください。なお、先にIValidatableObjectインターフェイスを使って検証処理を組み込む修正をしていますが、今回は通常の状態に戻してあります。

リスト6-43

```
// using System.ComponentModel.DataAnnotations; 追記

public class Person
{
    public int PersonId { get; set; }

    [Display(Name="名前")]
    [Required(ErrorMessage = "必須項目です。")]
    public string Name { get; set; }

    [Display(Name="メールアドレス")]
    [EmailAddress(ErrorMessage = "メールアドレスが必要です。")]
    public string Mail { get; set; }

    [Display(Name="年齢")]
    [Required(ErrorMessage = "必須項目です。")]
    [Range(0, 200, ErrorMessage = "ゼロ以上200以下の値にしてください。")]
    public int Age { get; set; }

    [Display(Name = "投稿")]
    public ICollection<Message> Messages { get; set; } // ☆
}
```

　ここでは、新たに☆マークのプロパティを追加しています。このMessagesは、Personクラスに用意されるナビゲーションプロパティです。値は、Messageインスタンスを保管するICollectionインターフェイス（実装はCollectionクラス）となっています。

　このPersonとMessageのように、両者が1対1の関係でない連携というのはよく利用されます。このような場合、一方は単純に連携モデルのインスタンスを1つ保管するだけで済みますが、もう一方は多数の連携モデルインスタンスが関連付けられることになります。

　こうした場合のナビゲーションプロパティは、ICollectionやIListなどのように多数のオブジェクトを管理できる形で用意しておくのが基本です。

スキャフォールディングを作成する

　これでモデルの準備はできました。では、Messageにスキャフォールディングを作成しましょう。

　今回はRazorページアプリケーションで作成する形で説明をしていくことにします。まず、ファイル類をまとめておくものとして、「**Pages**」フォルダの中に「**Msg**」というフォルダを用意しましょう。Visual Studio Communityを使っている場合は「**Pages**」を右クリックして「**新規**」メニューの「**新しいフォルダ**」を選ぶと作成できます。その他の環境では、手作業でフォルダを用意してください。

　この「**Msg**」フォルダの中にスキャフォールディングのファイル類を作成します。

■Visual Studio Communityの場合

　ソリューションエクスプローラーで、「**Pages**」フォルダ内の「**Msg**」フォルダを右クリックしてメニューを呼び出し、「**追加**」から「**新規スキャフォールディングアイテム**」を選びます。

　画面に現れたダイアログで作成するCRUDを選択します。Razorページアプリならば「**Entity Framework を使用するRazorページ(CRUD)**」を選んでください。MVCの場合は「**Entity Frameworkを使用したビューがあるMVCコントローラー**」を選びます。

図6-22：Razorページは「Entity Framework を使用するRazorページ（CRUD）」（図A）を、MVCアプリは「Entity Frameworkを使用したビューがあるMVCコントローラー」（図B）を選ぶ。

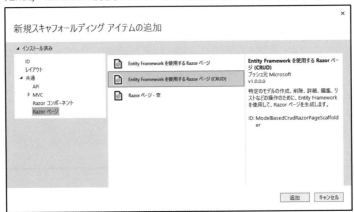

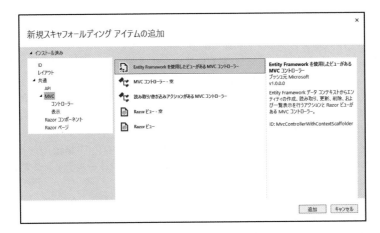

　追加の設定を行うダイアログウィンドウが現れたら、モデルクラスから「**Message**」を選び、データコンテキストクラスから用意されているDbコンテキストクラスを選択します。それ以外の項目はデフォルトのままでいいでしょう。

　そして「**追加**」ボタンを押せば、スキャフォールディングのファイルが作成されます。

図6-23：モデルを「Message」にし、データコンテキストクラスを選択する。図AはRazorページ、図Bは
MVCアプリ。

■それ以外の環境の場合

　ターミナルまたはコマンドプロンプトから以下のようにコマンドを実行してくださ
い。なお、Razorページの場合は、「**Pages**」フォルダ内の「**Messages**」にファイルを出力
します。

●Razorページ

```
dotnet aspnet-codegenerator razorpage -m Message -dc SampleRazorAppContext
—relativeFolderPath Pages/Messages —useDefaultLayout
```

●MVCアプリ

```
dotnet aspnet-codegenerator controller -m Message -dc SampleMVCAppContext
—useDefaultLayout
```

■マイグレーションと更新を行う

　続いて、マイグレーションとデータベースの更新を行いましょう。Visual Studio
Community for Windowsを利用している場合は、「**ツール**」メニューの「**NuGetパッケー
ジマネージャ**」内にある「**パッケージマネージャコンソール**」を選びます。そして現れた
コンソールで以下を実行します。

```
Add-Migration InitialMessage
Update-Database
```

それ以外の環境の場合は、ターミナルまたはコマンドプロンプトを開き、プロジェクトのディレクトリに移動して以下を実行してください。

```
dotnet ef migrations add InitialMessage
dotnet ef database update
```

生成されるデータベース

何らかの事情でこれらのコマンドが実行できない場合、直接データベースにSQLクエリを送信してMessageテーブルを作成することになるでしょう。以下に一般的なSQLデータベースのクエリを挙げておきます。

リスト6-44

```
CREATE TABLE "Message" (
        "MessageId"     INTEGER NOT NULL PRIMARY KEY AUTOINCREMENT,
        "Comment"       TEXT,
        "PersonId"      INTEGER NOT NULL,
)
```

データベースにより、SQLクエリの実行方法は異なります。実行の方法は、それぞれの使用するデータベースで確認してください。

Messagesページの動作を確認する

作業が終わったら、実際にプロジェクトを実行して動作を確認しましょう。ここでは、/MessagesにCRUDのページが公開されるように作成してあります。アクセスすると、コメントの一覧を表示する画面になります。まだなにもコメントはありませんから「**Create New**」リンクをクリックして作成画面に移動してください。

ここでは、投稿するメッセージと投稿者を指定してフォーム送信をします。特筆すべききは、投稿者はプルダウンメニューになっており、そこから投稿者の名前を選ぶだけ、という点です。

（場合によっては、名前ではなく1，2，3……といったID番号がメニューに表示される場合もあるかもしれません。これについては後ほど修正できます）

図6-24：投稿フォームの画面。投稿者はメニューで選ぶだけ。

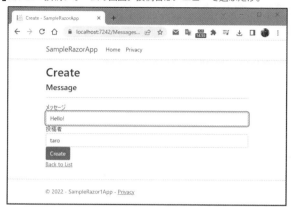

　実際にいくつかサンプルとして投稿をしてみましょう。/Messagesに投稿したコメントと投稿者の情報がリスト表示されます。MessageとPersonが連携して動いていることがわかるでしょう。

図6-25：投稿したコメントがリスト表示される。

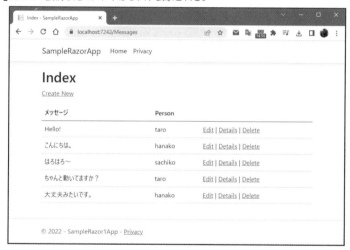

Column　フォームでメッセージが追加できない

　実際にCreate Newのフォームにメッセージを書いて送信すると、問題がなければメッセージがデータベースに保管され、Messagesのトップ（/Message）にリダイレクトされます。が、送信しても何も起きない（Create Newのページのまま）という人もいたことでしょう。ページが移動せず、「投稿者」のポップアップメニューの項目が消えて選択できなくなっていたら、送信時の検証失敗が原因かもしれません。

　MessagesのCreateページを開き、フォーム送信後に呼び出されるメソッドを調べてください。その中で、以下のように検証チェックをしている部分があります。

```
if (!ModelState.IsValid)
{
    return Page();
}
```

　この部分をコメントアウトして実行されないようにすれば、問題なくフォームからメッセージが送れるようになります。

Dbコンテキストの確認

　では、作成したMessageのDbコンテキストがどのように組み込まれているか見てみましょう。Messageモデルも、Personと同じDbコンテキストに指定して作成していました。Dbコンテキストのコードを見ると、クラスは以下のように修正されています。

リスト6-45

```
public class SampleRazorAppContext : DbContext
{
    public SampleRazorAppContext (DbContextOptions
        <SampleRazor1AppContext> options)
        : base(options)
    {
    }

    public DbSet<SampleRazor1App.Models.Person> Person { get; set; }
        = default!;

    public DbSet<SampleRazor1App.Models.Message> Message { get; set; }
}
```

　ここでは、SampleRazorAppに作成されるSampleRazorAppContextのコードを例に挙げておきます。PersonとMessageがプロパティとして用意されているのがわかります。どちらもDbSetインスタンスを返すようになっていますね。これで、_contextからPersonとMessageの両方のプロパティを使って双方のモデルを操作できるようになります。Dbコンテキストは、このようにモデルが複数ある場合も同じクラスを指定するのが一般的です。

IndexModelをチェックする

　では、2つのモデルの連携がどのように行われているのかを見てみましょう。まず、MessagesのIndexページの処理がどのように用意されているのか調べてみましょう。

リスト6-46——Razorページ(Index.cshtml.cs)のIndexModelクラス

```
public class IndexModel : PageModel
{
    private readonly SampleRazor1App.Data.SampleRazor1AppContext _context;

    public IndexModel(SampleRazor1App.Data.SampleRazor1AppContext context)
    {
        _context = context;
    }

    public IList<Message> Message { get;set; } = default!;

    public async Task OnGetAsync()
    {
        if (_context.Message != null)
        {
            Message = await _context.Message
            .Include(m => m.Person).ToListAsync();
        }
    }
}
```

リスト6-47——MVCアプリのMessagesControllerのIndexメソッド

```
public async Task<IActionResult> Index()
{
    var sampleMVCAppContext = _context.Message.Include(m => m.Person);
    return View(await sampleMVCAppContext.ToListAsync());
}
```

　Dbコンテキストのプロパティ(_context)と、Razorページの場合はIList<Message>のプロパティ Messageが用意されていることがわかります。これは取得したMessageの一覧を保管しておくところになります。

Include メソッドについて

　では、GET時に行われている処理を見てみましょう。メソッドでは、以下のようにしてMessageを取得しています。

```
_context.Message.Include(m => m.Person)
```

　_context.Messageは、DbコンテキストからMessageモデルクラスを指定している部分ですね。ここでは、そこから更に「**Include**」というメソッドを呼び出しています。

　このIncludeメソッドは、モデルを検索する際、関連する別のモデルを内包して取り出すためのものです。引数にはラムダ式が指定され、そこでインクルードするプロパティを指定します。

　Messageクラスには、関連するPersonを保管するためのプロパティが用意されていました。これをIncludeのラムダ式で指定しています。こうすることで、プロパティにPersonインスタンスが設定されるようになります。

　Includeがない場合、Personプロパティはnullのままです。PersonIdには値が用意されますから、これを元に自分でPersonを取得する必要があります。

Message の表示

　取得したMessageをどのように表示しているのか見てみましょう。ここでは<table>を使い、Messageのコメントと投稿者を表示しています。<table>タグの部分を見ると以下のようになっています。

リスト6-48

```
<table class="table">
    <thead>
        <tr>
            <th>
                @Html.DisplayNameFor(model => model.Message[0].Comment)
            </th>
            <th>
                @Html.DisplayNameFor(model => model.Message[0].Person)
            </th>
            <th></th>
        </tr>
    </thead>
    <tbody>
@foreach (var item in Model.Message) {
        <tr>
        <td>
            @Html.DisplayFor(modelItem => item.Comment)
        </td>
        <td>
            @Html.DisplayFor(modelItem => item.Person.Name)
        </td>
        <td>
            <a asp-page="./Edit" asp-route-id=
                "@item.MessageId">Edit</a> |
            <a asp-page="./Details" asp-route-id=
                "@item.MessageId">Details</a> |
            <a asp-page="./Delete" asp-route-id=
```

```
                              "@item.MessageId">Delete</a>
                </td>
            </tr>
    }
        </tbody>
</table>
```

　これはRazorページのスキャフォールディングで出力される内容です。基本的な表示の内容はPersonのIndex.cshtmlとだいたい同じです。繰り返しを使い、MessageプロパティからMessageインスタンスを取り出しその内容を出力していますね。その部分を、HTMLタグなどを取り除いて整理すると以下のようになるでしょう。

```
@foreach (var item in Model.Message) {
    @Html.DisplayFor(modelItem => item.Comment)
    @Html.DisplayFor(modelItem => item.Person.Name)
}
```

　コメントは、item.Commentで表示していますが、投稿者はitem.Person.Nameを指定しています。PersonプロパティからNameの値を出力していることがわかるでしょう。ナビゲーションプロパティにより、関連する別のモデルのインスタンスをそのまま利用できることがわかります。

BlazorでのMessageリスト表示

　Blazorの場合、スキャフォールディングが使えないため、ページ内容はすべて自作しないといけません。ただし、コードで使用するメソッドなどは既に説明していますから、それらを使ってページを自作すればそう大変な作業でもなくページを作れます。
　では、BlazorでMessageの一覧を表示するコード例を挙げておきましょう。

リスト6-49
```
@page "/message"
@using Microsoft.EntityFrameworkCore
@using SampleBlazorApp.Data
@using SampleBlazorApp.Models
@inject SampleBlazorApp.Data.SampleBlazorAppContext _context

<h1>Messages/Index</h1>

<p>
    <a href="/message/add">Create New</a>
</p>
<table class="table">
    <thead>
```

```
            <tr>
                <th>コメント</th>
                <th>投稿者</th>
                <th></th>
            </tr>
        </thead>
        <tbody>
            @if (Messages != null)
            {
                @foreach (var item in Messages)
                {
                    <tr>
                        <td>@item.Comment</td>
                        <td>@item.Person.Name</td>
                    </tr>
                }
            }
        </tbody>
</table>

@code {
    public IList<Message> Messages { get; set; }

    protected override async Task OnInitializedAsync()
    {
        Messages = await _context.Message.Include(m => m.Person).
ToListAsync();
    }
}
```

　作成したら、NavMenu.razorの<nav>内にリンクを追加しておきましょう。以下のようなタグを追記すればいいでしょう。

リスト6-50

```
<div class="nav-item px-3">
    <NavLink class="nav-link" href="message">
        <span class="oi oi-badge" aria-hidden="true"></span> Message
    </NavLink>
</div>
```

図6-26：「Message」リンクをクリックするとMessageの一覧リストが表示される。

　これで左側のリストに「**Message**」が追加されます。これをクリックすると、メッセージの一覧がテーブルにまとめて表示されます。

　ここでは、OnInitializedAsyncメソッドで_context.Message.Include(m => m.Person)を使ってMessageのレコードを取得しています。やっていることはRazorやMVCと全く同じです。

Column 投稿者がID番号表示の場合

　読者の中には、/Messageにアクセスしたとき、一覧リストの投稿者がID番号になっていた人もいるかもしれません。モデルに用意した連携のためのプロパティが正しく認識できないと、ナビゲーションプロパティにPersonインスタンスが取得できません。
　投稿者の表示は以下のようになってしまいます。

```
@Html.DisplayFor(modelItem => item.PersonId)
```

　Personが利用できなければ、外部キーであるPersonIdで「**どのPersonか**」を伝えるしかありません。このため、名前の代わりに番号が表示されていたのです。
　OnGetAsyncでMessageのリストを取得するところで、Includeが記述されているでしょうか。おそらくID番号しか表示されていない場合は、Includeされていないでしょう。手作業でitem.Person.Nameを表示するように修正すれば、名前がリスト表示されるようになります。

CreateページのpPerson表示

MessageとPersonの連携がはっきりとわかるもう1つのページが、Createです。ここでは新しいMessageを作成しますが、そこで投稿者を選択するのに、PersonのNameがメニューで表示されるようになっています。これは、どういう仕組みで表示されているのでしょうか。

まずはCreateページで実行されるコードから見てみましょう。

リスト6-51——Razorページ（Create.cshtml.csのCreateModelクラス）

```
public class CreateModel : PageModel
{

    private readonly SampleRazor1App.Data.SampleRazor1AppContext _context;

    public CreateModel(SampleRazor1App.Data.SampleRazor1AppContext context)
    {
        _context = context;
    }


    public IActionResult OnGet()
    {
    ViewData["PersonId"] = new SelectList(_context.Person,
        "PersonId", "Name");
        return Page();
    }


    [BindProperty]
    public Message Message { get; set; }

    public async Task<IActionResult> OnPostAsync()
    {
        if (!ModelState.IsValid)
        {
            return Page();
        }
         _context.Message.Add(Message);
            await _context.SaveChangesAsync();

            return RedirectToPage("./Index");
    }
}
```

リスト6-52——MVCアプリ（MessagesControllerクラスのCreate関連メソッド）

```
public IActionResult Create()
{
```

```
        ViewData["PersonId"] = new SelectList(_context.Person,
            "PersonId", "Name");
        return View();
}


[HttpPost]
[ValidateAntiForgeryToken]
public async Task<IActionResult> Create([Bind("MessageId,Comment,
    PersonId")] Message message)
{
    if (ModelState.IsValid)
    {
        _context.Add(message);
        await _context.SaveChangesAsync();
        return RedirectToAction(nameof(Index));
    }
    ViewData["PersonId"] = new SelectList(_context.Person,
        "PersonId", "Name", message.PersonId);
    return View(message);
}
```

GET のポイント

ここでのポイントは、POST送信されたあとの処理ではなく、実はOnGetにあります。ここで、投稿者のリストデータを以下のように用意しているのです。

```
ViewData["PersonId"] = new SelectList(_context.Person, "PersonId", "Name");
```

「**SelectList**」というのは、リストの選択項目をまとめて管理するクラスでした。newする際、引数にコレクションを指定することで、そこからの値を元にSelectListインスタンスを作成できます。

ここでは、_context.Personを指定しています。PersonはDbSetインスタンスですが、これは「**Personのコレクション**」としての働きも持っています（ToListAsyncで全レコードをPersonのリストとして取り出せることを思い出してください）。このPersonを引数に指定することで、Personのコレクションとして利用することができます。

ただし、Personには多数の値が用意されていますから、そのどの値を使ってリスト項目であるSelectListItemを作成するのかがわかりません。そこで第2、3引数にPersonIdとNameを指定し、PersonIdをvalueとし、Nameを表示するテキストとしてSelectListItemを作成するようにします。

これで、ViewData["PersonId"]にPersonのデータを元にSelectListインスタンスが代入されるのです。あとは、これを利用してプルダウンメニューを表示するだけです。

図6-27：/Messages/Createでは、PersonのNameがプルダウンメニューとして表示される。

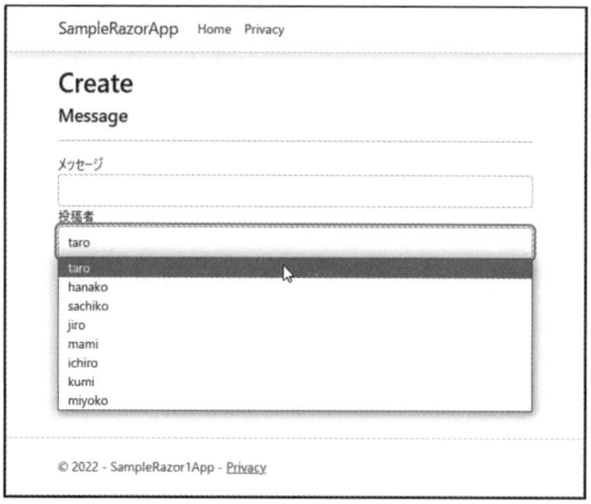

Create フォームのタグについて

では、Createページの画面表示のファイルからフォーム部分を見てみましょう。フォームタグの部分を抜き出すと以下のようになります（RazorページのCreate.cshtmlの場合）。

リスト6-53

```
<form method="post">
    <div asp-validation-summary="ModelOnly" class="text-danger"></div>
    <div class="form-group">
        <label asp-for="Message.Comment" class="control-label"></label>
        <input asp-for="Message.Comment" class="form-control" />
        <span asp-validation-for="Message.Comment" class="text-danger">
            </span>
    </div>
    <div class="form-group">
        <label asp-for="Message.PersonId" class="control-label"></label>
        <select asp-for="Message.PersonId" class ="form-control"
                asp-items="ViewBag.PersonId"></select>
    </div>
    <div class="form-group">
        <input type="submit" value="Create" class="btn btn-primary" />
    </div>
</form>
```

<select>タグの部分を見てください。ここで以下のようにしてプルダウンメニューを作成しています。

```
<select asp-for="Message.PersonId" class ="form-control"
        asp-items="ViewBag.PersonId"></select>
```

asp-for="Message.PersonId"として、MessageのPersonIdを元に<select>を生成しています。このPersonIdは、先ほどのViewData["PersonId"]のことです。asp-forで値を指定する場合、ViewData内の値もこんな具合にモデルクラスのプロパティとして指定できるのですね。

BlazorでMessageを投稿する

では、これもBlazorでの実装例を挙げておきましょう。ここでは、/message/addというパスでページを公開する形にしてあります。

リスト6-54

```
@page "/message/add"
@using Microsoft.EntityFrameworkCore
@using SampleBlazorApp.Data
@using SampleBlazorApp.Models
@inject NavigationManager NavManager
@inject SampleBlazorApp.Data.SampleBlazorAppContext _context


<h3>Add</h3>

<div class="row">
    <div class="col-md-4">
        <EditForm Model="@messages" OnSubmit="OnAdd">
            <div class="form-group">
                <label asp-for="messages.Comment"
                    class="control-label"></label>
                <input asp-for="messages.Comment" class="form-control"
                        @bind-value="@messages.Comment" />
            </div>
            <div class="form-group">
                <label asp-for="messages.PersonId"
                    class="control-label"></label>
                <input asp-for="messages.PersonId" class="form-control"
                        @bind-value="@messages.PersonId" />
            </div>
            <div class="form-group">
                <button class="btn btn-primary">Create</button>
            </div>
        </EditForm>
    </div>
</div>

@code {
    private Message messages = new Message();
```

```
        private void OnAdd()
        {
            try
            {
                _context.Add(messages);
                _context.SaveChanges();
                NavManager.NavigateTo("./message");
            }
            catch (Exception e)
            {
                Console.WriteLine(e.Message);
            }
        }
    }
```

図6-28：コメントとPersonのIDを入力し送信する。

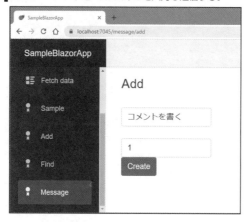

　先ほど作った「**Message**」のページにある「**Create New**」リンクをクリックするとこの
ページが表示されるようになっています。Blazorではスキャフォールディングのように
自動生成する機能がないため、Personの入力も、全PersonのNameをポップアップ表示
する処理は自分で書かないといけません。今回は直接PersonIdの数字を入力する形にし
てあります。
　メッセージ投稿の処理はOnAddメソッドとして用意しました。保存後、NavManager.
NavigateToでMessage/Indexに戻るようになっています。

PersonでMessagesのリストを取得する

　これで、Message側から関連するPersonを取り出し利用するという仕組みがわかりま
した。今度は逆に、Person側から関連するMessageを取り出す、ということをやってみ

ましょう。

　これは、プロジェクトのトップページであるIndexページを修正して実装してみます。MessagesのIndexページのC#コード（RazorならばIndex.cshtml.cs、MVCならばPeopleController.cs）を開き、メソッドを以下のように修正しましょう。

リスト6-55——Razorアプリ（Index.cshtml.cs）

```
public async Task OnGetAsync()
{
    if (_context.Person != null)
    {
        Person = await _context.Person.Include("Messages").ToListAsync();
    }
}
```

リスト6-56——MVCアプリ（PeopleControllerクラス）

```
public async Task<IActionResult> Index()
{
 return View(await _context.Person.Include("Messages").ToListAsync());
}
```

　デフォルトでは、Personに値を設定するのに _context.Person.ToListAsync() と処理を用意してありました。これに、Includeメソッドの呼び出しを追加しています。Personモデルクラスには、Messagesというプロパティを以下のように用意してありましたね。

```
public ICollection<Message> Messages { get; set; }
```

　これをIncludeしてデータベースから値を読み込むようにしていたわけです。これはコレクションになっています。特定のPersonから投稿されたMessageは1つとは限りませんから、複数のものがここに保管されることになるでしょう。

リスト表示に Message を追加する

　では、取得したPersonのリストを表示している部分を修正しましょう。「**Pages**」フォルダ内のIndex.cshtmlを開き、<table>部分を以下のように修正します。
　（以下はRazorページのIndex.cshtmlの例です。MVCのIndex.cshtmlの場合は、@foreachのModel.PersonをModelにします）

リスト6-57

```
<table class="table">
    <thead>
        <tr>
            <th>
                @Html.DisplayNameFor(model => model.Person[0].Name)
            </th>
            <th>
```

```
                @Html.DisplayNameFor(model => model.Person[0].Mail)
        </th>
        <th>
                @Html.DisplayNameFor(model => model.Person[0].Age)
        </th>
        <th>
                @Html.DisplayNameFor(model => model.Person[0].Messages)
        </th>
        <th></th>
    </tr>
</thead>
<tbody>
@foreach (var item in Model.Person) {
    <tr>
        <td>
                @Html.DisplayFor(modelItem => item.Name)
        </td>
        <td>
                @Html.DisplayFor(modelItem => item.Mail)
        </td>
        <td>
                @Html.DisplayFor(modelItem => item.Age)
        </td>
        <td>
            <ul>
                @if (item.Messages.Count > 0)
                {
                    @foreach (var msg in item.Messages)
                    {
                        <li>@msg.Comment</li>
                    }
                }
                else
                {
                    <li>no-message.</li>
                }
            </ul>
        </td>
        <td>
            <a asp-page="./Edit" asp-route-id="@item.PersonId">
                Edit</a> | <a asp-page="./Details"
                    asp-route-id="@item.PersonId">Details</a> |
            <a asp-page="./Delete"
                asp-route-id="@item.PersonId">Delete</a>
```

```
            </td>
        </tr>
    }
    </tbody>
</table>
```

図6-29：トップページにアクセスすると、各Personの投稿部分に、その人が投稿したメッセージが表示されるようになった。

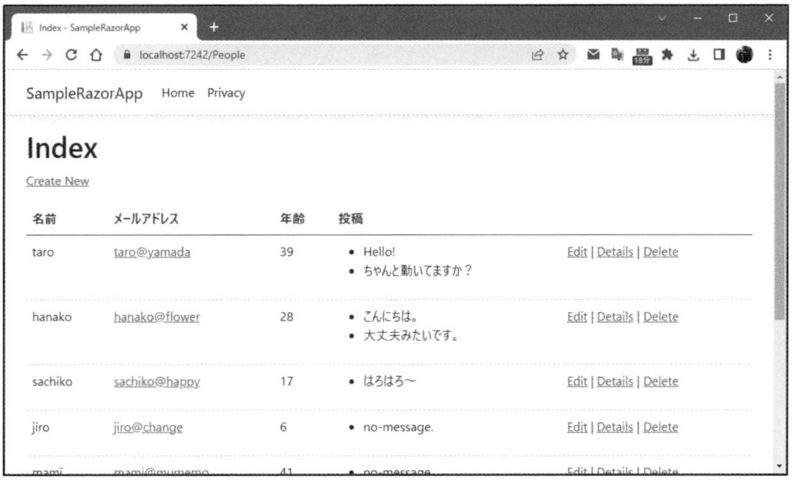

修正したらトップページにアクセスしてみましょう。すると、Personの一覧表示に「**投稿**」という項目が追加され、各Personが投稿したメッセージが表示されるようになります。

ここでは、テーブルのヘッダーに以下のように項目を追加しています。

```
<th>@Html.DisplayNameFor(model => model.Person[0].Messages)</th>
```

PersonのMessagesをDisplayNameForで指定することで、Messagesの名前が表示されるようになります。

そしてテーブルのボディ部分では、以下のようにメッセージを表示しています。

```
@if (item.Messages.Count > 0)
{
    @foreach (var msg in item.Messages)
    {
        <li>@msg.Comment</li>
    }
}
else
{
```

```
      <li>no-message.</li>
    }
```

　まず、item.MessagesのCountで要素数を調べ、これがゼロより大きければ（つまり何か値が保管されているなら）@foreachを使ってitem.Messagesの内容を順に出力しています。Personに投稿したMessageがない場合も、Messagesプロパティはnullにはならず、空のコレクションになっていますから、Countで値の有無をチェックすればいいでしょう（ただし、当然ですがIncludeしていなければ値はnullになります）。

　このように、プロパティをIncludeしてさえいれば、あとは全く普通のプロパティとして値を取り出し利用できます。

サーバーエクスプローラーについて

　データベースを利用する場合、「**データベースの中には現在、どのようなテーブルがあって、どんなレコードが保管されているのか**」を直接確認したり編集したりする必要が生じるでしょう。このような場合、Visual Studio Communityには「**サーバーエクスプローラー**」というツールが用意されており、簡単にデータベースを編集することができます。最後に、このツールの使い方についても触れておきましょう。

　サーバーエクスプローラーは、ウィンドウの左端にタグが表示されている場合は、これをクリックするだけで開けます。もしない場合は、「**表示**」メニューから「**サーバーエクスプローラー**」を選ぶと表示されます。

図6-30：サーバーエクスプローラーの表示。

データベースを接続する

　サーバーエクスプローラーは、データベースに接続することで、そのデータベースの情報にアクセスできるようになります。まずは利用しているデータベースへの接続を行いましょう。なお、この作業はアプリケーションが実行されWebアプリケーションサーバーからデータベースにアクセスが行われていると使えません。利用の際は実行中のアプリケーションを終了してください。

● 1.「接続の追加...」メニューを選択
　「**データ接続**」という項目を右クリックし、「**接続の追加...**」メニューを選びます。

図6-31：「接続の追加...」メニューを選ぶ。

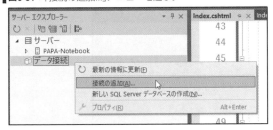

●2. 接続に関する設定

「**接続の追加**」ウィンドウが開かれます。ここで接続に関する設定を行います。「**データソース**」という項目の「**変更...**」ボタンをクリックしてください。

図6-32：「接続の追加」Windowが開かれる。

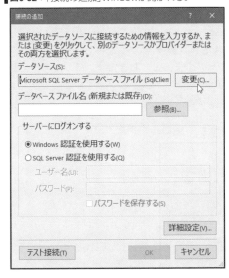

●3. データソースを選択

データソースを選択するダイアログが現れます。ここで「**Microsoft SQL Serverデータベースファイル**」を選びOKします。

図6-33：Microsoft SQL Serverデータベースファイルを選ぶ。

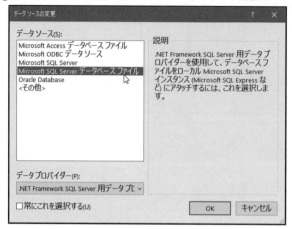

● 4. データベースファイルを選択

　続いて「**データベースファイル名**」の「**参照**」ボタンを押し、データベースファイルを選択します。他の項目はデフォルトのままにしておきます。デフォルトで用意されているデータベースのファイルは、「**.mdf**」という拡張子のファイルとしてプロジェクト内に保管されています。これを選択しておきます。

図6-34：データベースファイルを選択する。

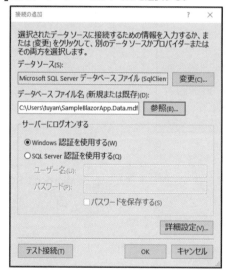

　これでサーバーエクスプローラーの「**データ接続**」に項目が追加されます。その中の「**テーブル**」内に、作成されているテーブルが表示されます。

図6-35：サーバーエクスプローラーにデータベースファイルが接続され、ファイルの内容が表示されるようになった。

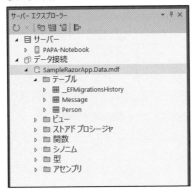

テーブルの作成／編集

テーブルを新たに作成する場合は、サーバーエクスプローラーから「**テーブル**」を右クリックし、「**新しいテーブルの追加**」メニューを選びます。また、既にあるテーブルを編集する場合も、テーブル名の項目を右クリックして「**テーブル定義を開く**」メニューを選びます。

図6-36：サーバーエクスプローラーからテーブルを右クリックし、メニューを選ぶ。

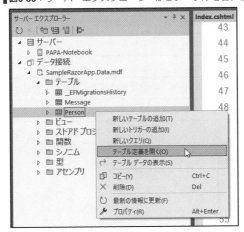

これで、テーブル定義のウィンドウが現れます。新たにテーブルを作る場合は、テーブルに用意するカラムの名前・データ型などを入力してテーブルを作成していきます。

既にあるテーブルを開いた場合は、作成されているテーブルのカラムを編集したり、最下部に新たに追加したりできます。

図6-37：テーブル定義では、テーブルのカラムを編集できる。

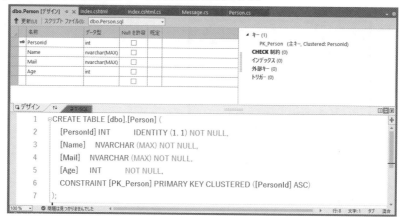

テーブルのプロパティについて

テーブルを作成／編集するとき、頭に入れておいてほしいのが「**プロパティウィンドウで編集する項目もある**」ということでしょう。例えば、以下のような設定はプロパティウィンドウに用意されています。

IDENTITY インクリメント	IDの値を自動で割り振るときの増加数
Is Identity	この項目がID（プライマリキー）かどうか
NULL許容	未入力を許可するかどうか
データの種類	値のタイプの指定
長さ	数値の桁数、テキストの場合の最大文字数。「-1」だと最大
有効桁数	数値で有効な桁数

図6-38：プロパティウィンドウにもテーブルやカラムの細かな設定が表示される。

データベースの更新

編集が終わったら、上部にある「更新」というリンクをクリックしてください。画面に「データベースの更新プレビュー」とウィンドウが現れるので、そのまま「データベースの更新」ボタンをクリックするとデータベースの内容が変更されます。

図6-39：「更新」をクリックすると、更新のためのダイアログが現れる。

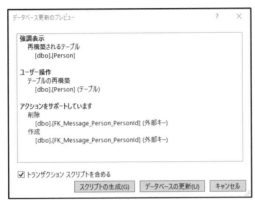

レコードの編集

テーブルに保管されているレコードを編集する場合は、サーバーエクスプローラーから編集したいテーブル名を右クリックし、「テーブルデータの表示」メニューを選びます。

図6-40：テーブルから「テーブルデータの表示」を選ぶ。

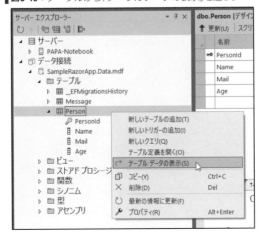

　画面に新しいウィンドウが開かれ、テーブルのレコードが一覧表示されます。ここから項目を選んで値を編集できます。また一番下の空のフィールドに記入をしていけば、新しいレコードを追加できます。

　編集後は、「**更新**」をクリックしてデータベースを更新すると変更が反映されます。

図6-41：テーブルのレコード一覧。ここで値を編集できる。

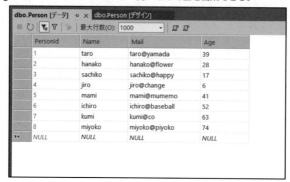

Chapter 7

その他の機能

Webアプリケーションの開発には、ここまでの基本的な
Webアプリの機能以外にも知っておきたいことがたくさんあ
ります。ここではその中から重要なものとして「Web API」
「Reactとの連携」「ユーザー認証」といったものについて説明
しましょう。

7.1 Web APIアプリケーション

Web APIとは？

ここまで、3通りのWebアプリケーションのプロジェクトを作成してきました。これらはいずれも「**サーバーサイドで処理を実行するWebアプリケーション**」の開発を目的とするものでした。

以前ならば、「**サーバー側ですべてを行い、結果をクライアントに送信して表示する**」というスタイルはWeb開発の基本といえるものでした。しかし現在、そうした「**バックエンド中心**」の形から「**フロントエンド中心**」の形にWebアプリの形態は変化しつつあります。その要因となっているのが、Reactなどフロントエンドフレームワークの充実です。

ReactやVue、Angularといったフレームワークを使ってWeb開発を行う場合、画面の表示からビジネスロジックまで、プログラムの根幹部分はすべてフロントエンド側で実装されます。サーバー側の機能は、フロントエンドにはない情報などを取得するのに使うだけです。つまりサーバー側は、データの読み書きや検索などの機能を提供する「**API**」であればいいのです。フロントエンドから簡単に呼び出せるような仕組みさえあれば、複雑な処理は必要ないのです。

こうしたWebアプリは、「**サーバー側のAPI + フロントエンドアプリケーション**」という形で開発されます。「**Web API**」としてサーバー側のプログラムを作成すればいいのです。

Web アプリと Web API

Web APIというのは、Webアプリケーションのようにアプリケーション然としたものを作るのが目的ではなく、「**Webベースでコンテンツを提供するための機能を外部からアクセスして使えるようにしただけ**」のプログラムです。

一般的なWebアプリケーションは、アクセスすればHTMLによるWebページが表示されます。表示内容はきれいにレイアウトされ、ボタンやリンクなどにより各種の機能が実装され、誰でも直感的に利用できます。送られてくるのはHTMLだけでなく、スタイルシートやJavaScript、イメージファイルなど実に多種多彩なもので、それらを組み合わせ統合してWebページを作成し表示するのです。

が、Web APIが提供するのは、その機能によって用意される「**結果**」（わかりやすくいえば「**データ**」）だけです。例えば、現在の天気を提供するWeb APIがあったとしましょう。そこにアクセスすると、得られるのは日付、天候、気温、降水量といったデータだけです。それらのデータが、例えばJSONやXMLなどの形にまとめられ送られてきます。HTMLによる画面表示などはありません。

こうした「**アクセスすると必要な処理・必要な情報だけが提供される**」のがWeb APIです。ですから、これはWebブラウザでアクセスして使うためではなく、スマートフォンのアプリや他のWebアプリの内部などからアクセスして利用することを前提に作られている、といっていいでしょう。

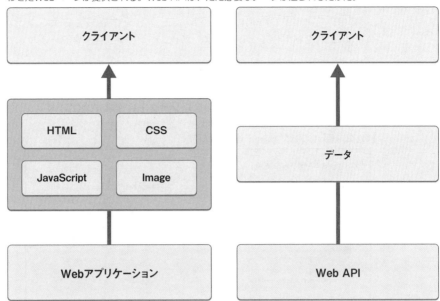

Web API と REST

Web APIは、開発者がそれぞれ好き勝手に実装してしまうと、他の人が利用しにくくなってしまいます。統一された手続きに従って作られており、決まった形でアクセスすれば決まった動作が返ってくる——そういう仕組みになっていたほうが圧倒的に使いやすいですね。

そこで、Web APIのための標準的なアーキテクチャーがいくつか考えられてきました。現在、もっとも広く使われているのが「**REST**」と呼ばれるものです。

RESTは、「**Representational State Transfer**」の略です。RESTは、Web APIのアクセスのあり方を決めたサービスモデルといってよいでしょう。

RESTでは、サーバーとのやり取りは、特定のアドレスとHTTPメソッドによって実現されます。「**このメソッドでこういう形式でアクセスするとこの機能が処理され、こういうデータが返される**」といった基本的な仕様が決まっており、それに従って設計されます。

RESTは、ステートレスなサービスです。送信されるHTTPメッセージに必要なすべての情報がまとめられており、それを元に情報が提供されます。従って、セッションのようなクライアント＝サーバー間の接続を維持するような仕組みを必要としません。誰でも同じ形式でアクセスすれば同じ結果が得られます。

このRESTが決める原則に従って設計され動くWeb APIは、一般に「**RESTful**」と呼ばれます。ASP.NET CoreのWeb APIプロジェクトは、RESTfulなWebプログラムの開発を目的とするもの、といえるでしょう。

Web APIプロジェクトを作成する

では、実際にWeb APIによるプロジェクトを作成してみましょう。Visual Studio Communityを利用している場合は、ソリューションを閉じスタートウィンドウを開いてください。

●1. プロジェクトを作成

スタートWindowにある「**新しいプロジェクトの作成**」を選びます。

図7-2：「新しいプロジェクトの作成」を選ぶ。

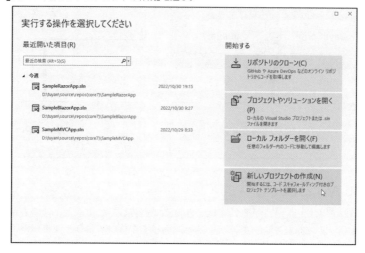

●2. テンプレートを選択

プロジェクトのテンプレートを選択します。「**ASP.NET Core Web API**」を選んで次に進みます。

図7-3：「ASP.NET Core Web API」を選ぶ。

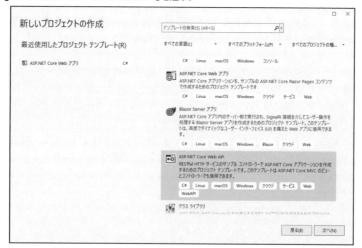

● **3. 名前を入力**

プロジェクト名とソリューション名、保存場所を指定します。プロジェクト名は「**SampleAPIApp**」としておきます。その他は特に理由がない限りデフォルトのままにしておき、「**作成**」ボタンを押します。

▌**図7-4**：「SampleAPIApp」と名前を入力する。

● **4. 追加情報の指定**

追加情報の指定です。使用する.NET Coreフレームワークのバージョンを確認してください。その他はデフォルトのままでいいでしょう。

▌**図7-5**：フレームワークのバージョンを選んで作成する。

その他の環境の場合は、コマンドプロンプトまたはターミナルを起動し、プロジェク

トを作成する場所にカレントディレクトリを移動します。そして以下のようにコマンドを実行します。

```
dotnet new webapi -o SampleAPIApp
```

これで、「**SampleAPIApp**」というフォルダが作成され、その中にプロジェクトが保存されます。

Swagger (OpenAPI) の利用

では、作成されたプロジェクトを実行してみましょう。Webブラウザが開かれ、/swagger/index.htmlというアドレスのページが現れます。これは**Swagger UI**というものを使って作られたページです。プロジェクトにこのページのファイルが用意されているわけではなく、**Swagger**ミドルウェアにより自動生成されているページなのです。

Swaggerは、SmartBear SoftwareによるAPI開発者向けツールです。これは、Web API の標準仕様である**Open API**の基礎となっています。このSwaggerに簡易UIをつけて表示しているのが、このページです。

ここには「**WeatherForecast**」と表示されており、そこに「**GET /WeatherForecast**」という表示があります。その下には「**Schemas**」と表示されていて、そこにいくつかの項目が並びます。

このWeatherForecastというのは、サンプルで作成されたプロジェクトに用意されている機能です。/WeatherForecastにGETアクセスすることで、天気のデータ（実際のデータではなくダミーです）がJSONフォーマットで得られるようになっています。ここでは、そのアクセスに関する詳細情報がまとめられています。

図7-6：SwaggerのUIによるAPIの内容表示。

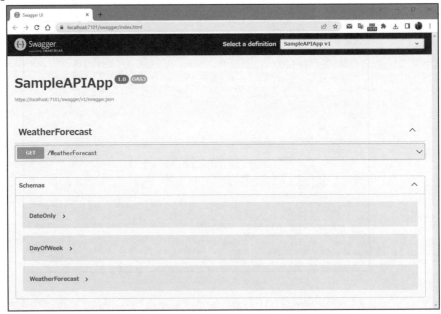

　実際のAPIアクセスは、/WeatherForecastにアクセスをすると得られます。これが、サンプルで作成されているWeb APIのデータです。JSONによるデータがテキストとして表示されるのが確認できるでしょう。

■図7-7：/weatherforecastにアクセスし、JSONデータを表示する。

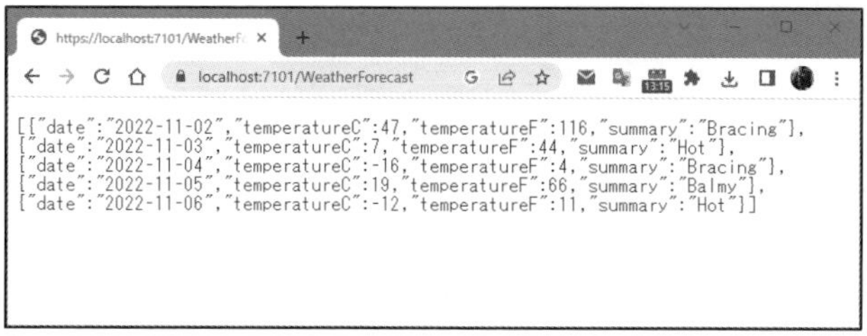

プロジェクトの内容をチェックする

　では、作成されたプロジェクトの内容はどのようになっているのでしょうか。生成されるプロジェクトの内容を以下に整理しましょう。

● SampleAPIAppの内容
- appsettings.json
- Program.cs
- WeatherForecast.cs
- 「**Controllers**」フォルダ
- 「**Properties**」フォルダ

　「**Controllers**」というフォルダが用意されていることから、「**これはMVCアプリケーションなのか？**」と思ったかもしれません。確かにコントローラーは作成しますが、このコントローラーはMVCアプリケーションとは異なるものです。ただし、同じコントローラーですから基本的なコードの設計などはMVC（のコントローラー）とだいたい同じと考えていいでしょう。

Program.csでの処理

　では、このWeb APIアプリケーションはどのような機能が組み込まれているのでしょうか。Program.csを見ると、WebApplication.CreateBuilderでWebApplicationBuilderインスタンスを作成した後、以下のような処理が実行されているのがわかります。

● コントローラーの追加

```
builder.Services.AddControllers();
```

● エンドポイントAPIエクスプローラー追加

```
builder.Services.AddEndpointsApiExplorer();
```

●Swaggerの追加

```
builder.Services.AddSwaggerGen();
```

●開発時の処理

```
if (app.Environment.IsDevelopment())
{
    app.UseSwagger();
    app.UseSwaggerUI();
}
```

初めて登場するものとして「**AddEndpointsApiExplorer**」というメソッドがあります。これは、必要最小限のAPI機能を実装するためのものです。これにより、作成されたコントローラーにパスが割り当てられアクセスできるようになります。

その後の**AddSwaggerGen**は、Swagger関連の機能を実装するものです。この機能は、その後のif (app.Environment.IsDevelopment())により、開発中の場合に限り機能が組み込まれ、Swaggerのページなどが利用できるようになります。

Swagger関連は公開時には使われませんから、Web APIのために組み込まれている機能は、実質「**AddEndpointsApiExplorerによるAPI機能の実装だけ**」といっていいでしょう。

Productモデルを作成する

サンプルで作成されているコントローラーは、非常に単純なものであり、REST全体を学ぶには少々内容が不足しています。それよりも、もっと適したサンプルがあります。それは「**スキャフォールディング**」です。

RESTでは、データの表示だけでなく、データベースのCRUDに相当する基本的な機能の実装が一通り決められています。モデルを作成し、Web APIとしてスキャフォールディングすることで、基本的なRESTの機能を実装したサンプルが用意できるのです。

では、簡単なモデルを作成しましょう。ここでは、簡単な商品データのモデルを作成してみます。以下のようなものです。

●「Product」モデル

ProductId	プライマリキー用のintプロパティ。
Name	商品名。stringプロパティ。
Price	価格。intプロパティ。
Description	説明文。stringプロパティ。

これらの値を持ったモデルクラスを作成しましょう。では、プロジェクトフォルダ内に、「**Models**」というフォルダを作成してください。そして、その中にモデルクラスのC#ソースコードファイルを用意します。

Visual Studio Communityを利用している場合は、作成した「**Models**」フォルダを右クリックし、「**追加**」メニューから「**クラス...**」を選びます。そして現れたウィンドウで「**クラ**

ス」を選択し、名前を「**Product**」と入力して追加をします。

その他の環境の場合は、手作業で「**Models**」フォルダを作成し、その中に「**Product.cs**」という名前でテキストファイルを作成してください。

▌図7-8：Productという名前でクラスを作成する。

▌Product モデルクラスのソースコード

作成されたProduct.csのソースコードを作成しましょう。といっても、必要なプロパティを用意するだけです。

リスト7-1

```
using System.ComponentModel.DataAnnotations;


namespace SampleAPIApp.Models;


public class Product
{
    public int ProductId { get; set; }
    [Required]
    public string Name { get; set; }
    [Required]
    [DataType(DataType.Currency)]
    public int Price { get; set; }
    public string description { get; set; }
}
```

4つのプロパティを用意してあります。必要に応じて検証ルールの属性を追加してありますが、特に難しいものはないでしょう。

スキャフォールディングの作成

　では、Productモデルにスキャフォールディングを作成しましょう。それぞれ以下のような手順で作業してください。

　Visual Studio Communityを利用している場合は、「**Controllers**」フォルダを右クリックし、「**追加**」メニューから「**新規スキャフォールディングアイテム...**」を選びます。そして現れたダイアログで、左側の「**共通**」「**API**」という項目を選択し、「**Entity Framework を使用したアクションがあるAPIコントローラー**」を選んで追加します。

█図7-9：「Entity Frameworkを使用したアクションがあるAPIコントローラー」を選ぶ。

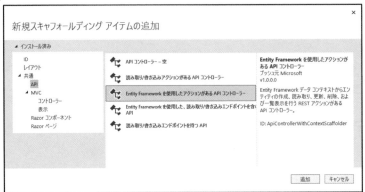

　APIコントローラーの設定ダイアログが現れます。ここにある項目を以下のように設定を行い、「**追加**」ボタンで追加します。

モデルクラス	Product
データコンテキストクラス	SampleAPIAppContext（「＋」で追加）
コントローラー	ProductsController

█図7-10：APIコントローラーの設定を行い追加する。データコンテキストクラスは「＋」をクリックして名前を入力して作る。

その他の環境の場合は、dotnetコマンドを使って作成をします。以下の手順でコマンドを実行していってください。

```
dotnet tool install -g dotnet-aspnet-codegenerator
dotnet add package Microsoft.VisualStudio.Web.CodeGeneration.Design
dotnet aspnet-codegenerator controller —controllerName ProductsController
—relativeFolderPath Controllers -m Product -dc SampleAPIAppContext
—restWithNoViews
```

パッケージ、マイグレーション、アップデート

その他の必要な作業を一通り終わらせておきましょう。データベースを利用するには、パッケージのインストール、マイグレーション、データベースのアップデートといった作業が必要になります。

パッケージのインストール

Web APIでEntity Frameworkを利用する場合、以下のパッケージが必要です。Visual Studio Communityを利用している場合、「**プロジェクト**」メニューから「**NuGetパッケージの管理（または、追加）**」を選び、インストール済みパッケージを確認してください。

- Microsoft.AspNetCore.OpenApi
- Microsoft.EntityFrameworkCore.SqlServer
- Microsoft.EntityFrameworkCore.Tools
- Microsoft.VisualStudio.Web.CodeGeneration.Design

これらは既にインストールされているでしょう。もし足りないものがあればここでインストールしておいてください。この他、デフォルトのSQLサーバー以外を利用する場合はそれらのデータベースプロバイダのパッケージもインストールしておきます。

図7-11：NuGetパッケージの管理からEntity Frameworkに必要なパッケージをインストールする。

マイグレーションとアップデート

　マイグレーションとデータベースのアップデートは、コマンドで行います。Visual Studio Communityを利用している場合は、「**ツール**」メニューから、「**NuGetパッケージマネージャ**」内にある「**パッケージマネージャコンソール**」を選び、以下のように実行してください。

```
Add-Migration Initial -project SampleReactAPI
Update-Database -project SampleReactAPI
```

　それ以外の環境の場合は、dotnetコマンドを使って作業します。以下のようにコマンドを実行してください。

```
dotnet ef migrations add Initial —project SampleReactAPI
dotnet ef database update —project SampleReactAPI
```

　今回は、1つのソリューション内に2つのプロジェクトがあるため、projectオプションでコマンドを適用するプロジェクトを指定してあります。

プロジェクトを実行する

　データベース関連の準備が完了したら、実際にプロジェクトを実行してみましょう。最初に/swagger/index.htmlのページが表示されますが、先ほどとはかなり違っていますね。/api/Productsのルートがいくつも追加されているのがわかります。スキャフォールディングにより、ProductのレコードのCRUD関連が一通り実装されているのです。

図7-12：/swagger/index.htmlではProductsのルートがいくつも追加されているのがわかる。

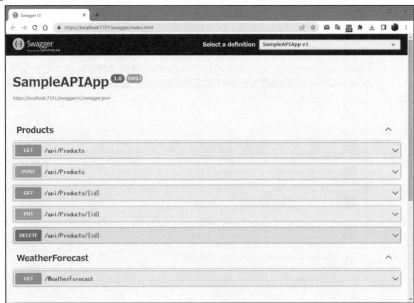

/api/Productsにアクセスする

では、Productsのコントローラーが公開されている/api/Productsにアクセスをしてみましょう。すると、データが登録されていれば、その一覧がJSON形式で表示されます。

図7-13：/apiProductsにアクセスするとレコードがJSON形式で表示される。なお、この図ではダミーのレコードをいくつか登録した状態で表示している。

また、/api/Products/1というように、最後にID番号をパスに追加してアクセスするとそのIDのレコードだけが表示されます。作成したスキャフォールディングが機能しているのがわかるでしょう。

図7-14：/api/Products/1にアクセスすると、ID＝1のレコードだけが表示される。

Program.csの処理

では、生成されたプロジェクトの内容をチェックしておきましょう。まずProgram.csです。ここではEntity Framework利用のため以下のようなコードが追加されています。

リスト7-2

```
builder.Services.AddDbContext<SampleAPIAppContext>(options =>
    options.UseSqlServer(builder.Configuration
        .GetConnectionString("SampleAPIAppContext") ??
        throw new InvalidOperationException("Connection string
            'SampleAPIAppContext' not found.")));
```

AddDbContextでDbコンテキストを追加しています。UseSqlServerメソッドでは、GetConnectionStringを使ってSampleAPIAppContextの接続テキストを取り出し接続を開始していることがわかります。

このあたりは、既にEntity Frameworkのところで説明済みです。データベース関連はすべてEntity Frameworkを使っているので、どんな形式のアプリであっても違いはありません。

ProductsControllerクラスについて

　では、スキャフォールディングにより生成されたコントローラーがどのようになっているのか見てみましょう。ProductsController.csを開くと、思いの外に長いコードが記述されています。

　このProductsControllerクラスは、以下のような形で定義されています。

```
[Route("api/[controller]")]
[ApiController]
public class ProductsController : ControllerBase
{
    ……クラスの内容……
}
```

　Routeでコントローラーが公開されるルートを設定しています。その下の[ApiController]は、これがWeb API用のコントローラーであることを示すものです。

　また、このクラスは「**ControllerBase**」というクラスを継承して作られています。MVCアプリケーションのコントローラーは、Controllerクラスを継承していました。このControllerBaseは、Controllerのベースとなるもので、コントローラー関係の機能はありますが、ビューに関する機能は持っていません。

　Web APIのコントローラーは、必ずこのControllerBaseを継承して作成されます。

/api/Products への GET アクセス

　GetProductメソッドは、もっとも基本となるアクションを提供するものです。アクセスすると、すべてのレコードをJSON形式で出力します。

リスト7-3
```
[HttpGet]
public async Task<ActionResult<IEnumerable<Product>>> GetProduct()
{
    return await _context.Product.ToListAsync();
}
```

　ここでは、_context.ProductのToListAsyncをそのまま返しているだけです。これだけで問題なくレコードの内容がJSON形式で表示されます。ToListAsyncは、モデルクラスのインスタンスをリストとして返すものでした。が、API用コントローラーでは、モデルのリストがそのままJSONテキストに変換され出力されます。

/api/Products/id 番号への GET アクセス

　GetProductには、引数にint値を渡すメソッドもオーバーロードされています。これは、/api/Products/id番号というように、最後にID番号をつけてアクセスした際に呼び出されます。メソッドは以下のように実装されています。

リスト7-4

```
[HttpGet("{id}")]
public async Task<ActionResult<Product>> GetProduct(int id)
{
    var product = await _context.Product.FindAsync(id);

    if (product == null)
    {
        return NotFound();
    }

    return product;
}
```

　_context.ProductのFindAsyncメソッドで、指定したID番号のProductsインスタンスを取得しています。

　後は、戻り値がnullでないかチェックし、nullだった場合はNotFoundインスタンスを返します。そうでないなら、そのまま取得したProductインスタンスを返すだけです。これで、指定IDのレコードがJSON形式で表示されます。これも、特にJSON形式のデータに変換するような作業は不要です。

/api/Products への POST アクセス

　RESTでは、データの取得にGETアクセスを利用しますが、その他の操作(CRUDのCUDに相当するもの)についてはGET以外のHTTPメソッドが使われます。

　新しいデータを追加するには、HTTPのPOSTメソッドが用いられます。このときの処理を行うのが、PostProductメソッドです。

リスト7-5

```
[HttpPost]
public async Task<ActionResult<Product>> PostProduct(Product product)
{
    _context.Product.Add(product);
    await _context.SaveChangesAsync();

    return CreatedAtAction("GetProduct", new { id = product.ProductId },↵
        product);
}
```

　送られたデータを元に引数としてProductインスタンスが渡されます。従って、やることは、ただAddで送られたProductを追加し、SaveChangesAsyncするだけです。非常に単純ですね。

　ただし、その後に一工夫しています。CreatedAtActionは、引数に指定したアクションのResult(CreatedActionResultというクラスのインスタンス)です。これをreturnするこ

とで、指定したアクションを呼び出した結果が返されるようになります。

　ここでは、第1引数に"GetProduct"を指定し、第2引数にnew { id = product.ProductId }という形で一緒に渡す情報を用意しています。第3引数には、保存したProductインスタンスを指定します。これにより、引数にidを持つGetProductアクションが実行されreturnされます。つまり、新しいProductを保存後、保存したProductがJSONデータとして返信されるようになる、というわけです。

/api/Products/id 番号への PUT アクセス

　既にあるデータの更新は、PUTメソッドを使います。これを行っているのが、PutProductメソッドです。

リスト7-6

```
[HttpPut("{id}")]
public async Task<IActionResult> PutProduct(int id, Product product)
{
    if (id != product.ProductId)
    {
        return BadRequest();
    }
    _context.Entry(product).State = EntityState.Modified;
    try
    {
        await _context.SaveChangesAsync();
    }
    catch (DbUpdateConcurrencyException)
    {
        if (!ProductExists(id))
        {
            return NotFound();
        }
        else
        {
            throw;
        }
    }
    return NoContent();
}
```

　メソッドには[HttpPut]属性が付けられ、これがPUTメソッドで呼び出されることを示しています。このとき、アドレスのパスからidの値が得られるようにパスを指定します。

　おそらくこのPutProductメソッドの処理が、APIコントローラーの中でもっともわかりにくいものでしょう。ここで行っている処理手順を整理していきましょう。

● 1. メソッド定義と引数の取得

```
public async Task<IActionResult> PutProduct(int id, Product product)
```

まず、メソッドの引数でID番号とProductインスタンスを受け取ります。MVCアプリケーションのスキャフォールディングでは、CreateのPOST用メソッドで、送信フォームを元にモデルクラスのインスタンスが引数として渡されましたね。あれと同様に、送られてきたデータからProductインスタンスが用意され、引数として渡されます。

● 2. ステートを設定する

```
_context.Entry(product).State = EntityState.Modified;
```

送られてきた_context.Entryを使い、引数のProductインスタンスのStateをEntityState.Modifiedに変更します。このStateは、そのモデルクラスのインスタンスの状態を示すプロパティです。これをEntityState.Modifiedにすることで、このインスタンスが変更された状態であることを設定します。

● 3. Dbコンテキストの変更を反映させる

```
await _context.SaveChangesAsync();
```

SaveChangesAsyncで、変更をデータベースに反映させます。このとき、引数で渡されたProductsインスタンスはStateの設定により「**変更された**」と判断されるため、自動的にレコードの更新が行われます。

この他、引数で渡されたidがProductのProductIdと異なっていたらBadRequestを送ったり、ProductExists(id)で引数のidのインスタンスが存在しなかったらNotFoundを送ったり、といったエラー関係の処理が用意されています。が、基本的な流れは上記のようになります。「**引数でモデルクラスのインスタンスを受け取り、そのStateを変更し、SaveChangesAsyncで保存する**」という手順です。

/api/Products/id 番号への DELETE アクセス

残るはデータの削除です。これは、HTTPのDELETEメソッドを使って行います。削除するID番号を指定してアクセスすることで、そのID番号のレコードを削除できるようにします。

リスト7-7

```
[HttpDelete("{id}")]
public async Task<ActionResult<Product>> DeleteProduct(int id)
{
    var product = await _context.Product.FindAsync(id);
    if (product == null)
    {
        return NotFound();
    }
```

```
        _context.Product.Remove(product);
        await _context.SaveChangesAsync();

        return product;
}
```

これも引数としてidの値が渡されます。FindAsyncメソッドで指定IDのProductインスタンスを取得し、それがnullでなければ、_context.ProductのRemoveメソッドで削除後、SaveChangesAsyncでデータベースに反映させます。最後に削除したProductインスタンスをそのままreturnすることで、削除したProductの内容がJSONデータで返信されるようになります。

REST APIはメソッドとパスが決め手

これで、基本的なデータベース操作が一通り用意できました。RESTは、アクセスするHTTPメソッドとアクセス先のパスがすべてです。整理すると、RESTは以下のように機能が整理されます。

/パス	[GET]	全データを表示します。
/パス/id	[GET]	指定IDのデータを表示します。
/パス	[POST]	送信された値を元に新しいデータを追加します。
/パス/id	[PUT]	指定IDのデータを送信された値に変更します。
/パス/id	[DELETE]	指定IDのデータを削除します。

スキャフォールディングは、これらの処理を一式まとめて自動生成してくれる、というわけです。基本的なデータを配信するためのWeb APIであれば、スキャフォールディングの生成プログラムにほとんど手を加えることなく公開APIが完成します。

ただし、データの表示だけならまだしも、データの改変を伴う操作については、誰でも利用できるというのは危険でしょう。認証機能などを利用し、特定の者だけがアクセスできるような仕組みも考える必要があるでしょう。

7.2 ReactによるSPA開発

SPA開発とJavaScriptフレームワーク

最近のWebアプリケーションのトレンドに「**SPA（Single Page Application）**」があります。1枚のページで完結するタイプのWebアプリで、そのページの中でダイナミックに表示などを操作し、PCやスマートフォンのアプリのような操作感を実現するものです。

　こうしたSPAの開発には、JavaScriptのフロントエンドフレームワークが利用されます。中でも非常に広く利用されているのが「**React**」でしょう。Reactはオープンソースのフレームワークで、仮想DOMと呼ばれる独自のシステムを使いWebページをダイナミックに操作することができます。

　このReactを導入した開発を行う場合、一般的なWebアプリとはまた違った形で開発を行うことになります。SPAでは、ページ内のフォームなどを使って送信しページを再ロードする、といったアプローチをしません。Webページが表示されたら、その状態のままリロードを一切せずに動きます。またサーバー側でなにかの処理を行う場合は、Ajaxを使いサーバー側と通信して必要な情報を得ます。

　つまり、WebページはReactベースで作成し、C#などによるサーバー側の処理はWeb APIのように「**アクセスしたら結果を返す**」という形で作成してフロントサイドとAjaxで通信していくことになります。

図7-15：一般的なWebアプリケーションでは、サーバー側で処理を実行し、表示をレンダリングして結果をクライアントに送る。SPA利用の場合は、サーバー側にはWeb APIのような機能だけが用意されて、クライアントのSPA内からAjaxでアクセスする。

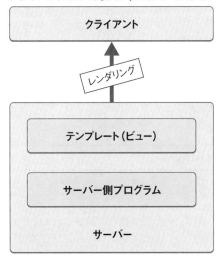
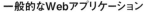
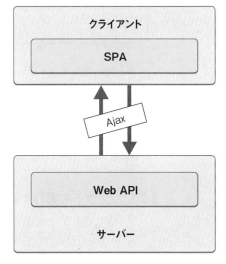

一般的なWebアプリケーション　　　　　Single Page Application

Reactプロジェクトの作成

　ASP.NET CoreのプロジェクトでReactを利用する場合は、サーバー側の処理はWeb APIの形で実装し、ReactベースのWebページ内からAPIにアクセスする形になるでしょう。

　先ほどWeb APIのプロジェクトを作りましたが、これとは別に「**フロントエンド＝React、サーバーサイド＝APIコントローラー**」という形で作成されるプロジェクトのテンプレートが用意されています。これを使うことで、簡単にReactベースのプロジェクトが作成できます。

　では、実際にプロジェクトを作成しましょう。Visual Studio Communityの場合、スタートWindowで「**新しいプロジェクトの作成**」をクリックし、プロジェクトのテンプレートに「**React.jsでのASP.NET Core**」を選択してください。なおプロジェクト名は、ここで

は「**SampleReactApp**」として作成しておきます。

図7-16：新規プロジェクトの作成時に「React.jsでのASP.NET Core」というテンプレートを選ぶ。

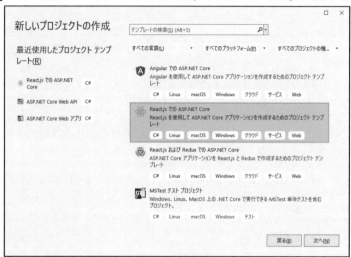

　その他の環境では、コマンドプロンプトまたはターミナルを起動し、プロジェクトを作成する場所にカレントディレクトリを移動します。そして以下のようにコマンドを実行します。これで「**SampleReactApp**」フォルダにBlazorアプリのプロジェクトが作成されます。

```
dotnet new react -o SampleReactApp
```

プロジェクトを実行する

　プロジェクトが作成できたら、実際に動かして動作を確認しましょう。プロジェクトを実行（あるいは、dotnet runを実行）してWebブラウザからアクセスをしてみてください。なお、このプロジェクトは、フロントエンドのフレームワークをインストールするのにパッケージ管理ツールnpmをインストールし、そこから更にインストール作業をします。このため、初回のみ実行までにかなり時間がかかります。

図7-17：ビルドして表示されるWebアプリ。初回は起動までかなり時間がかかる。

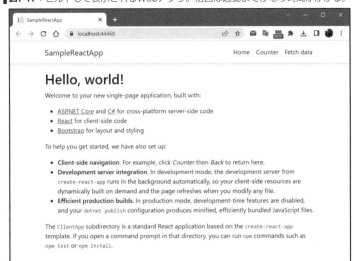

　Webブラウザからアクセスすると、上部に「**Home**」「**Counter**」「**Fetch data**」というリンクが表示されます。これらをクリックすることで3つのページを切り替えることができます。

　これらのリンク表示、どこかで見たことがありますね？ そう、Blazorプロジェクトに用意されていた3つのWebページと同じものなのです。メニューなどのレイアウトはRazorページやMVCのアプリと同じスタイルですが、用意されているページはBlazorと同じなのです。

　Blazorも、フロントエンドとバックエンドでAjax通信しながら動作するアプリケーションであり、基本的なアプリの構造はReact + APIとほぼ同じです。両者を比べると、BlazorとReactの違いがわかってくるでしょう。

■図7-18：「Counter」「Fetch data」では、数字のカウントとWeatherForecastのデータが表示される。

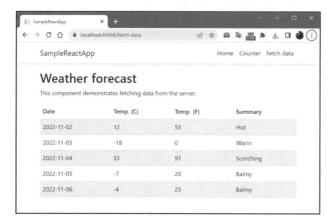

プロジェクトの構成

　では、作成されたプロジェクトがどのようになっているのか、主なファイルとフォルダを見てみましょう。

● フォルダ

「ClientApp」フォルダ	クライアント側のファイル。これがWebアプリの本体部分といえます。
「Controllers」フォルダ	サーバー側に用意されるAPIコントローラーが保管されます。
「Pages」フォルダ	ページのフォルダ。importをまとめた_ViewImports.cshtmlと、エラー表示のError.cshtmlが用意されます。
「Properties」フォルダ	プロパティファイルが保管されます。

● 主なファイル

appsettings.json	アプリの設定情報ファイルです。
Program.cs	アプリの起動プログラムです。
Startup.cs	アプリの初期化処理のプログラムです。
WeatherForecast.cs	サンプルで用意されるデータ用のモデルクラスです。

ファイル類は既に見慣れたものばかりですが、フォルダは少し感じが違いますね。「**Controllers**」「**Pages**」といったフォルダは今まで何度も登場したものですが、これらがWebアプリの本体部分ではありません。

「**Controllers**」にはAPIコントローラーが保管されています。ReactアプリではAjaxを使ってサーバー側のAPIとデータを送受しますが、このサーバー側のプログラムとしてAPIコントローラーが使われます。デフォルトでは、「**WeatherForecastController**」というAPIコントローラーが用意されています。

図7-19：プロジェクトのファイル構成。

「ClientApp」フォルダとアプリ構成

Reactアプリでは、利用者がアクセスした際に表示されるWebページの画面は「**ClientApp**」フォルダにまとめられています。ここにあるファイル類によってWebアプリのフロントエンド部分が作られています。

このフォルダ内を見ると、以下のようなファイルが用意されているのがわかります。

● 「ClientApp」フォルダの主な内容

「public」フォルダ	公開フォルダ。トップページであるindex.html、マニフェスト情報を記述したmanifest.json、アイコンファイルなどが保管されています。他、直接アクセスして利用できる静的ファイル類（イメージファイルなど）はここにまとめます。
「src」フォルダ	ここにReactによるプログラム（JavaScriptファイル）がまとめられます。
package.json	npmが使うパッケージ情報のファイルです。
README.md	リードミーファイルです。

　Reactによるプログラム部分は、「**src**」フォルダの中にまとめられます。この中には、多数のJavaScriptファイルが用意されており、それらによりフロントエンド部分が作られていきます。

▌React コンポーネントの組み込み

　ClientAppに用意されているWebページは、「**Reactのコンポーネント**」としてコンテンツが用意されています。

　Reactは、Blazorなどと同じく「**コンポーネント**」指向のプログラムです。画面に表示されるものはコンポーネントとして定義し、それを組み合わせていきます。

　ルートコンポーネント（一番ベースとなっているコンポーネント）は、「**ClientApp**」フォルダの「**src**」内にある「**index.js**」というスクリプトファイルに記述されています。このindex.jsの中には、「**App.js**」というコンポーネントが組み込まれています。このAppというコンポーネントが、表示されるコンテンツのベースとなっています。

　Appコンポーネントでは、表示するコンテンツとして「**components**」フォルダ内にあるコンポーネントを組み込み、必要に応じて切り替え表示するようになっています。この「**components**」にあるコンポーネントが、各ページに表示されるコンテンツです。

▌Home.js のコードを見る

　では、コンポーネントというのがどのようになっているのか見てみましょう。例として、「**Home.js**」のコードを調べてみます。

リスト7-8

```
import React, { Component } from 'react';

export class Home extends Component {
 static displayName = Home.name;

 render() {
    return (
      <div>
        <h1>Hello, world!</h1>
        <p>Welcome to your new single-page application, built with:</p>
        ……以下略……
    );
 }
}
```

　Reactのコンポーネントは、「**class 名前 extends Component**」という形で定義されています。Reactにあるコンポーネントクラスを継承して作成するんですね。内部にはrenderというメソッドがあり、ここでreturnした内容がコンポーネントとして画面に表示されます。

　本書はReactの解説書ではないので、これ以上の詳しい説明は行いませんが、Reactというのが「**コンポーネントのrenderで表示を作って動いている**」ということは何となくわ

かったことでしょう。Reactについてもっと知りたい人は、別途学習してください。

ReactにWeb APIプロジェクトを追加する

Reactは、あくまでフロントエンドのフレームワークですから、データベースなどの利用はできません。こうした機能を使うためには、サーバー側にAPIとして必要な機能を用意し、そこにアクセスする必要があります。

ReactのプロジェクトにAPIコントローラを追加して作成してもいいのですが、実際の開発ではサーバー側のAPIとフロントエンドのReactアプリケーションを別々に開発することが多いでしょう。そこで今回はWeb APIのプロジェクトをReactのプロジェクトに追加し、両者を連携して動くようにしてみましょう。

ソリューションエクスプローラーから、ソリューションの項目（一番上にある「**ソリューション 'SampleReactApp'**」）を右クリックし、「**追加**」メニューから「**新しいプロジェクト...**」を選択してください。

図7-20：「新しいプロジェクト...」メニューを選ぶ。

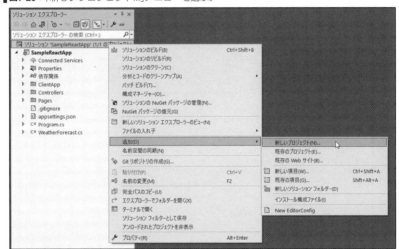

「**新しいプロジェクトを追加**」Windowが開かれます。ここで追加するプロジェクトを設定していきます。基本的には、新しいプロジェクトの作成と同じです。ここでは「**ASP. NET Core Web API**」テンプレートを選択し、「**SampleReactAPI**」という名前で作成をしておきましょう。

図7-21：「ASP.NET Core Web API」テンプレートを選択し、「SampleReactAPI」という名前で作る。

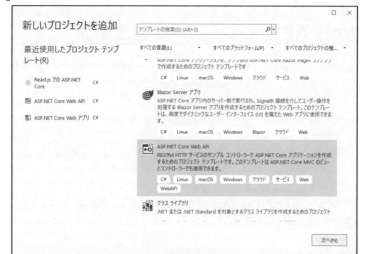

プロジェクトのプロパティを変更する

プロジェクトが作成されたら、プロパティを変更します。ソリューションエクスプローラーで、作成された「**SampleReactAPI**」プロジェクトを右クリックし、「**プロパティ**」メニューを選んでください。プロジェクトのプロパティが開かれます。

ここで、「**デバッグ**」の「**全般**」にある「**デバッグを起動プロファイルUIを開く**」というリンクをクリックすると、「**プロファイルの起動**」というウィンドウが現れます。ここにある「**ブラウザーを起動する**」のチェックをOFFにしてください。これで実行時にブラウザが開かなくなります。

図7-22：プロジェクトのプロパティからプロファイルを起動し、「ブラウザーを起動する」をOFFにする。

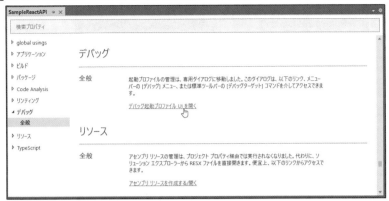

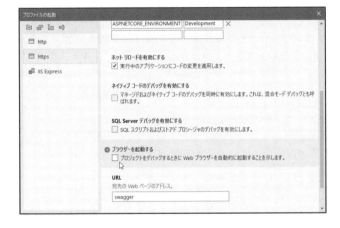

スタートアッププロジェクトの設定

続いて、スタートアッププロジェクトの設定を行います。これは起動時のプロジェクトに関する設定です。ソリューションエクスプローラーから一番上のSampleReactAppソリューションを右クリックし、「**スタートアッププロジェクトの設定...**」メニューを選んでください。

■**図7-23**：「スタートアッププロジェクトの設定...」メニューを選ぶ。

　ソリューションのプロパティを設定するWindowが開かれます。ここから左側に見える「**スタートアッププロジェクト**」という項目を選択し、「**マルチスタートアッププロジェクト**」ラジオボタンを選択して、2つあるプロジェクトのアクションをそれぞれ「**開始**」に変更します。これで実行時に2つのプロジェクトが同時に起動するようになります。

■**図7-24**：マルチスタートアッププロジェクトに変更する。

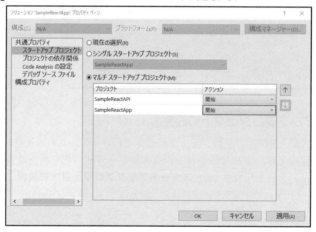

Productsモデルを追加する

　では、APIの例として、先ほどWeb APIアプリケーションで作成した「**Product**」モデルをSampleReactAPIプロジェクトに組み込んでみましょう。
　まず、「**SampleReactAPI**」プロジェクト内に「**Models**」というフォルダを作成し、その中に「**Products.cs**」ファイルを追加します。ソースコードは、先ほどWeb APIで作成したのと同じにしておきます。

図7-25：「Product」クラスを作成する。

　そしてスキャフォールディングを作成します。Visual Studio Communityを利用している場合は、「**Controllers**」フォルダを右クリックして「**追加**」メニュー内にある「**新規スキャフォールディングアイテム...**」を選びます。そして現れたダイアログで、「**Entity Frameworkを使用したアクションがあるAPIコントローラー**」を選んで追加します。モデルには「**Product**」を選択し、データコンテキストは「**SampleReactAppContext**」という名前で新たに作成します。

図7-26：スキャフォールディングでは、モデルを「Product」、データコンテキストを「SampleReact AppContext」として作成する。

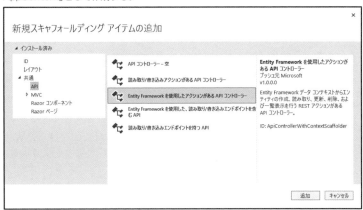

　作成したら、以下のコマンドでマイグレーションとデータベースの更新を行っておきましょう。これでProductsが使えるようになります。

```
Add-Migration Initial
Update-Database
```

プロジェクトを実行する

　では、データベース関連の準備が整ったら、実際にプロジェクトを実行して動作を確認しましょう。実行すると、ソリューションに用意されている2つのプロジェクトが同時に起動します。Reactアプリのプロジェクト（SampleReactApp）は、起動すると自動的にWebブラウザが開かれ、トップページが表示されます。これは既に確認済みの画面ですね。

図7-27：SampleReactAppの画面。

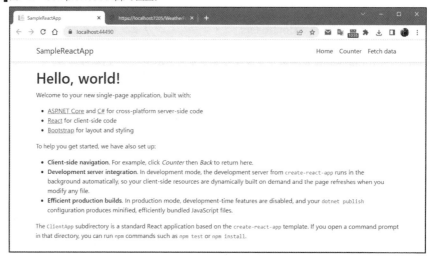

　もう1つのSampleReactAPIについては、APIであるためUIを持ったWebページは用意されていません。直接ブラウザからアドレスを入力してアクセスすることになります。以下のような形です。

　　　https://localhost:ポート番号/api/Products

　問題は「**ポート番号が何番に割り当てられているか**」でしょう。これは、それぞれの環境によって異なるため、各自で確認する必要があります。
　「**SampleReactAPI**」プロジェクトの「**properties**」フォルダ内にある「**launchsettings. json**」というファイルを開いてください。ここにプロジェクトの起動に関する設定が以下のような形にまとめられています。

```
{
  "profiles": {
    "http": {
```

```
       ……略……
    "applicationUrl": "http://localhost:ポート番号"
  },
  "https": {
       ……略……
    "applicationUrl": "https://localhost:ポート番号;http://localhost:ポート番
号"
  },
     ……略……
}
```

"http"と"https"の値の中に"applicationUrl"という項目が用意されています。これが公開されているURLになります。なおhttpsの場合、2つのURLがセミコロンでつなげてありますが、1つ目のURLが実際に公開されているアドレスになります。

このURLをコピーし、/api/Productsと末尾にパスを追記してアクセスをすると、ProductモデルのJSONデータが表示されます。ただし、デフォルトではまだレコードがないので、[]としか表示されないでしょう。実際にいくつかダミーレコードを追加すると、JSONでデータを取り出せることがよくわかるでしょう。

この/api/Productsは、作成されたProductsControllerのGetProductメソッドによってレコードが取得され出力されています。先にWeb APIプロジェクトでProductのスキャフォールディングを作成したとき、ProductsControllerクラスの内容についても一通り説明しました。これを参考に、コントローラーに用意されているメソッドと割り当てられているパスの関係をもう一度確認しておいてください。

図7-28：SampleReactAPIの/api/Productsにアクセスしたところ。これはダミーレコードをいくつか登録した状態。

ReactでProductのレコードを表示する

では、作成したProductsControllerによるAPIをReact側から利用してみましょう。これには、いくつかの作業が必要になります。簡単に整理すると以下のようになります。

- ・1. アクセスし結果を表示するコンポーネントの作成
- ・2. コンポーネントの登録（ルートの割り当て）
- ・3. アプリケーションへのCORSの組み込み

これらにより、Reactプロジェクトのアプリケーションから Web APIのアプリケーションにアクセスし、結果を取り出して利用できるようになります。では、実際に簡単なサ

ンプルを作成しながら作業内容を説明しましょう。

Products コンポーネントの作成

では、コンポーネントから作成しましょう。コンポーネントは、Reactプロジェクトにある「**ClientApp**」フォルダの中に用意します。この中にある「**src**」フォルダ内に「**components**」というフォルダが用意されています。ここがコンポーネントを配置する場所です。

では、この中に「**Products.js**」という名前でファイルを作成しましょう。Visual Studio Communittyを利用している場合は、「**components**」フォルダを右クリックして「**追加**」メニュー内の「**新しい項目…**」を選びます。そして現れたダイアログで「**JavaScriptファイル**」項目を選び、名前を「**Products**」と入力して追加してください。それ以外の環境では、「**components**」フォルダ内に手作業で「**Products.js**」という名前のファイルを追加してください。

図7-29：「追加」メニューのダイアログで「JavaScriptファイル」を選び、「Products」と名前を入力する。

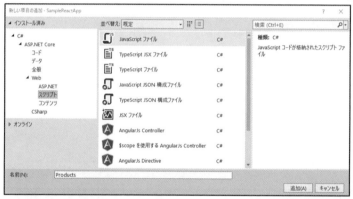

Productsコンポーネントの作成

作成された「**Products.js**」ファイルを開き、コンポーネントのコードを記述しましょう。以下のように内容を書き換えてください。

リスト7-9

```
import React, { Component } from 'react';

export class Products extends Component {
    static accesUrl = 'https://localhost:7205/api/Products';

    constructor(props) {
        super(props);
        this.state = { products: [], loading: true };
    }
```

```
componentDidMount() {
    this.getProductsData();
}

static renderProductsTable(products) {
    return (
        <table className="table">
            <thead>
                <tr>
                    <th>Name</th>
                    <th>Price</th>
                    <th>Desc.</th>
                </tr>
            </thead>
            <tbody>
                {products.map(product =>
                    <tr key={product.ProductId}>
                        <td>{product.name}</td>
                        <td>{product.price}</td>
                        <td>{product.description}</td>
                    </tr>
                )}
            </tbody>
        </table>
    );
}

render() {
    return (
        <div>
            <h1 id="tableLabel">Products list</h1>
            <p>Fetching data from the server...</p>
            {this.state.loading
                ? <p>Loading...</p>
                : Products.renderProductsTable(this.state.products)}
        </div>
    );
}

async getProductsData() {
    const response = await fetch(Products.accesUrl);
    const data = await response.json();
    this.setState({ products: data, loading: false });
}
```

```
    }
```

Products コンポーネントの内容

　ここで作成しているのは、Productsという名前のクラスです。これは、ざっと整理すると以下のような形をしています。

```
export class Products extends Component {
    // コンストラクタ
    constructor(props) {……}
    // マウント時の処理(初期化)
    componentDidMount() {……}
    // Productのテーブル生成
    static renderProductsTable(products) {……}
    // レンダリング(表示の作成)
    render() {……}
    // APIからレコード取得
    async getProductsData() {……}
}
```

　Reactコンポーネントは、当然ですがJavaScriptで記述されるため、ここまでC#のコードばかりを見てきた皆さんには多少違和感があるでしょう。が、(JavaScriptにあまり詳しくなくても)全体的な文法の基本はかなり似ているので、だいたいの流れは理解できるでしょう。

ProductsController からデータを取得する

　ここでは、getProductsDataというメソッドでProductsControllerにアクセスしてデータを取得しています。この部分を簡単に説明しておきましょう。

●1. 指定URLにアクセスし、HttpResponseを取得する

```
const response = await fetch(Products.accessUrl);
```

　JavaScriptで指定のURLにアクセスするには、「**fetch**」という関数を使います。引数にURLを指定すると、そのURLにアクセスします。戻り値はHTTPレスポンスを管理するオブジェクトになります。なお、これは非同期で実行されるため、ここではawaitで処理完了まで待って受け取っています。

●2. JSONデータを取得する

```
const data = await response.json();
```

　戻り値のオブジェクトにある「**json**」メソッドにより、取得したJSONデータをJavaScriptオブジェクトに変換して取り出します。これも非同期で実行されます。

●3. ステートを更新する

```
this.setState({ products: data, loading: false });
```

「**ステート**」というのは、Reactの機能で「**リアルタイムに更新可能な値**」です。setState
というメソッドを使い、productsとloadingという値をステートとして設定します。これ
により、これらの変数(products、loading)が埋め込まれたJSXの表示がその場で更新さ
れます。

取得したデータの表示

getProductsData関数で、productsステートに保管されたデータを表示しています。こ
れはこんなやり方をしていますね。

```
{this.state.loading
    ? <p>Loading...</p>
    : Products.renderProductsTable(this.state.products)}
```

this.state.loadingというのは、loadingというステートの値のことです。loadingがtrue
ならば<p>Loading...</p>と表示し、そうでなければProducts.renderProductsTableという
メソッドを呼び出してテーブルを出力しています。

このrenderProductsTableメソッドでは、以下のようにしてデータを出力しています。

```
{products.map(product =>
    <tr key={product.ProductId}>
        <td>{product.name}</td>
        <td>{product.price}</td>
        <td>{product.description}</td>
    </tr>
)}
```

productsのmapメソッドは、コレクションにある値を順に取り出して引数の処理を実
行するものです。ここで、取り出した値(Productsモデルに相当するオブジェクト)から
値を取り出してテーブルに出力しています。

productsというステートにデータがコレクションにまとめて保管されている、という
ことさえわかっていれば、データの出力はだいたい理解できることでしょう。

Productsコンポーネントの登録

作成されたProductsコンポーネントは、そのままでは使えません。特定のパスでコン
ポーネントを使って画面が表示されるように登録をしてく必要があります。

これは、「**src**」フォルダ内にある「」というファイルで行っています。ここに、以下の
ような形でProductsのルート情報を追記します。

```
リスト7-10

// import { Products } from "./components/Products" // 追記する

const AppRoutes = [
 {
    index: true,
    element: <Home />
 },
 ……略……
 {
    path: '/products',
    element: <Products />
 } //add!
];
```

　他のルート情報は省略してありますが、基本的な書き方はわかるでしょう。
AppRoutesという値は配列になっており、ここにコンポーネントに割り当てるパスを用
意します。pathにパスを、そしてelementにコンポーネントのJSXによるコンポーネント
のタグを記述しておけば、そのパスにアクセスした際に指定のコンポーネントがコンテ
ンツとして表示されるようになります。

メニューの追加

　ついでに、上部の右側に表示されるメニューのリンクにも、Productsコンポーネント
へのリンクを追加しておきましょう。
　これは「**src**」フォルダ内にある「**NavMenu.js**」に用意されています。この中に
<Collapse>という要素があり、更にその中に<ul>が用意されています。この<ul>内に、
<NavItem>という項目がいくつも並んでいるのがわかるでしょう。これが、メニューの
リンクです。
　ここに、以下のようなコードを追記しておきます。

```
リスト7-11

<NavItem>
 <NavLink tag={Link} className="text-dark" to="/products">Products</
NavLink>
</NavItem>
```

　これで、「**Products**」というリンクが右上に追加されます。これをクリックすれば、
Productsコンポーネントの表示に切り替わります。

図7-30：「Products」というリンクが追加される。

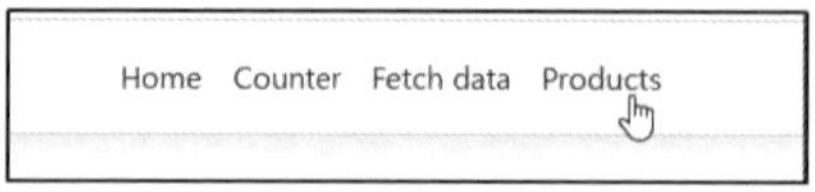

```
Home   Counter   Fetch data   Products
```

CORSの設定について

これでProductsコンポーネントは使えるようになりましたが、実はまだやっておくことがあります。それが「**CORSの設定**」です。

CORSというのは、「**Cross-Origin Requests**」の略です。JavaScriptでは、オリジン（そのスクリプトの生成元）の異なる場所にアクセスすることができません。あるホストにアクセスして表示されたページのスクリプトからは、同じホスト内のURLにしかアクセスできないのです。それ以外のところにアクセスしてもエラーになりデータは得られません。

今回のサンプルでは、ReactアプリとAPIアプリの2つを起動しており、両者はポート番号が異なっているため、オリジンは異なるものとして扱われます。従って、そのままではReactアプリのページからAPIアプリにアクセスできないのです。

この問題を解決するのがCORSです。CORSは、サーバー側にアクセスを許可するドメインを登録しておくことで、そのドメインからはアクセスできるようにします。これにより、ReactアプリからAPIアプリにアクセスしてデータを取り出せるようになるのです。

▌Program.cs を修正する

ASP.NET Coreでは、サーバー側のProgram.csでCORSの設定を追加することで、特定のドメインからのアクセスが許可されるようにできます。では、やってみましょう。

「**SampleReactAPI**」にある「**Program.cs**」を開いてください（「**SampleReactApp**」側ではありませんよ。Web APIのほうです。間違えないように！）。

まず、WebApplicationBuilderインスタンスを作成した後に以下のコードを追記します。WebApplication.CreateBuilderで変数builderに値を取得した後であればどこでもかまいません。

リスト7-12

```
var MyAllowSpecificOrigins = "_myAllowSpecificOrigins";

builder.Services.AddCors(options =>
{
    options.AddPolicy(name: MyAllowSpecificOrigins,
        policy =>
        {
            policy.WithOrigins( "https://localhost:ポート番号",
                    "https://example.com");
        });
});
```

なお、「**ポート番号**」のところには、それぞれの環境で設定されているポート番号を指定してください。

ここでは「**AddCors**」メソッドでCORSの設定を追加しています。これは引数にラムダ式を用意し、その引数の「**AddPolicy**」でポリシーを追加します。このメソッドの引数もラムダ式になっており、その引数の「**WidhORigins**」でオリジンとして扱うURLを指定し

ます。

　続いて、builder.Buildで変数appにWebApplicationを代入した後に、以下の文を追記しておきます。これは、app.Runの手前であればどこでもかまいません。

リスト7-13

```
app.UseCors(MyAllowSpecificOrigins);
```

　この「**UserCors**」メソッドで、引数に指定したポリシー名をCORSの設定として使用します。これで指定したオリジンにアクセスできるようになりました。

実行して動作を確認する

　修正ができたら、実際にプロジェクトを実行して表示を確認しましょう。SampleReactAppのページが表示されたら、右上にある「**Products**」リンクをクリックすると、Productsコンポーネントに表示が切り替わります。そしてSampleReactAPIにアクセスし、Productのレコードを取得しテーブルにまとめて表示します。

図7-31：「Products」リンクのページを開くと、Productのレコードが表示される。なお、これはダミーとしてProductsテーブルにレコードをいくつか追加した状態にしてある。

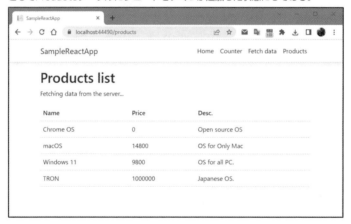

Productレコードを新規作成する

　続いて、データを送信してProductのデータベースを操作するような処理を行ってみましょう。例として、フォームからデータを送り、新しいProductを作成するReactコンポーネントを作ってみます。

　先ほどと同様に「**src**」フォルダ内の「**components**」フォルダの中に新しいファイルを追加します。名前は「**CreateProduct.js**」としておきましょう。そして以下のようにコードを記述します。

リスト7-14

```
import React, { useState } from 'react';
```

```
export function CreateProduct() {
    const accesUrl = 'https://localhost:ポート番号/api/Products';
    const [name, setName] = useState("");
    const [price, setPrice] = useState(0);
    const [desc, setDesc] = useState("");

    const doName = (event)=> {
        setName( event.target.value);
    }
    const doPrice = (event)=> {
        setPrice(event.target.value);
    }
    const doDesc = (event)=> {
        setDesc( event.target.value);
    }
    const doCreate = async(event)=> {
        const data = { Name: name, Price: price, Description: desc }
        const response = await fetch(accesUrl, {
            method: "POST",
            headers: {
                'Accept': 'application/json',
                'Content-Type': 'application/json'
            },
            body: JSON.stringify(data)
        });
        if (response.ok) {
            alert("Create Product data!");
            setName("");
            setPrice(0);
            setDesc("");
        } else {
            alert("ERROR is occurred...");
        }
    }

    const renderForm = ()=> {
        return (
            <div>
                <label>Name:</label>
                <input type="text" className="form-control"
                    onChange={doName} value={name } />
                <label>Price</label>
                <input type="number" className="form-control"
                    onChange={doPrice} value={price} />
```

```
                    <label>Description</label>
                    <input type="text" className="form-control"
                        onChange={doDesc} value={desc} />
                    <button className="btn btn-primary my-3"
                        onClick={doCreate}>Create</button>
            </div>
        );
    }

    return (
        <div>
            <h1 id="tableLabel">Products list</h1>
            <p>Fetching data from the server...</p>
            {renderForm()}
        </div>
    );
}
```

　今回は、Reactのもう1つのコンポーネントである「**関数コンポーネント**」を使って作りました。CreateProductという関数の中に必要な処理や情報をまとめたものです。ポイントを簡単に説明しておきましょう。

●ステートの用意

```
const [name, setName] = useState("");
const [price, setPrice] = useState(0);
const [desc, setDesc] = useState("");
```

　ステートは、値を操作することで表示を更新できる特殊な値です。関数コンポーネントでは、useStateという関数を使ってステートを作ります。ここではname, price, descという3つのコンポーネントを作り、これらを<input>で使っています。<input>部分を見ると、このようになっていますね。

●フィールドの作成(classNaemは省略)

```
<input type="text" onChange={doName} value={name } />
<input type="number" onChange={doPrice} value={price} />
<input type="text" onChange={doDesc} value={desc} />
```

　onChangeで、値が更新されたときの処理を設定し、valueにステートの値を指定しています。こうすることで、値を入力すると自動的にステートに値が保存され、かつステートの値を変更すればフィールドの値も変わるようになります。

POST によるデータの送信

　ボタンをクリックしたときに呼び出されるのがdoCreateという関数です。ここで、入

力された値(ステートに保管されています)をSampleReactAPIに送信してレコードを保存しています。

ここでは、まず送信するデータを以下のような形で用意しています。

```
const data = { Name: name, Price: price, Description: desc }
```

見ればわかるように、JSONフォーマットで値をまとめたオブジェクトです。これをサーバーに送信してデータを作成します。新規データの作成は、SampleReactAPIプロジェクトのProductsControllerに用意されていましたね(PostProductというメソッドです)。これに送信すればいいのです。

送信の処理は、以下のようになっています。

```
const response = await fetch(accesUrl, {
    method: "POST",
    headers: {
        'Accept': 'application/json',
        'Content-Type': 'application/json'
    },
    body: JSON.stringify(data)
});
```

GETのときと同じfetch関数ですが、今回は第2引数が追加されています。fetchは、第2引数にオプション設定情報をまとめたオブジェクトを用意することで、細かなアクセスの設定が行えます。

ここでは、以下のような値が用意されています。

method	送信に使うHTTPメソッド名
headers	ヘッダー情報。ヘッダーと値をオブジェクトにまとめたものを用意する
body	サーバーに送信するデータ

bodyでは、変数dataをそのまま指定するのではなく、JSON.stringifyでテキストに変換したものを指定します。またheadersには、'Accept'と'Content-Type'という値を用意しています。これにより、やり取りするのがJSONデータであることをサーバーに伝えています。

送信の結果は、戻り値のオブジェクトで調べることができます。

```
if (response.ok) {……
```

このような形で処理を用意していますね。問題なく実行できたら、okプロパティの値はtrueになります。falseの場合は何らかのエラーが発生したと判断できます。

CreateProduct を登録する

では、作成したCreateProductコンポーネントを登録しましょう。AppRoutes.jsファイルを開き、AppRoutes変数に以下のような形で情報を追記してください。

リスト7-15

```
// import { CreateProduct } from "./components/CreateProduct" // 追記する

const AppRoutes = [
    ……略……
    {
        path: '/products',
        element: <Products />
    },
    {
        path: '/create',
        element: <CreateProduct />
    }
];
```

'/create'というパスに<CreateProduct />というJSX要素を設定してあります。これにより、/create'にアクセスするとCreateProductコンポーネントがコンテンツとして表示されるようになります。

AddPolicy を修正する

最後に、Program.csに追記したAddPolicyの処理を修正します。先ほど、AddPolicyの引数に用意した関数で以下のような処理を実行していましたね。

```
policy.WithOrigins( "https://localhost:ポート番号", "https://example.com");
```

この文を追記し、以下のような形に修正してください。

リスト7-16

```
policy.WithOrigins("https://localhost:ポート番号", "https://example.com")
        .AllowCredentials().AllowAnyHeader().AllowAnyMethod();
```

ここでは、WithOriginsの後に更にいくつかのメソッドを連続して呼び出しています。これらは以下のような働きをします。

AllowCredentials	どのような資格情報も受け付ける
AllowAnyHeader	どのようなヘッダーも受け付ける
AllowAnyMethod	どのようなHTTPメソッドも受け付ける

GETでアクセスし結果を受け取るだけなら、単にWithOriginsを実行するだけでいいのですが、POST送信したり、フォーム以外のデータを受け取ったりする際、こうしたポリシー設定が行われていないとうまくアクセスできず、CORSエラーが発生します。

動作を確認しよう

　一通り作成できたら、実際にアクセスしてみましょう。/createにアクセスすると、CreateProductコンポーネントの画面が表示されます。ここにはName, Price, Descの各値を入力するフィールドが用意されており、これらに入力してボタンをクリックすると、そのデータをSampleReactAPIにPOST送信し、レコードを作成します。

■図7-32：フィールドに値を入力してボタンを押すとProductのレコードを作成する。

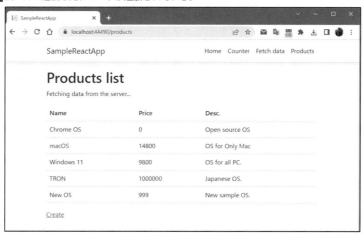

　実際にいくつかレコードを作成したら、/productsにアクセスしてレコードの一覧を表示させてみましょう。送信したデータがレコードとして追加されているのを確認してください。

■図7-33：送信したレコードが追加されている。

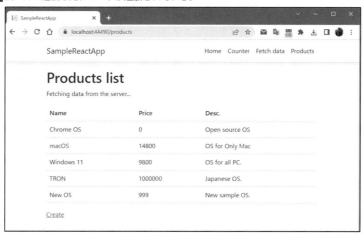

後は React 次第！

実際にやってみて気づいたと思いますが、API側の処理（SampleReactAPIプロジェクト）は、実は何もしていません。スキャフォールディングでProductsControllerを作っただけです。

APIの処理は、スキャフォールディングで生成されるものでだいたい間に合ってしまいます。もっときめ細かなレコードの検索などを行う場合は更にコントローラーにメソッドを追加する必要があるでしょうが、基本のCRUDなら自動生成されたコードで全く問題ないのです。

コードを書く必要があるのは、React側でしょう。この場合、開発の中心は「**ReactのコードをJavaScriptで書く**」という作業になります。ASP.NET CoreもC#もほとんど出番はありません。これより先は、いかにReactを使いこなせるか、と考えてください。

7.3 ユーザー認証について

ASP.NET Coreの認証機能

基本的なWebアプリケーションの機能が一通り使えるようになっても、それだけでアプリケーションのすべての機能が実装できるとは限りません。それ以外にも重要なものはあります。その代表として「**ユーザー認証**」について考えてみましょう。

多くのWebアプリケーションでは、利用するユーザーごとにサービスを提供します。ユーザーを特定し、あらかじめ登録されている人にだけサービスを提供するようなことも多々あるでしょう。こうしたサービスを実現するためには、ユーザー認証が必要です。登録されたユーザーでログインしてサービスを利用するような仕組みです。

ASP.NET Coreでは、ユーザー認証システムを標準で用意しています。これを利用することで、ほとんどノンプログラミングで認証機能が実装できます。では、実際に使ってみましょう。

ここでは例として、Razorページアプリにユーザー認証機能を組み込んだものを作ってみましょう。Visual Studio Communityの場合、プロジェクトのテンプレートに「**ASP.NET Core Webアプリ**」を選択し、プロジェクト名を「**SampleAuthApp**」として作成します。

そして追加情報の画面にある「**認証の種類**」から使用する認証方式を選択します。今回は「**個別のアカウント**」を選択しておきましょう。これは個々の利用者ごとにアカウント情報を登録する、一般的な認証方式です。

図7-34：新規プロジェクト作成で「ASP.NET Core Webアプリ」を選択し、「認証の種類」を指定しておく。

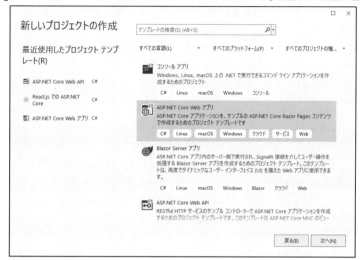

それ以外の環境では、コマンドプロンプトまたはターミナルを起動し、以下のように
コマンドを実行します。これで「**SampleAuthApp**」フォルダにユーザー認証が組み込ま
れたRazorページアプリのプロジェクトが作成されます。

```
dotnet new webapp —auth Individual -uld -o SampleAuthApp
```

ここで使われている「**--auth**」というのが認証機能を追加するためのものです。
「**Individual**」は個別のアカウントによる認証方式を示します。

マイグレーションとアップデート

作成されたプロジェクトでは認証情報の管理にデータベースを利用します。デフォル

トでは、開発用に用意されているMS SQLサーバー利用のためのパッケージやマイグレーションファイルが用意されています。ただし、まだデータベース自体には特に認証のテーブルなどは追加されていないので、マイグレーションの実行とデータベースのアップデートを行います。

　Visual Studio Communityを利用している場合は、パッケージマネージャコンソールから以下を実行してください。

```
Add-Migration Initial
Update-Database
```

　その他の環境の場合は、コマンドプロンプトまたはターミナルでカレントディレクトリを「**SampleAuthApp**」フォルダ内に移動し、以下を実行してください。

```
dotnet tool install —global dotnet-ef
dotnet ef migrations add InitialCreate
dotnet ef database update
```

プロジェクトを実行する

　では、実際にプロジェクトを実行してみましょう。サンプルで作成されたWebアプリケーションでは、上部にナビゲーションメニューがあり、そこで選択したページが下に表示されるようになっています。デフォルトでは「**Home**」「**Privacy**」の2つのページが用意されています。他、認証のサインインやログイン関係のリンクもあります。

図7-35：サンプルのWebアプリの画面。上部にナビゲーションメニューがある。

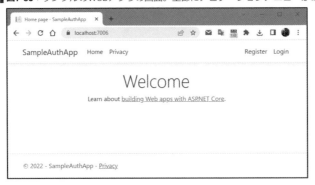

　では、ナビゲーションメニューの右側にある「**Register**」リンクをクリックしてみてください。アカウント登録のためのページが現れます。ここでメールアドレスとパスワード（2回入力）を記入し、送信すればそれが保存されます。

図7-36：アカウントの登録画面。メールアドレスとパスワードを登録する。

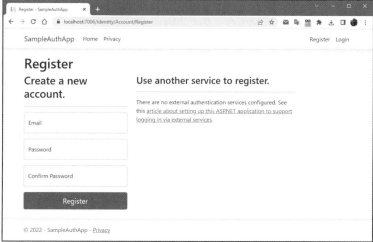

　アカウントが登録されると、「**Register Confirmation**」という表示が現れます。登録したメールアドレスの確認作業を行って登録が完了します。表示されているテキストの末尾にある「**Click here to confirm your account**」というリンクをクリックすると、確認されアカウントが利用可能になります。

図7-37：「Click here to confirm your account」をクリックすると利用可能になる。

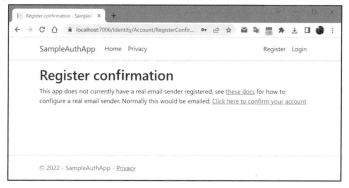

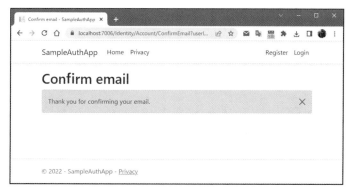

　では、右上にある「**Login**」ボタンをクリックし、ログインしてみましょう。画面にログインのためのフォームが現れるので、登録されたメールアドレスとパスワードを入力して「**Log in**」ボタンを押せばログインされます。

■図7-38：「Login」リンクでログインのためのフォーム画面が現れる。

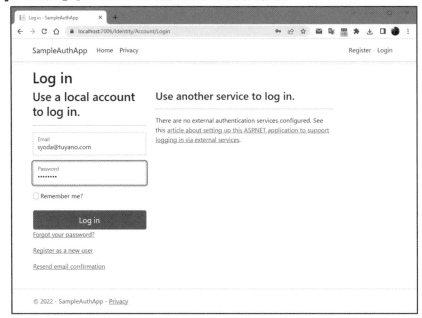

　ログインすると、ナビゲーションメニューの右側に「**Hello, ○○!**」とログインしたアカウント名が表示されます。右端の「**Logout**」リンクをクリックすればログアウトできます。

■図7-39：ログインすると、上部に「Hello, ○○!」とアカウント名が表示される。

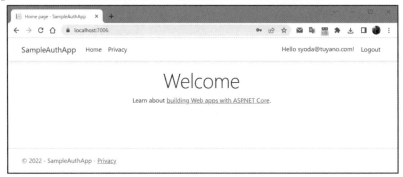

　この「**Hello, ○○!**」はリンクになっており、クリックすると登録されたアカウント情報の管理画面に移動します。ここで電話番号の登録やパスワードの変更、2ファクター認証の設定、アカウントの削除などが用意されています。とりあえずこれだけで一通りのアカウント管理は行えるでしょう。

図7-40：アカウントの管理画面。パスワードの変更など各種機能が揃っている。

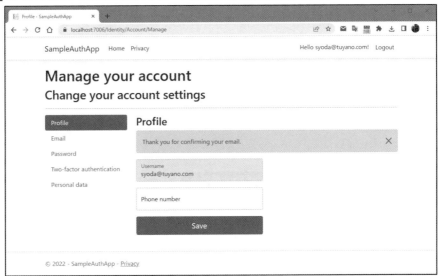

認証関係のパスについて

　認証機能が組み込まれると、認証に必要なページが自動的に組み込まれます。これらは以下のパスに割り当てられています。

```
/Identity/Account/Login
/Identity/Account/Logout
/Identity/Account/Manage
```

　画面右上にあるログインなどのリンクも、実はこれらに移動するものだったわけです。従って、これらのページへのリンクを用意すれば、ログインやログアウトなどの機能を自分のページに簡単に追加できます。

Identityの組み込み

　では、Identityがどこで組み込まれているのか確認しましょう。これは、Program.csで行われています。以下の部分が認証に関するコードです。

リスト7-17——WebApplication.CreateBuilder実行後
```
builder.Services.AddDefaultIdentity<IdentityUser>(options =>
    options.SignIn.RequireConfirmedAccount = true)
    .AddEntityFrameworkStores<ApplicationDbContext>();
```

　builder.Services.AddDbContextでデータベース利用のためのDbコンテキストを組み込んだ後で、「**AddDefaultIdentity**」というメソッドを呼び出しています。これが、認証機能をサービスとして組み込んでいる部分です。

このメソッドでは、引数にラムダ式が用意されており、そこでRequireConfirmed
Accountという値を設定しています。これはアカウント登録の際の確認機能をONにする
かどうかを示すものです。これがONになっていると、登録後、確認を行って初めて使
えるようになります。falseにすると、登録フォームを送信したらすぐにアカウントが使
えるようになります。

その後にある「**AddEntityFrameworkStores**」というのが、ユーザー認証に用いるEntity
FrameworkによるDbコンテキストを追加するものです。ここではApplicationDbContext
が追加されています。

これで認証機能が使える状態になりました。後は、認証機能を利用するよう
WebApplicationのメソッドを呼び出します。

リスト7-18── builder.Build実行後

```
app.UseAuthorization();
```

これにより認証機能が使えるようになりました。後はapp.Runでアプリを実行するだ
けです。認証の組み込みは、このように思った以上に簡単です。

認証関係のリンクについて

今回作成したアプリでは、画面の右上にログインやログアウトなどのリンクが追加さ
れていました。これがどうなっているのか見てみましょう。

上部のバー部分は各ページ共通のレイアウトであり、これは「**shared**」フォルダにある
「**_Layout.cshtml**」に用意されていましたね。これを開いてHTMLのコードを見ていくと、
以下のような記述が見つかります。

```
<partial name="_LoginPartial" />
```

これにより、_LoginPartialというパーシャルが追加されていたのです。これは「**shared**」
フォルダにある「**_LoginPartial.cshtml**」ファイルのことです。ここに認証関係のリンク
が用意されています。

このファイルのコードを覗いてみましょう。

リスト7-19

```
@using Microsoft.AspNetCore.Identity
@inject SignInManager<IdentityUser> SignInManager
@inject UserManager<IdentityUser> UserManager

<ul class="navbar-nav">
@if (SignInManager.IsSignedIn(User))
{
    <li class="nav-item">
        <a  class="nav-link text-dark" asp-area="Identity"
            asp-page="/Account/Manage/Index" title="Manage">
            Hello @User.Identity?.Name!</a>
```

```
        </li>
        <li class="nav-item">
            <form class="form-inline" asp-area="Identity"
                asp-page="/Account/Logout"
                asp-route-returnUrl="@Url.Page("/", new { area = "" })"
                method="post" >
                <button  type="submit" class="nav-link btn btn-link text-dark">
                    Logout</button>
            </form>
        </li>
    }
    else
    {

        <li class="nav-item">
            <a class="nav-link text-dark" asp-area="Identity"
                asp-page="/Account/Register">Register</a>
        </li>
        <li class="nav-item">
            <a class="nav-link text-dark" asp-area="Identity"
                asp-page="/Account/Login">Login</a>
        </li>
    }
</ul>
```

　まず、冒頭の@injectにより、「**SignInManager**」と「**UserManager**」というクラスがDIにより注入されていることがわかります。これらはその名前の通り、ログインを管理するクラスと、ユーザーを管理するクラスです。これらに用意されているプロパティやメソッドを使ってログイン関係の操作を行います。

　この部分を整理してみると、以下のようなif文の形になっていることがわかるでしょう。

```
@if (SignInManager.IsSignedIn(User))
{
    ……ログイン時の表示……
}
else
{
    ……ログアウト時の表示……
}
```

　ifの条件では、認証を管理するSignInManagerクラスにある「**IsSignedIn**」というメソッドを呼び出しています。これは引数に指定したユーザーがログインされているかをチェックするもので、trueならばログインされていることを示します。

　引数に使われてるUserは、RazorページのベースとなっているRazorPageBaseクラスにあるプロパティで、現在ログインされているユーザーの値です。これはClaimsPrincipalというクラスのインスタンスで、この中にログインされたユーザーの情報などがまとめられています。

認証が必要なページを作る

　では、認証機能を使って「**ログインしていないと利用できないページ**」を作ってみましょう。これは非常に簡単に設定できます。

　デフォルトでは「**Home**」と「**Privacy**」というページが用意されていました。このPrivacyページをログインしてないとアクセスできないようにしてみましょう。「**Pages**」フォルダ内にある「**Privacy.cshtml.cs**」ファイルを開いてください。ここにPrivacyページのページモデルが用意されています。

　この冒頭に、以下のusing文を追記します。

リスト7-20

```
using Microsoft.AspNetCore.Authorization;
```

　Authorizationは認証関係の機能がまとめられている名前空間です。続いて、記述されているPrivacyModelクラスの冒頭に[Authorize]を付けます。つまり、以下のようにするわけです。

リスト7-21

```
[Authorize]
public class PrivacyModel : PageModel
```

　認証に必要な修正は、たったこれだけです。これで、このページはログインしていないとアクセスできないようになります。実際にプロジェクトを実行して「**Privacy**」リンクをクリックしてみましょう。すると自動的にログインページにリダイレクトされ、ログインしなければアクセスできなくなります。ログインすれば問題なくページが表示されます。

　この[Authorize]属性は、MVCアプリケーションでも使えます。コントローラークラスのメソッドに[Authorize]をつけるだけで、そのメソッドによるページには認証されないとアクセスできなくなります。

図7-41：「Privacy」のリンクをクリックすると、ログインページにリダイレクトされる。

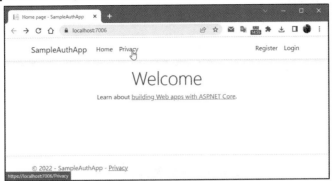

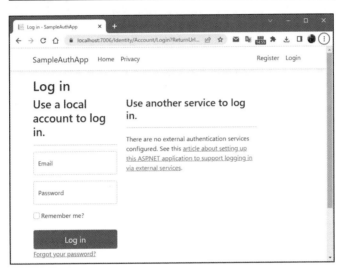

ユーザー情報を取得する

　では、ログインしたユーザーの情報はどのように取得すればいいのでしょうか。

　これは、モデルクラスに用意される「**User**」というプロパティを使います。これは先に少し触れましたが、ユーザー情報を管理するClaimsPrincipalというクラスのインスタンスです。

　ここから「**Identity**」というプロパティの値を取得します。これは「**Identity**」インターフェイスのインスタンスで、この中にユーザーの認証情報がまとめられています。

　では、実際にユーザー情報を表示するサンプルを作成してみましょう。ここでは、トップページである「**Home**」リンクの表示を修正してみましょう。「**Pages**」フォルダ内にあるIndex.cshtmlファイルを開き、HTMLコードの適当なところに以下を追記してください。

リスト7-22

```
<p class="h4">
    ID:
    @(User.Identity.Name == null ? "no-data" : User.Identity.Name)
    @("/" + User.Identity.IsAuthenticated + "/"
        + User.Identity.AuthenticationType)
</p>
```

図7-42：アクセスすると、ログインしているユーザーのアカウント、認証状態、認証タイプといった情報が表示される。

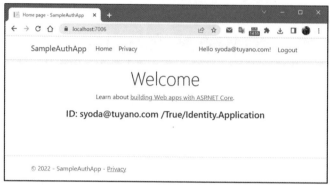

実際にログインしてトップページにアクセスすると、「**ID:○○/True/Identity. Application**」といったテキストが表示されます。ここでは、User.Identityから以下のプロパティを表示しています。

Name	アカウント名。通常はメールアドレスです。
IsAuthenticated	認証状態。認証されている（ログインしている）とTrue、そうでないとFalseになります。
AuthenticationType	認証タイプ。これは認証システムの名称で、Identityならば「Identity.Application」となります。

これらの情報を元にログインの状態などを調べることができます。IsAuthenticatedでログイン済みかを調べ、Nameでアカウントをチェックすれば利用者を識別した処理が作成できるでしょう。

認証ページをカスタマイズする

これで認証を使ったWebページの基本的な使い方はわかりました。自分でページを作成し、ログインしないとそのページにアクセスできないようにしたり、ログインしたユーザー名などを使って表示を作成したりすることもできますね。

認証機能の基本はここまでの知識があれば問題なく使えるはずです。では、これでもう認証は完璧？ いえ、実際にこの認証機能を使おうと思った場合、もう1つだけ考えて

おきたいことがあります。それは「**認証ページのカスタマイズ**」です。

　認証機能には、ログイン・ログアウト、ユーザー管理などの機能が一通り用意されています。これは大変便利ですが、このデフォルトの表示をそのまま公開アプリで使うのはちょっと勘弁して欲しい、と思うでしょう。それぞれのアプリのデザインに合わせたログインページにしたいはずです。

　認証関係のページは、認証のプログラムにより自動生成されるため、そのままではカスタマイズできません。これを行うには、スキャフォールディングを利用します。スキャフォールディングには、認証関係のページを自動生成する機能も用意されているのです。これを使って、カスタマイズしたいページを生成し、それを書き換えて使えばいいのです。

スキャフォールディングを行う

　では、スキャフォールディングを行いましょう。これには、専用のパッケージを追加しておく必要があります。Visual Studio Communityの場合、「**プロジェクト**」メニューから「**NuGetパッケージの管理...**」を選び、以下のパッケージを検索してインストールしてください（既にインストールされているなら問題ありません）。

- Microsoft.VisualStudio.Web.CodeGeneration.Design

図7-43：必要なパッケージをインストールする。

　パッケージを用意したらスキャフォールディングを実行します。ソリューションエクスプローラーからプロジェクトの項目（ここでは「**SampleAuthApp**」）を右クリックし、「**追加**」メニューから「**新しいスキャフォールディング...**」を選びます。そして現れたWindowで、左側のリストから「**ID**」を選択し、中央に表示される「**ID**」を選んで追加をします。これが認証のスキャフォールディング項目です。

図7-44：「ID」を選択して追加する。

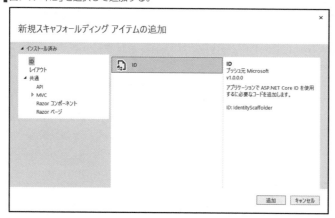

　「**IDの追加**」というWindowが表示されます。ここに認証関係のページの一覧が表示されます。この中から、スキャフォールディングでオーバーライド（上書き）するページを選択していきます。今回は「**Account/Login**」「**Account/Logout**」の2つのチェックをONにしておきましょう。これらはそれぞれログイン・ログアウトのページになります。
　ページのチェックを選んだら、その下のデータコンテキストクラスで「**ApplicationDbContext**」を選択して追加してください。

図7-45：ログインとログアウトのページのチェックをONにする。

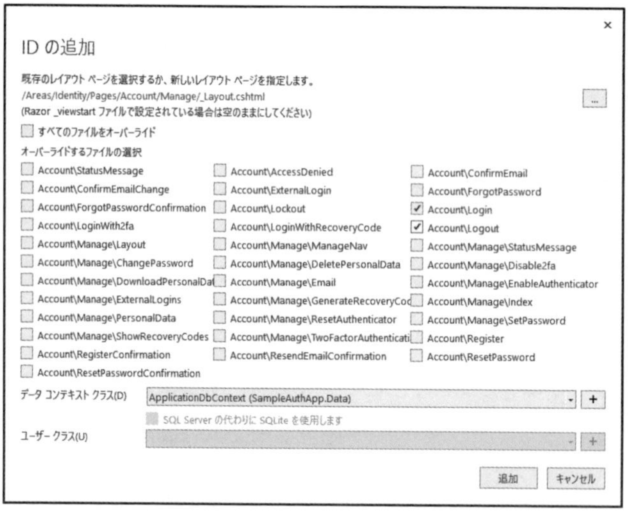

認証関係のファイル

　スキャフォールディングが完了すると、ログイン・ログアウトのページが追加されます。認証関係のレイアウトは、プロジェクトの「**Areas**」フォルダ内にある「**ID**」というフォルダの中にまとめられています。この中の「**Pages**」にページ関係のファイルがあり、更にその中の「**Account**」というところに、/Account下に配置されるページのレイアウトが

用意されています。
　ここに作成された「**Login.cshtml**」「**Logout.cshtml**」がログイン・ログアウトのページ
になります。

図7-46：「Areas」の「ID」内に認証関係のレイアウトファイルがまとめてある。

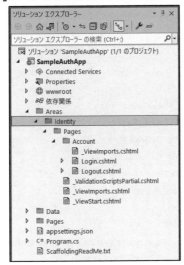

Login.cshtmlを編集する

　では、作成されたファイルを開いてカスタマイズしましょう。まずはログインページ
からです。「**Login.cshtml**」ファイルを開き、以下のように書き換えてください。

リスト7-23

```
@page
@model LoginModel

@{
    ViewData["Title"] = "ログインページ";
}


<h1>@ViewData["Title"]</h1>
<p class="h5 my-4">※アカウント(メールアドレス)とパスワードを
    入力してください。</p>
<div>
    <section>
        <form id="account" method="post">
            <div asp-validation-summary="ModelOnly" class="text-danger"
                role="alert"></div>
            <div class=" mb-3">
```

```
            <label asp-for="Input.Email" class="form-label">
                アカウント(メールアドレス)</label>
            <input asp-for="Input.Email" class="form-control"
                autocomplete="username" aria-required="true"
                placeholder="name@example.com" />
            <span asp-validation-for="Input.Email"
                class="text-danger"></span>
        </div>
        <div class="mb-3">
            <label asp-for="Input.Password" class="form-label">
                パスワード</label>
            <input asp-for="Input.Password" class="form-control"
                autocomplete="current-password" aria-required="true"
                placeholder="password" />
            <span asp-validation-for="Input.Password"
                class="text-danger"></span>
        </div>
        <div class="checkbox mb-3">
            <label asp-for="Input.RememberMe" class="form-label">
                <input class="form-check-input"
                    asp-for="Input.RememberMe" />
                ログイン状態を維持する
            </label>
        </div>
        <div>
            <button id="login-submit" type="submit"
                class="btn btn-primary">
                ログイン</button>
        </div>
    </form>
</section>
</div>

@section Scripts {
    <partial name="_ValidationScriptsPartial" />
}
```

　ログインページというのは、ログインするためのフォームを表示したページです。フォームをきちんと用意していれば、それ以外のものはどのように変更しても問題はありません。

　用意されるフォームは、以下のような形をしています。

```
<form method="post">
    <input asp-for="Input.Email" />
```

```
        <input asp-for="Input.Password" />
        <input asp-for="Input.RememberMe" />
        <button  type="submit"> ～ </button>
</form>
```

　<form>の中に、メールアドレスとパスワードの<input>を用意します。これらはそれ
ぞれasp-for属性でInput.EmailやInput.Passwordを指定して作成します。この他、asp-
for="Input.RememberMe"という<input>もありますが、これはログイン状態を維持する
ためのチェックボックスです。ログインに必須ではないので削除しても問題はありませ
ん。
　この基本フォームにいろいろと要素を追加して見やすく表示を整えていけばログイン
ページは完成します。それほど難しいものではありません。

Logout.cshtmlを編集する

　もう1つ、ログアウトページも書き換えておきましょう。ログアウトページというの
は、実は普通にログイン／ログアウトをしているとほとんど見ることがないでしょう(ロ
グアウトすると自動的にログインページにリダイレクトしてしまうので)。何らかの理
由でログインページにリダイレクトしなかったり、ログインした状態で直接/Account/
Logoutにアクセスした場合などに表示されることがあります。
　では、Logout.cshtmlファイルを開き、以下のように編集してください。

リスト7-24

```
@page
@model LogoutModel
@{
    ViewData["Title"] = "ログアウトページ";
}


<header>
    <h1>@ViewData["Title"]</h1>
    @{
        if (User.Identity.IsAuthenticated)
        {
            <form class="form-inline" asp-area="Identity"
                asp-page="/Account/Logout"
                asp-route-returnUrl="@Url.Page("/", new { area = "" })"
                method="post">
                <button type="submit" class="nav-link btn btn-link
                    text-dark">↵
                    ※まだログアウトしていません。(クリックして再ログインする)
                </button>
            </form>
```

```
        }
        else
        {
            <p class="h5">※ログアウトしています。</p>
        }
    }
</header>
```

　ログアウトページは、ユーザー認証された状態かどうかで表示を変えるようにしています。これは以下のように確認しています。

```
if (User.Identity.IsAuthenticated)
{
    ……認証時の表示……
}
else
{
    ……非認証時の表示……
}
```

　ユーザーの認証状態は、User.IdentityのIsAuthenticatedプロパティで確認できました。この値によって異なる表示を用意します。
　認証された状態の場合、ログアウトページにPOST送信してログアウトを実行しています。これには以下のようなフォームを使っています。

```
<form class="form-inline" asp-area="Identity"
    asp-page="/Account/Logout"
    asp-route-returnUrl="@Url.Page("/", new { area = "" })"
    method="post">
    <button type="submit">～</button>
</form>
```

　<form>では、asp-pageにログアウトページのパスを指定してあります。asp-route-returnUrlという「属性は、ログアウト後に戻るページのURLを指定するもので、これは@Url.Page("/", new { area = "" })と値を指定してトップページに戻るようにしています。

ログイン／ログアウトを使ってみる

　では、実際にプロジェクトを実行してログイン／ログアウトを確認してみましょう。アプリにアクセスし、「**Login**」リンクをクリックすると、カスタマイズされたログインページにアクセスします。フォームに入力し送信すれば問題なくログインが行えます。

図7-47：カスタマイズしたログインページ。フォームを送信すればログインできる。

　ログアウトページは、普通に使っている限りは表示されることはないでしょう。ログインされた状態で、直接/Account/Logoutにアクセスすると表示を確認することができます。

図7-48：直接/Account/Logoutにアクセスするとログアウトページが確認できる。

▌カスタマイズはスキャフォールディングを活用しよう

　これで、ログイン／ログアウトのカスタマイズはできました。それ以外のページについても、基本的には同じやり方です。スキャフォールディングを使ってカスタマイズしたいページを作成し、その内容を編集する、というやり方ですね。

　標準で用意されている認証機能は、思った以上に多くのページが用意されています。そのほとんどはアカウントの管理に関するものです。これらすべてをカスタマイズするのはかなり大変でしょう。

　管理関係のページは、/Account/Manage下にまとめられています。アカウントの管理は、スキャフォールディングでこのManageページ（「**Account\Manage\Index**」項目）を作成し、ここから必要な情報を扱うページを開くように設計していけばいいでしょう。

コードによるログイン／ログアウト

　ログインやログアウトは、プログラムの処理において強制的に実行する必要が生じることもあります。例えば何らかの理由によりユーザーを強制的にログアウトする、といったことはあるでしょう。そのためには、C#のコードでログイン／ログアウトをどのように行うのか知っておく必要があります。

　これらは、いずれもSignInManagerクラスに用意されているメソッドを使って行えます。以下に使い方を整理しておきましょう。

●ログイン

```
《SignInManager》.PasswordSignInAsync( メールアドレス, パスワード );
```

　指定したメールアドレスとパスワードを使ってログインします。オプションとして第3引数にブラウザを閉じた後もログイン状態を保持するかどうかを示す真偽値を、また第4引数にはログインに失敗したらアカウントをロックアウトするかどうかを示す真偽値をそれぞれ用意できます。

●ログアウト

```
《SignInManager》.SignOutAsync();
```

　ログアウトします。引数はなく、ただ呼び出すだけでログアウトできます。

　これらは、いずれも非同期メソッドですから、async関数内で呼び出す必要があります。またPasswordSignInAsyncについては、戻り値のTaskに「**SignInResult**」というクラスのインスタンスが渡され、以下のようなプロパティを使ってログインの実行結果を知ることができます。

Failed	失敗したかどうか(失敗したらtrue)
Succeeded	成功したかどうか(成功したらtrue)

　この他にも認証状態を示すプロパティはいくつかありますが、とりあえずこの2つだけわかっていれば「**ログインしているかどうか**」の確認は行えます。

Sample ページを作る

　では、実際に簡単なログイン／ログアウトを行うページを作ってみましょう。プロジェクトの「**Pages**」フォルダ(「**Areas**」内にある「**Pages**」ではありません)を右クリックし、「**追加**」メニューから「**Razorページ**」を選んで新しいページを作ります。テンプレートは「**Razorページ -空**」を選びます。ファイル名は、ここでは「**Sample**」としておきましょう。

図7-49：新しいRazorページ作成のWindowで「Razorページ -空」テンプレートを選び作成する。

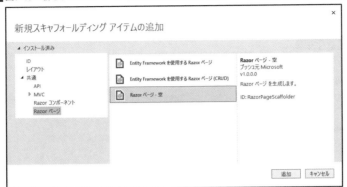

ファイルが作成されたらコードを記述していきます。まずは、「**Sample.cshtml**」から
です。これは以下のように記述します。

リスト7-25

```
@page
@model SampleAuthApp.Pages.SampleModel
@{
}


<h1>Sample page</h1>
<h2>ID: @(User.Identity.Name == null ? "no-data" : User.Identity.Name)</h2>
<hr />
<form method="post" id="account">
    <button id="auth-submit" type="submit" class=" btn btn-primary">Click
Me!</button>
</form>
```

非常に単純なものですね。<form>でボタンが1つあるだけのフォームを用意してあり
ます。このボタンでPOST送信したらログイン状態を変更する処理を実行させるわけで
す。

ログインの状態は、<h2>内に以下のような文を用意して表示しています。

```
@(User.Identity.Name == null ? "no-data" : User.Identity.Name)
```

User.Identity.Nameがnullなら"no-data"とし、そうでなければそのままNameの値を出
力させています。これで現在のログイン状態は確認できるでしょう。

Sample.cshtml.cs のコード

続いて、C#のコードを用意しましょう。「**Sample.cshtml.cs**」ファイルを開き、以下の
ようにコードを修正してください。なお、☆マークの《メールアドレス》と《パスワード》

には、それぞれが登録しているアカウントのメールアドレスとパスワードを設定してください。

リスト7-26

```
using Microsoft.AspNetCore.Identity;
using Microsoft.AspNetCore.Mvc;
using Microsoft.AspNetCore.Mvc.RazorPages;

namespace SampleAuthApp.Pages;

public class SampleModel : PageModel
{
    private readonly SignInManager<IdentityUser> _signInManager;
    private readonly string email;
    private readonly string password;

    public SampleModel(SignInManager<IdentityUser> signInManager)
    {
        _signInManager = signInManager;
        email = "《メールアドレス》"; //  ☆
        password = "《パスワード》"; //  ☆
    }

    public void OnGet()
    {
    }

    public async Task<IActionResult> OnPostAsync()
    {
        if (User.Identity.IsAuthenticated)
        {
            await _signInManager.SignOutAsync();
        }
        else
        {
            await _signInManager.PasswordSignInAsync(email,
            password, true, false);
        }
        return Redirect("/Sample");
    }
}
```

図7-50：ボタンを押すと、emailとpasswordで指定したアカウントでのログイン／ログアウトを行う。

図7-50：ボタンを押すと、emailとpasswordで指定したアカウントでのログイン／ログアウトを行う。

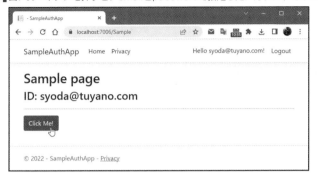

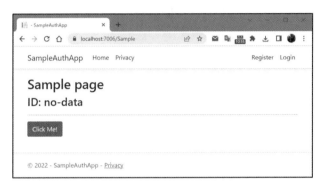

　/Sampleにアクセスすると、現在のログイン状態とボタンが表示されます。このボタンをクリックすると、ログインしている場合はログアウトし、ログアウトしている場合はemailとpasswordに用意したアカウントでログインします。

　ログイン／ログアウトの処理は、OnPostAsyncメソッドで行っています。User. Identity.IsAuthenticatedの状態をチェックし、ログインしているならSignOutAsyncを、していないならPasswordSignInAsyncを実行しているだけです。最後にRedirectをreturnして/Sampleにリダイレクトして最新の表示がされるようにしています。

■ ログインはログインページを使う

　ログイン／ログアウトは、実行するのはこのようにとても簡単です。ただしログインの場合、アカウントのメールアドレスだけでなく、パスワードも用意する必要があります。ログインページ以外のところでパスワードの入力を促すような作りは、利用する側も不安でしょう。といって、パスワードをどこかに保管しておくようなやり方は危険です。

　特別な理由がない限り、ログインについては「**必要に応じてログインページにリダイレクトする**」という形で対応させたほうがよいでしょう。

さくいん

B

C

D

E

F

G

著者紹介

掌田 津耶乃 （しょうだ つやの）

　日本初のMac専門月刊誌「Mac+」の頃から主にMac系雑誌に寄稿する。ハイパーカードの登場により「ビギナーのためのプログラミング」に開眼。以後、Mac、Windows、Web、Android、iOSとあらゆるプラットフォームのプログラミングビギナーに向けた書籍を執筆し続ける。

■最近の著作

「Google AppSheetで作るアプリサンプルブック」(ラトルズ)

「マルチプラットフォーム対応 最新フレームワーク Flutter 3入門」(秀和システム)

「見てわかるUnreal Engine 5 超入門」(秀和システム)

「AWS Amplify Studioではじめるフロントエンド+バックエンド統合開発」(ラトルズ)

「もっと思い通りに使うための Notion データベース・API活用入門」(マイナビ)

「Node.jsフレームワーク超入門」(秀和システム)

「Swift Playgroundsではじめるiphoneアプリ開発入門」(ラトルズ)

●著書一覧

http://www.amazon.co.jp/-/e/B004L5AED8/

●ご意見・ご感想の送り先

syoda@tuyano.com

カバーデザイン　高橋　サトコ

シーシャープ
C#フレームワーク
エーエスピードットネット　コ　ア　にゅうもん　ドットネット　セブンたいおう
ASP.NET Core入門 .NET 7対応

発行日　2023年　2月　3日　　　　　第1版第1刷

著　者　掌田　津耶乃
　　　　しょうだ　つやの

発行者　斉藤　和邦
発行所　株式会社　秀和システム
　　　　〒135-0016
　　　　東京都江東区東陽2-4-2　新宮ビル2F
　　　　Tel 03-6264-3105（販売）Fax 03-6264-3094
印刷所　三松堂印刷株式会社

©2023 SYODA Tuyano　　　　　　　　　　Printed in Japan

ISBN978-4-7980-6901-2 C3055

定価はカバーに表示してあります。
乱丁本・落丁本はお取りかえいたします。
本書に関するご質問については、ご質問の内容と住所、氏名、
電話番号を明記のうえ、当社編集部宛FAXまたは書面にてお送
りください。お電話によるご質問は受け付けておりませんので
あらかじめご了承ください。